高等职业教育公共基础课系列规划教材

信息技术基础应用

WPS版

主　编　汪　婧　白林林

副主编　晏萍丽　曾小玲　何　娟

- 对接国家课程标准
- 项目—任务—工单式
- 紧扣行业前沿发展
- 企业案例融于教学

大连理工大学出版社

图书在版编目(CIP)数据

信息技术基础应用 / 汪婧，白林林主编. -- 大连 ：大连理工大学出版社，2024. 8. -- ISBN 978-7-5685-5124-3

Ⅰ. TP3

中国国家版本馆 CIP 数据核字第 2024HV1478 号

大连理工大学出版社出版

地址:大连市软件园路 80 号　邮政编码:116023

发行:0411-84708842　邮购:0411-84708943　传真:0411-84701466

E-mail:dutp@dutp.cn　URL:https://www.dutp.cn

大连天骄彩色印刷有限公司印刷　　大连理工大学出版社发行

幅面尺寸:185mm×260mm　印张:16　字数:388 千字

2024 年 8 月第 1 版　　2024 年 8 月第 1 次印刷

责任编辑:李　红　　责任校对:马　双

封面设计:张　莹

ISBN 978-7-5685-5124-3　　定　价:55.00 元

本书如有印装质量问题,请与我社发行部联系更换。

Preface

前 言

在21世纪的今天,信息技术的飞速发展正以前所未有的速度改变着我们的工作与生活方式。对于即将步入各行各业的学生,掌握并熟练运用信息技术已成为提升竞争力、优化管理流程、实现高效协作的关键要素。在此背景下,我们精心策划并编写了这本《信息技术基础应用》教材,旨在为即将进入工作岗位的同学们提供一套系统、全面且实操性强的信息技术学习指南。

本书采用"项目—任务—工单"的创新教学模式,通过五个精心设计的项目,层层递进地引导读者从计算机基础知识入手,逐步深入WPS软件的高级应用及新一代信息技术的探索。这种教学模式不仅有助于读者构建扎实的信息技术知识体系,更能通过实际操作加深理解,提升技能。

教材内容概览:

项目序号	项目名
1	企业员工计算机基本素养提升
2	人力资源与活动管理综合方案制定
3	企业员工人事信息统计及工资分析
4	企业推广方案演示文稿的制作与发布
5	新一代信息技术应用

第一个项目"企业员工计算机基本素养提升",是我们学习之旅的起点。在这里,学生将跟随历史的脉络,了解计算机的发展历程,掌握计算机硬件与软件的基础知识,学会如何规范化地整理文件,以及应对计算机病毒等常见问题的基本方法。这些基础技能将为后续的学习奠定坚实的基础。

第二个项目"人力资源与活动管理综合方案制定",则聚焦于WPS文档制作的高级应用。通过本项目的学习,学生将掌握WPS文档的基本编辑技巧,学会制作长文档、海报及表格等,从而有效提升日常办公效率与文档制作质量。

第三个项目"企业员工人事信息统计及工资分析",进一步深入电子表格的应用领域。学生将学习如何运用WPS电子表格进行数据的录入、美化、排序、筛选、分类汇总及函数分析等操作,并通过图表展示数据,为企业的决策提供有力支持。

第四个项目"企业推广方案演示文稿的制作与发布",则是提升企业形象与沟通效果的关键环节。本项目详细讲解WPS演示文稿的制作与美化技巧,包括幻灯片设计、动画效果添加、演示打包与发布等，帮助读者制作出专业、生动的演示文稿。

最后一个项目“新一代信息技术应用”，则是对未来信息技术的展望。在这里，学生将简要了解物联网、大数据、云计算、人工智能、区块链等前沿技术的概念、应用及发展趋势，为企业的数字化转型与创新发展储备知识。

在编写过程中，我们注重理论与实践的结合，通过丰富的案例分析与实操练习，帮助学生更好地理解和掌握所学知识。同时，我们也特别邀请了具有丰富实践经验的行业专家参与教材的编写与审校工作，确保教材内容的准确性、权威性与实用性。

我们相信，通过本书的学习，同学们将能够显著提升计算机基本素养，掌握 WPS 软件的高级应用技能，并对新一代信息技术有所了解与掌握。这不仅有助于提升个人职业竞争力，更能为企业的发展贡献力量。

最后，我们要感谢所有参与本书编写与审校工作的专家和学者，以及广大读者的支持与信任。我们期待本书能够成为广大企业员工学习信息技术的得力助手，也期待在信息技术的浪潮中，我们能够携手共进，共创辉煌！

编 者

2024 年 8 月

所有意见和建议请发往：dutpgz@163.com
欢迎访问职教数字化服务平台：https://www.dutp.cn/sve/
联系电话：0411-84707492　84706104

Contents

目录

项目 1　企业员工计算机基本素养提升 …… 1
任务 1.1　计算机基本操作技能提升 …… 3
工单 1.1.1 探索计算机之旅 …… 4
工单 1.1.2 规范化整理文件 …… 13
任务 1.2　计算机病毒防治 …… 18
工单　计算机病毒防治实践 …… 19
项目 2　人力资源与活动管理综合方案制定 …… 24
任务 2.1　制作招聘公告与员工培训方案 …… 26
工单 2.1.1 制作招聘公告 …… 27
工单 2.1.2 制作员工培训方案 …… 42
任务 2.2　制作新闻稿与员工手册 …… 54
工单 2.2.1 制作项目发布会新闻稿 …… 55
工单 2.2.2 制作公司员工手册 …… 64
任务 2.3　制作团建宣传海报 …… 83
工单 2.3.1 创建团建宣传海报文档 …… 84
工单 2.3.2 美化团建宣传海报 …… 89
任务 2.4　制作新员工入职培训计划表 …… 94
工单 2.4.1 创建与操作表格 …… 95
工单 2.4.2 美化表格 …… 101
项目 3　企业员工人事信息统计及工资分析 …… 107
任务 3.1　制作员工信息表 …… 109
工单 3.1.1 新建工作簿及工作表 …… 110
工单 3.1.2 录入数据 …… 116
工单 3.1.3 美化表格 …… 121
工单 3.1.4 设置表格权限 …… 127
任务 3.2　招聘信息分析与比较 …… 131
工单 3.2.1 招聘信息排序 …… 132

工单 3.2.2 招聘信息筛选 …… 137
工单 3.2.3 招聘信息分类汇总 …… 142
任务 3.3 管理企业员工工资 …… 149
工单 3.3.1 制作工资一览表 …… 150
工单 3.3.2 跨工作表工资汇总 …… 156
任务 3.4 工资表数据可视化 …… 161
工单 3.4.1 工资表图表展示 …… 162
工单 3.4.2 工资表数据透视图展示 …… 167
项目 4 企业推广方案演示文稿的制作与发布 …… 171
任务 4.1 制作企业推广方案演示文稿 …… 173
工单 4.1.1 创建演示文稿 …… 175
工单 4.1.2 编辑演示文稿 …… 181
任务 4.2 设计企业推广方案演示文稿 …… 196
工单 4.2.1 制作演示文稿母版 …… 198
工单 4.2.2 设置演示文稿主题 …… 201
工单 4.2.3 设置演示文稿超链接 …… 203
工单 4.2.4 演示文稿动效设计 …… 207
任务 4.3 展示企业推广方案演示文稿效果 …… 212
工单 4.3.1 放映演示文稿 …… 214
工单 4.3.2 打包和打印演示文稿 …… 216
项目 5 新一代信息技术应用 …… 224
任务 探索新一代信息技术 …… 226
工单 5.1.1 智联世界:物联网的奥秘 …… 227
工单 5.1.2 数据海洋:大数据的探索之旅 …… 231
工单 5.1.3 云端漫步:云计算的自由之旅 …… 237
工单 5.1.4 智能新纪元:AI的未来之路 …… 240
工单 5.1.5 信任之链:区块链的安全网络 …… 244
参考文献 …… 249

项目 1 企业员工计算机基本素养提升

项目概况

江江进入某企业实习，需要先进行个人计算机基本素养提升培训。该培训旨在提升员工计算机素养，使他们能够熟练掌握计算机基础知识和技能，同时能够有效地管理个人的计算机资源，提高工作效率和信息安全水平。要求如下：

◆ 计算机基础知识普及：确保员工掌握计算机的基本操作，软、硬件知识，计算机病毒防治常识等。

◆ 个人计算机资源管理：提升员工对个人计算机资源的管理能力，包括文件存储与整理、设置文件与文件夹的属性和显示方式。

◆ 实际应用能力：培养员工将计算机基础知识应用于日常工作和生活中的能力，提高工作效率和生活质量。

项目目标

◆ 知识普及：全面普及计算机基础知识，使企业员工具备基本的计算机素养。

◆ 技能提升：提升员工对个人计算机资源的管理技能，减少因操作不当导致的资源浪费和安全隐患。

◆ 效率优化：通过优化个人计算机资源的使用和管理，提高员工的工作效率。

素质目标

◆ 增强信息安全意识：通过计算机病毒防治实践，增强员工对信息安全的认识，了解病毒的危害及防治方法，保护企业数据资产安全。

◆ 培养自主学习与解决问题能力：鼓励员工在项目过程中自主学习新知识，培养独立思考和解决问题的能力，以应对不断变化的信息化环境。

◆ 强化团队协作与沟通：在文件管理和病毒防治实践中，促进团队成员之间的沟通与协作，共同提升计算机基本素养。

实施准备

在当今信息化时代，计算机基础知识与资源管理对于企业员工而言，其重要性不言而喻。随着科技的快速发展，计算机已成为企业运营不可或缺的工具，掌握计算机基础知识是每位员工适应现代工作环境的基本需求。

首先，计算机基础知识是企业员工高效完成工作的基础。无论是数据处理、文档编辑还是网络通信，都需要员工具备一定的计算机操作技能。掌握这些技能不仅能提高工作效率，还能减少因操作不当导致的错误和损失。

其次，资源管理是企业运营中的重要环节。有效的资源管理能够提升企业的资源利用效率，降低成本，增强竞争力。员工通过学习资源管理知识，可以更好地管理个人计算机资源，如文件存储、文件查找、病毒防治等，从而保障工作的高效进行。

因此，加强企业员工计算机基础知识与资源管理的培训，不仅有助于提升员工的个人技能水平，更能为企业的发展提供有力支持。通过掌握这些必备知识，员工能够更好地适应信息化时代的挑战，为企业创造更多的价值。

项目任务分解

任务	工单	主要知识点
任务 1.1 计算机基本操作技能提升	工单 1.1.1 探索计算机之旅	计算机发展史、计算机系统组成、计算机内部存储单位
	工单 1.1.2 规范化整理文件	文件及文件夹创建、文件命名规范、文件夹组织结构、文件搜索与定位、压缩与解压缩
任务 1.2 计算机病毒防治	工单 计算机病毒防治实践	计算机病毒概念、计算机病毒分类、计算机病毒传播途径、计算机病毒预防策略、计算机安全意识和道德规范

任务1.1 计算机基本操作技能提升

任务目标

- 了解计算机的发展历程。
- 掌握计算机的系统组成。
- 了解计算机内部存储单位的转换。
- 掌握文件及文件夹的创建。
- 掌握文件命名规范。
- 掌握文件搜索定位方法。
- 了解文件安全及隐私设置。

任务要求

1. 内容要求

- 人事部门需要进行员工信息管理、招聘流程处理、薪资核算等任务，请利用本次课所学的计算机基础知识为该部门配置一台笔记本电脑。
- 查看计算机中文件的属性。
- 在计算机桌面上创建一个名为“公司项目”的文件夹结构，具体要求如下：

(1)在“公司项目”文件夹中创建以下子文件夹：项目文档、研究资料、图片、临时文件。

(2)在“项目文档”文件夹中创建以下子文件夹：报告、会议记录、草案。

(3)在“研究资料”文件夹中创建以下子文件夹：书籍引用、网络资源、走访记录。

(4)在“图片”文件夹中创建以下子文件夹：截图、图表、会议照片。

(5)压缩该文件夹。

2. 格式要求

- 所有文件夹的名称应严格按照任务要求中的命名进行创建，确保名称准确。
- 文件夹名称中若有字母，应使用小写字母，避免使用大写字母或特殊字符。
- 文件夹名称之间若有分隔，应使用空格进行分隔，不使用下划线或其他符号。

3. 功能性要求

- 为公司人事部门配置的电脑应满足：性能稳定、存储容量充足、屏幕舒适、安全性能高且便于携带。
- 可以满足其日常办公需求，提高工作效率。

4. 安全性与保密性要求

人事部门处理的信息涉及员工隐私和公司机密，所选笔记本电脑应具备较高的安全性能，如指纹识别、加密存储等功能，以确保数据的安全性和隐私保护。

任务实施

工单 1.1.1 探索计算机之旅

工单 1.1.1 内容见表 1-1-1。

表 1-1-1 工单 1.1.1 内容

名称	探索计算机之旅	实施日期	
实施人员名单		实施地点	
实施人员分工	组织： 记录： 宣讲：		

请在互联网上查询相关信息，回答下面的问题；结合本节课堂的内容，完成操作演练。

1. 古今中外，你了解哪些形态的计算工具？

□ 结绳计数：原始的计算方式，通过在绳子上打结来记录数量，每个结代表一个单位

□ 算筹：出现在春秋时期的计算工具，由圆形竹棍制成，用于进行基本的数学运算，如加、减、乘、除等

□ 算盘：宋代发明的计算工具，采用珠算原理，能够进行更复杂的数学运算，在商业和财务领域得到广泛应用

□ 机械计算机：如德国天文学家契克卡德在 1623 年制造的机械计算机，它可以进行加减运算，虽然运算速度和精度有限，但标志着计算工具向机械化的转变

□ 差分机：19 世纪的计算工具，用于解决复杂的数学问题，如微分方程等，其设计原理对后来的电子计算机产生了深远影响

□ 其他

2. 请列举计算机发展史上的几个重要里程碑。

□ 电子管计算机的诞生(标志着现代计算机时代的开始)

□ 晶体管的发明(提升了计算机性能并缩小了体积)

□ 集成电路的广泛应用(大幅提高了计算机性能和可靠性)

□ 个人计算机的普及(推动了信息技术的快速发展)

□ 其他

3. 请列举计算机内部存储单位的大小关系，并说明它们之间的换算关系。

4. 请列举几种常见的计算机硬件设备，并简述其功能。

5. 请列举几种常用的计算机软件，并说明它们的主要用途。

6. 操作演练：人事部门需要进行员工信息管理、招聘流程处理、薪资核算等任务，请为该部门配置一台笔记本电脑。请将详细配置和理由填写在下方。

学习效果评价分数(0～100 分)			
自评分		组评分	

一、认识计算机

1. 计算机的概念

计算机是一种能够接收、存储、处理和输出数据的现代化智能电子设备。它基于微处理器，通过高速运算和逻辑判断，实现信息的数字化处理，并具备存储和传输大量数据的能力。计算机由硬件和软件两部分组成，硬件包括中央处理器、内存、硬盘等物理设备，而软件则包括操作系统、应用软件等，用于指导计算机执行各种任务。

2. 计算机的发展阶段(表 1-1-2)

表 1-1-2 计算机的发展阶段

年代	名称	电子元器件	主存储器	语言	应用领域	代表计算机
1946—1957	电子管计算机时代	电子管	磁带	机器语言	科学计算、军事研究	ENIAC（电子数值积分计算机）
1958—1964	晶体管计算机时代	晶体管	磁芯存储器	汇编语言	科学计算、数据处理、工业控制	IBM 7090
1965—1970	中小规模集成电路计算机时代	中小规模集成电路	半导体存储器	高级语言	文字处理、图形图像处理、科学计算	CDC 6600
1971年至今	大规模和超大规模集成电路计算机时代	大规模和超大规模集成电路	半导体存储器、硬盘	高级语言、面向对象语言	科学计算、事务处理、家庭娱乐、人工智能等	Intel 4004（微处理器）、个人计算机

(1)电子管计算机时代(1946—1957)

这一时期的主要特点是采用电子管作为电子元器件，外存储器采用磁带。这类计算机体积庞大、功耗高、速度慢且价格昂贵，主要用于军事研究和科学计算。其中，1946年诞生的第一台电子计算机“ENIAC”是这一时代的标志性成果。

(2)晶体管计算机时代(1958—1964)

随着晶体管的发明，计算机开始采用晶体管作为电子元器件，从而实现了体积缩小、能耗降低、运算速度提高和可靠性增强。这一时期，计算机开始进入工业控制领域，并出现了程序设计语言。

(3)中小规模集成电路计算机时代(1965—1970)

集成电路技术的出现使计算机的性能得到了进一步提升。这一时期，计算机硬件采用中小规模集成电路，软件方面出现了分时操作系统以及结构化、规模化程序设计方法。计算机开始应用于社会各个领域，并进入了文字处理和图形图像处理领域。

(4)大规模和超大规模集成电路计算机时代(1971 年至今)

大规模和超大规模集成电路计算机时代,硬件方面采用大规模和超大规模集成电路,软件方面出现了数据库管理系统等。随着微处理器技术的崛起,个人计算机开始普及,计算机性能大幅提升,应用领域不断扩展。

3. 我国计算机的发展状况

我国计算机发展经历了从起步与探索、自主研发与突破、大规模集成与广泛应用,到高速发展与创新的阶段。

(1)起步与探索阶段(20 世纪 50—70 年代)

1953 年,我国开始研究计算机技术。

1956 年,中国科学技术大学成立,标志着中国计算机领域的正式起步。

1958 年,我国成功研制出第一台电子管计算机——103 机。

1959 年,成功研制 104 机,这是我国第一台大型通用电子数字计算机。

这一阶段,我国计算机的发展主要依赖于国外引进的技术和设备,对其进行模仿或组装,重点在于计算机技术基础的建立和培养人才。

(2)自主研发与突破阶段(20 世纪 80—90 年代)

1982 年,我国研制出了运算速度达 1 亿次的“银河”系列计算机,标志着我国在巨型计算机领域的重大突破。

1983 年,我国第一台亿次巨型计算机——“银河”诞生。

这一阶段,中国计算机产业开始从“引进－消化－吸收－再创新”的模式转变为自主研发和创新,涌现了一批优秀的计算机企业和专业人才。

(3)大规模集成与广泛应用阶段(20 世纪 90 年代—21 世纪初)

1992 年,我国成功研制出 10 亿次巨型计算机——“银河Ⅱ”。

1995 年,第一套大规模并行机系统——“曙光”研制成功。

1997 年,“银河Ⅲ”巨型机研制成功。

这一阶段,我国计算机技术得到飞速发展,计算机开始广泛应用于各个领域,如科学计算、数据处理、工业控制等。

(4)高速发展与创新阶段(21 世纪初至今)

进入 21 世纪后,我国计算机行业迎来了高速发展期。云计算、大数据、人工智能等新技术不断涌现,为我国计算机发展提供了强大的动力。

我国在高性能计算、量子计算、人工智能等领域取得了一系列重要突破,成为全球计算机发展的重要力量。

同时,我国计算机产业也逐步走向国际化,与世界各国的交流与合作日益加强。

随着技术的不断进步和应用领域的不断拓展，我国计算机行业将继续保持快速发展的态势，为国家的科技进步和经济发展做出更大的贡献。

二、计算机系统组成

计算机系统主要由硬件和软件两大部分组成。

硬件系统主要由运算器、控制器、储存器、输入设备、输出设备五大部件组成。运算器负责数据的加工处理，完成各种算术和逻辑运算；控制器从主存中取出指令并进行分析，控制各部件完成指令功能；存储器是记忆设备，分为内部存储器和外部存储器；输入设备和输出设备负责将外部数据转换为计算机能够识别的形式，以及将计算机处理后的数据以适合人类阅读或其他设备使用的形式输出。

软件系统则是管理、运行、维护及应用计算机所开发的程序和相关文档的集合，主要包括操作系统、应用软件等。操作系统负责管理计算机的硬件和软件资源，为用户提供友好的工作界面。应用软件则用于完成特定的任务，如文字处理、图像处理、网络应用等。

三、计算机的主要性能指标

1. 字长

字长是指计算机的运算部件能同时处理的二进制数据的位数。字长决定了计算机的运算精度和运算速度。字长越长，计算机的运算精度就越高，运算速度也越快。

2. 主频

主频即 CPU 的时钟频率，是描述计算机运算速度最重要的一个指标。它表示 CPU 在单位时间内发出的脉冲数，主频越高，计算机的运算速度一般也越快。

3. 存储容量

存储容量是指计算机能存储的信息总字节量，包括内存和外存。内存容量的大小反映了计算机即时存储信息的能力，而外存储器容量越大，可存储的信息就越多，可安装的应用软件就越丰富。

4. 运算速度

通常所说的计算机运算速度是指计算机在每秒钟所能执行的指令条数，即平均运算速度。运算速度越快，计算机处理数据的能力就越强。

5. 存取周期

存取周期是指存储器进行一次“读”或“写”操作所需的时间。存取周期越短，存储器的访问速度就越快。

6. 外设配置

外设配置也会影响计算机的整体性能，包括输入/输出设备、存储设备、网络设备等。

此外，还有一些其他的性能指标，如吞吐量（一台计算机在某一时间间隔内能够处理的信息量)、响应时间(用户输入一个作业至输出开始之间的时间)、CPI(表示每条指令周期数,即执行每条指令所需的平均时钟周期数)等。

在选择计算机时,需要根据具体的应用需求来权衡这些性能指标。例如,对于科学计算或大数据处理,可能需要更高的运算速度和更大的存储容量;而对于日常办公或网页浏览,一般的性能配置可能就已足够。

四、计算机的主要应用领域

1. 科学计算

这是计算机最早的应用领域之一,主要用于完成科学研究和工程技术中提出的数学问题。比如天气预报、地球物理学研究、物理模拟等都依赖于高性能计算机进行精确的计算。

2. 数据处理

数据处理是指对各种数据进行收集、存储、整理、分类、统计、加工、利用、传播等一系列活动的统称。它已被广泛地应用于办公自动化、企业资源规划(ERP)、客户关系管理(CRM)等领域。

3. 辅助设计与制造

计算机辅助设计(CAD)利用计算机及其图形设备帮助设计人员进行设计工作,如工程设计、建筑规划等。计算机辅助制造(CAM)技术则包括生产设备的数字控制与编程、零件加工产品装配过程的建模与仿真等。

4. 自动控制

计算机及时地采集检测数据,按最佳值迅速地对控制对象进行自动控制和自动调节,如数控机床和生产流水线的控制等。

5. 人工智能

这是一个研究、开发用于模拟、延伸和扩展人的智能的理论、方法、技术及应用系统的新技术科学领域。机器学习、自然语言处理等都是其重要应用。

6. 虚拟现实技术

这种技术可以创建和体验虚拟世界,利用计算机生成一种模拟环境,使用户沉浸到该环境中。在娱乐产业、医学教育及培训、外科手术模拟等方面都有广泛应用。

7. 教育领域

计算机信息技术在体育教学中的运用,通过其生动形象的图形、多媒体动画、声光技术,以及高速的数据处理能力和智能化软件,能提高教师的工作效率,激发学生的主动性和参与性,使教学效果得以提升。

除此之外,计算机还在其他许多领域发挥着重要作用,如远程医疗、线上音乐平台与数字化唱片、艺术创作的数字化等。可以说,计算机已经深入我们生活的方方面面,成为现代社会不可或缺的重要工具。

五、计算机内部存储单位和进制转换

1. 存储单位转换

在计算机内部，信息采用二进制的形式进行存储、运算、处理和传输。计算机内部存储单位主要包括以下几种：

(1)位(bit)：这是计算机中最小的存储单位，用来表示二进制的0或1。它是计算机中数据的最小单位，每一位可以存储一个二进制的0或1，用于表示一个开关的状态。

(2)字节(Byte)：字节是计算机中最常用的存储单位，每8位组成一个字节。它是计算机中数据的基本单位，各种信息在计算机中存储、处理至少需要一个字节。例如，一个ASCII码用一个字节表示，而一个汉字通常使用两个字节表示。

(3)字(Word)：在计算机中，两个字节通常被称为一个字。汉字的存储单位就是一个字。

(4)此外，根据存储容量的不同，还有更大的存储单位，如：

KB(千字节)：1 KB=1 024 Bytes。

MB(兆字节)：1 MB=1 024 KB=1 024×1 024 Bytes。

GB(吉字节)：1 GB=1 024 MB=1 024×1 024 KB=1 024×1 024×1 024 Bytes。

TB(太字节)：1 TB=1 024 GB=1 024×1 024 MB=1 024×1 024×1 024 KB=1 024×1 024×1 024×1 024 Bytes。

总的来说，计算机存储单位从最小的位(bit)开始，逐渐增大到字节(Byte)、字(Word)，再到更大的单位，为计算机提供了不同层次的存储和数据处理能力。

2. 进制转换

常见的进制包括二进制、八进制、十进制及十六进制，见表1-1-3。

表1-1-3 常见进制

进制	数码符号	基数	进位规则	表示形式
二进制	0，1	2	逢2进1	B(Binary)
八进制	0～7	8	逢8进1	O(Octal)
十进制	0～9	10	逢10进1	D(Decimal)
十六进制	0～9，A～F	16	逢16进1	H(Hexadecimal)

(1)十进制数转二进制数、八进制数、十六进制数

十进制数转换成二进制数，可以将其整数部分和小数部分分别转换后再组合到一起。

- 整数部分转换原理：除以对应进制数，反向取余数，直到商为0终止。
- 小数部分转换原理：乘以对应进制数，正向取整数，直到小数部分为0或者达到指定精度终止。

例：将十进制数$(125.6875)_{10}$转换成二进制数。如图1-1-1所示。

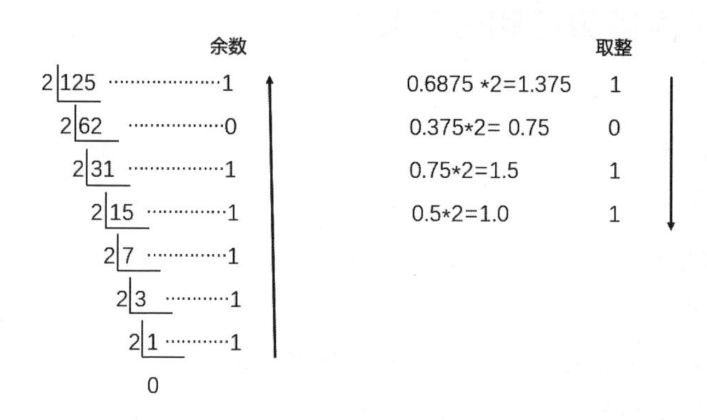

图 1-1-1 十进制数转二进制数演示

所以，$(125.6875)_{10}=(1111101.1011)_2$

十进制数转八进制数、十六进制数以此类推。

(2)二进制数、八进制数、十六进制数转十进制数

N 进制数转换成十进制数的规则是“按权相加法”。

将 N 进制数写成加权系数展开式。每个数位上的数字都要乘以对应位上的权值，权值是该数位上数字所能表示的最大值加一，即 N 的幂次方，幂次从右向左依次递增。按照十进制加法规则，将展开式中的所有项相加。得到的和即为该 N 进制数对应的十进制数。

例：将二进制数$(101101.101)_2$ 转换成十进制数。

数码 1　0　1　1　0　1.　1　0　1

位权 5　4　3　2　1　0　−1　−2　−3

$(101101.101)_2=1\times2^5+0\times2^4+1\times2^3+1\times2^2+0\times2^1+1\times2^0+1\times2^{-1}+0\times2^{-2}+1\times2^{-3}=(45.625)_2$

八进制数、十六进制数转十进制数以此类推。

(3)二进制数、八进制数、十六进制数相互转换

①二进制数、八进制数相互转换

由于 $2^3=8$，因此 1 位八进制数可用 3 位二进制数表示，或者 3 位二进制数可用 1 位八进制数表示。二进制数转换为八进制数，可概括为“三位转一位”，即：以小数点为基准，整数部分从右到左，每三位一组，最高位不足三位时，添 0 补足三位；小数点部分从左到右，每三位一组，最低位不足三位时，添 0 补足三位。然后，将各组的三位二进制数按权展开后相加，得到一位八进制数。同理，八进制数转换为二进制数，可概括为“一位拆三位”。

例：将二进制数$(1101101.111)_2$ 转换成八进制数。如图 1-1-2 所示。

所以，$(1101101.111)_2=(155.7)_8$

②二进制数、十六进制数相互转换

由于 $2^4=16$，因此 1 位十六进制数可用 4 位二进制数表示，或者 4 位二进制数可用 1 位十六进制数表示。二进制数转换为十六进制数，可概括为“四位转一位”，即：以小数点为基

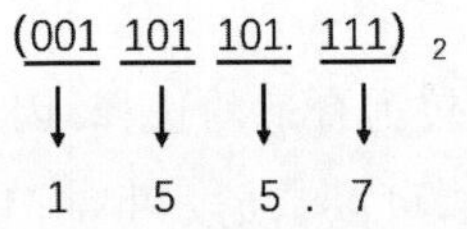

(001 101 101. 111) 2

1 5 5 . 7

图 1-1-2 二进制数转八进制数演示

准,整数部分从右到左,每四位一组,最高位不足四位时,添 0 补足四位;小数点部分从左到右,每四位一组,最低位不足四位时,添 0 补足四位。然后,将各组的四位二进制数按权展开后相加,得到一位十六进制数。同理,十六进制数转换为二进制数,可概括为“一位拆四位”。

例:将二进制数$(1101101.111)_2$转换成十六进制数。如图 1-1-3 所示。

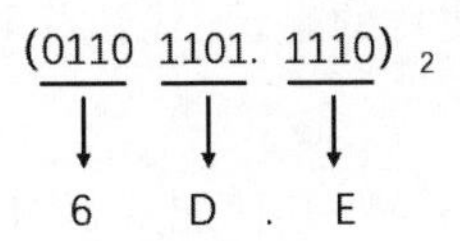

图 1-1-3 二进制数转十六进制数演示

所以,$(1101101.111)_2=(6D.E)_{16}$

③八进制数、十六进制数相互转换

八进制数、十六进制数之间可以通过二进制数或者十进制数搭桥进行转换,在此不再赘述。

六、计算机常识实际运用

本次任务需要为江江实习所在的人事部门选购一台笔记本电脑,需要进行员工信息管理、招聘流程处理、薪资核算等任务。

1. 处理器

推荐选择 Intel Core i7 或 AMD Ryzen 7 等中高端处理器。这类处理器具有强大的计算能力和多任务处理能力,可以确保在处理复杂的员工信息和招聘流程时运行流畅,避免因处理速度过慢而影响工作效率。

2. 内存

建议至少选择 16 GB 的 DDR4 内存。充足的内存可以确保同时运行多个应用程序和浏览器标签页时不会卡顿,提高工作效率。

3. 存储

推荐至少 512 GB 的 SSD 固态硬盘。SSD 固态硬盘具有读写速度快、耐用性好的特点,可以大幅提升系统启动速度、应用程序加载速度以及文件传输速度。

4. 显示器

建议选择至少 1080p 分辨率的显示器,尺寸适中,如 14 英寸或 15.6 英寸。高分辨率的显示器可以提供更清晰的视觉体验,有助于长时间工作时保护眼睛。

5. 操作系统

Windows 10 或 Windows 11 是较为合适的选择，因为这两个操作系统与大多数人事管理软件兼容，且拥有丰富的应用生态，可以满足人事部门的多种需求。

6. 电池续航

考虑到可能需要移动办公，建议选择电池续航能力较强的笔记本电脑。这样可以确保在没有电源的情况下也能长时间使用。

7. 鼠标

如果需要移动办公或者桌面整洁度要求较高，无线鼠标是更好的选择。它避免了线缆的束缚，使工作更为便捷。但需要注意的是，无线鼠标可能会存在轻微的延迟问题，特别是在传输大量数据或进行精确操作时。

此外，还可以根据具体需求考虑一些其他配置，如指纹识别、面部识别等安全功能，以保护员工信息的安全性；或者选择带有独立显卡的笔记本电脑，以应对可能需要处理大量图片或视频的场景。

工单1.1.2 规范化整理文件

工单1.1.2内容见表1-1-4。

表1-1-4　　工单1.1.2内容

名称	规范化整理文件	实施日期	
实施人员名单		实施地点	
实施人员分工	组织：　记录：　宣讲：		
请在互联网上查询相关信息，回答下面的问题；结合本节课堂的内容，完成操作演练。 1.请列举文件夹结构设计的常用原则。 ☐ 层级清晰：文件夹应按照逻辑层次进行划分，便于快速定位和管理文件 ☐ 命名规范：文件夹命名应简洁明了，能够直观反映其内容或用途 ☐ 分类合理：根据文件类型、项目或工作流程等因素，合理分类文件夹 ☐ 扩展性考虑：设计时预留扩展空间，便于未来新增内容或调整结构 ☐ 一致性维护：在整个文件系统或团队中，保持文件夹结构设计的一致性 ☐ 其他 2.请列举文件夹命名的常见规范。 ☐ 简洁明了：避免使用过长或复杂的名称，尽量使用简短词汇描述 ☐ 避免空格：文件名开头不使用空格，如需分隔可使用下划线或连字符 ☐ 使用合法字符：只使用字母、数字、下划线、连字符等合法字符，避免使用特殊符号 ☐ 大小写统一：在英文命名中，保持大小写的一致性，通常推荐使用小写字母 ☐ 避免与现有文件夹重名：确保每个文件夹名称在其父文件夹中是唯一的 ☐ 其他 3.请列举文件操作的常用方法。 ☐ 复制：创建文件或文件夹的副本，可将其粘贴到同一位置或不同位置 ☐ 剪切：将文件或文件夹从当前位置移动到剪贴板，准备粘贴到另一位置 ☐ 粘贴：将剪贴板中的文件或文件夹粘贴到目标位置 ☐ 移动：直接将文件或文件夹从一个位置移动到另一个位置，无须经过剪贴板 ☐ 重命名：更改文件或文件夹的名称，以符合新的命名规范或需求 ☐ 删除：永久移除文件或文件夹，须谨慎操作以避免数据丢失 ☐ 其他 4.如何处理不同版本的文件，以避免混淆和错误使用旧版本？ 5.操作演练：请按要求完成文件和文件夹的创建。			
学习效果评价分数(0～100分)			
自评分		组评分	

一、文件和文件夹

文件和文件夹是计算机存储系统中不可或缺的组成部分。它们共同协作，使得用户可以方便、高效地存储、访问和管理各种类型的数据。

1. 文件的概念

文件是计算机存储的基本单位，用于存储各种类型的数据。这些数据可以是文本、图片、音频、视频、程序代码等。常见文件类型见表 1-1-5。

表 1-1-5 常见文件类型

文件扩展名	文件类型	文件扩展名	文件类型
. docx	Word 文档	. exe	可执行文件
. xlsx	Excel 电子表格	. pdf	PDF 文档
. pptx	PowerPoint 演示文稿	. zip	压缩文件
. txt	纯文本文件	. rar	压缩文件
. jpg	JPEG 格式的图像文件	. html	网页文件
. mp3	MP3 格式的音频文件	. csv	数据库文件
. wav	WAV 格式的视频文件	. db	数据库文件

选中计算机中任意文件，单击鼠标右键，即可查看该文件的属性，包括文件名、文件类型、文件存储位置等，如图 1-1-4 所示。

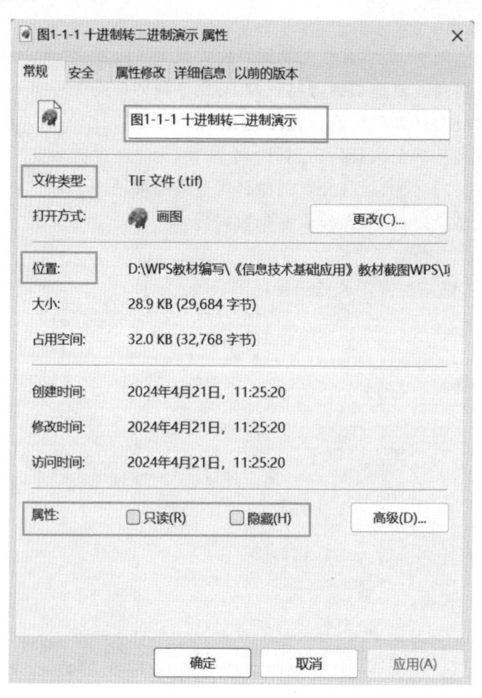

图 1-1-4 查看文件属性

如果不希望文件被他人修改或查看，可将文件属性设置为“只读”或“隐藏”。

2. 文件夹的概念

文件夹用于组织和管理文件。它相当于一个容器，可以包含多个文件和子文件夹。它提供了一个逻辑上的分组方式，帮助用户按照不同的类别或项目来组织文件。

文件夹具有以下特性：

(1)层级结构

文件夹可以包含其他文件夹，从而形成了树状的层级结构。这种结构允许用户根据需要创建多级目录，进一步细分和分类文件。

(2)命名

每个文件夹都有一个唯一的名称，用于标识和区分不同的文件夹。用户可以根据需要给文件夹命名，以便于记忆和识别。

(3)属性

文件夹通常包含一些属性，如创建日期、修改日期、大小(通常基于所包含的文件和子文件夹)等。这些属性可以帮助用户了解文件夹的状态和历史。

(4)权限

文件夹可以设置访问权限，以控制哪些用户可以查看、修改或删除文件夹中的文件。这是保证文件安全和隐私的重要手段。

3. 文件夹的创建

在需要创建文件夹的位置，单击鼠标右键，在弹出的快捷菜单中选择“新建”→“文件夹”即可。同时文件名处会呈现蓝底白字状态，此时可按要求进行文件名修改。如图1-1-5所示。

图1-1-5 新建文件夹

本次任务要求创建一个名为“公司项目”的文件夹结构。因此需要打开文件夹继续在内部创建子文件夹。创建时注意层级关系。创建之后的文件夹树形结构如图1-1-6所示。

二、文件及文件夹的搜索与定位

通常我们可以使用文件资源管理器来搜索计算机中的文件及文件夹。

1. 打开文件资源管理器

按“Win+E”快捷键，或者单击任务栏上的“文件资源管理器”图标来快速打开文件资源管理器。在Windows 10及以后版本中，也可以从“开始”菜单中搜索“文件资源管理器”并

```
公司项目
├─临时文件
├─图片
│  ├─会议照片
│  ├─图表
│  └─截图
├─研究资料
│  ├─书籍引用
│  ├─网络资源
│  └─走访记录
└─项目文档
    ├─会议记录
    ├─报告
    └─草案
```

图 1-1-6　文件夹树形结构

打开它。

2. 使用搜索框

在文件资源管理器的顶部靠右，可以看到一个搜索框。在搜索框中输入想要查找的文件名、部分文件名、文件类型或者任何相关的关键词，如图 1-1-7 所示。文件资源管理器会实时显示匹配的结果，如图 1-1-8 所示。

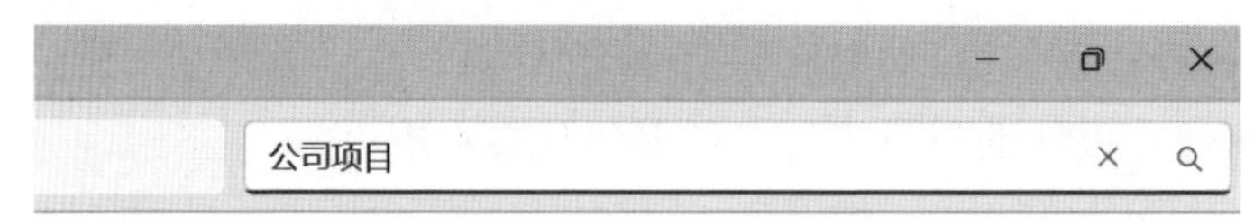

图 1-1-7　文件及文件夹搜索

名称	修改日期	路径
公司项目	修改日期: 2024/4/21 14:54	C:\用户\61176\桌面
会议照片	修改日期: 2024/4/21 14:56	C:\用户\61176\桌面\公司项目\图片
图表	修改日期: 2024/4/21 14:56	C:\用户\61176\桌面\公司项目\图片
截图	修改日期: 2024/4/21 14:56	C:\用户\61176\桌面\公司项目\图片
走访记录	修改日期: 2024/4/21 14:56	C:\用户\61176\桌面\公司项目\研究资料
网络资源	修改日期: 2024/4/21 14:55	C:\用户\61176\桌面\公司项目\研究资料
书籍引用	修改日期: 2024/4/21 14:55	C:\用户\61176\桌面\公司项目\研究资料
草案	修改日期: 2024/4/21 14:55	C:\用户\61176\桌面\公司项目\项目文档
会议记录	修改日期: 2024/4/21 14:55	C:\用户\61176\桌面\公司项目\项目文档
报告	修改日期: 2024/4/21 14:55	C:\用户\61176\桌面\公司项目\项目文档
临时文件	修改日期: 2024/4/21 14:55	C:\用户\61176\桌面\公司项目
图片	修改日期: 2024/4/21 14:55	C:\用户\61176\桌面\公司项目
研究资料	修改日期: 2024/4/21 14:54	C:\用户\61176\桌面\公司项目
项目文档	修改日期: 2024/4/21 14:54	C:\用户\61176\桌面\公司项目

公司项目 (14 个项目)

选择单个文件以获取详细信息并共享云内容。

图 1-1-8　搜索结果

3. 定位文件或文件夹

在搜索结果中，找到需要的文件或文件夹后，可以直接双击打开或者右键单击后再选择其他操作。

三、压缩与解压缩

压缩是将一个或多个文件以某种特定的算法进行处理，减小文件体积的过程。这样做可以节省硬盘空间，同时使得文件的传输更为迅速。常见的压缩格式有 ZIP、RAR、7z 等。解压缩则是将压缩后的文件还原为原始文件的过程。我们可以通过双击压缩文件或使用右键菜单中的解压选项来执行解压缩操作。在本次任务中，选中“公司项目”文件夹，单击鼠标右键，在弹出的快捷菜单中选择“压缩为 zip 文件”，如图 1-1-9 所示。同样，选中压缩后的文件，单击鼠标右键，在弹出的快捷菜单中选择“解压到”，选择路径存放文件即可。

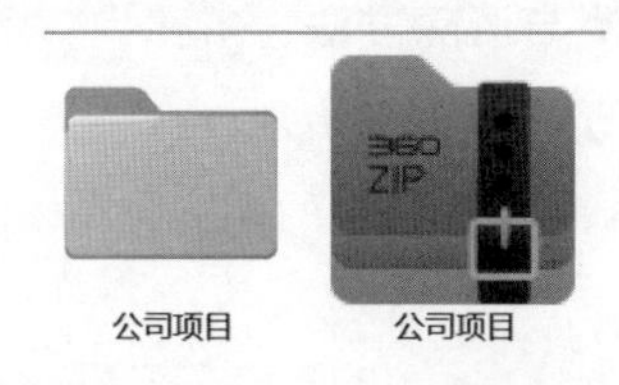

图 1-1-9　压缩与解压缩

任务实训

计算机基础知识与文件操作实践

操作要求：

1. 了解计算机的发展历程

- 查阅相关资料，总结计算机从诞生至今的主要发展阶段，包括每个阶段的重要里程碑事件和代表性技术。
- 将总结的内容以图文并茂的形式（如 PPT 或 Word 文档）呈现，并简要分析每个阶段对当今计算机技术发展的影响。

2. 创建文件及文件夹

- 在自己的计算机上创建一个新的文件夹，并在该文件夹内创建至少三个不同类型的文件（如文本文件、图片文件、音频文件等）。
- 为每个文件命名时，须遵循文件命名规范，确保文件名简洁明了，不包含非法字符。

3. 掌握文件搜索定位方法

- 利用计算机的文件搜索功能，快速定位到之前创建的文件夹和文件。
- 记录搜索的步骤和使用的关键词，分析如何更有效地进行文件搜索。

4. 了解文件安全及隐私设置

- 对之前创建的文件夹或文件进行安全设置，例如设置访问密码或限制某些用户的访问权限。
- 简要说明这些设置对文件安全性的提升作用。

任务 1.2 计算机病毒防治

任务目标

- 掌握计算机病毒的基本概念、分类及其传播方式。
- 熟悉常见计算机病毒的检测与清除方法。
- 学会使用杀毒软件进行病毒的预防与治理。
- 提高网络安全意识,培养防范病毒攻击的能力。

任务要求

1. 内容要求

- 对目标计算机系统进行全面的病毒扫描,记录检测到的病毒名称、类型及感染文件。
- 分析病毒感染原因,提出针对性的清除方案。
- 执行清除操作,确保病毒被彻底清除,系统恢复正常运行。
- 配置系统安全设置,增强病毒防护能力。

2. 功能性要求

- 能够使用专业的杀毒软件对目标计算机进行病毒扫描和清除,以满足其日常办公需求,提高工作效率。
- 能够根据病毒类型选择合适的清除策略,确保清除过程不损害系统文件和数据。
- 能够配置系统防火墙、更新病毒库等操作,提高系统的安全性。

3. 安全性与保密性要求

- 在执行病毒检测和清除过程中,确保不泄露任何敏感信息或数据。
- 对清除过程中产生的日志文件和临时文件进行妥善处理,防止信息泄露。
- 在任务完成后,及时卸载或关闭不必要的工具和程序,避免留下安全隐患。

任务实施

工单 计算机病毒防治实践

工单内容见表1-2-1。

表1-2-1 **工单内容**

<table>
<tr><td>名称</td><td>计算机病毒防治实践</td><td>实施日期</td><td></td></tr>
<tr><td>实施人员名单</td><td></td><td>实施地点</td><td></td></tr>
<tr><td>实施人员分工</td><td colspan="3">组织：　　　　　记录：　　　　　宣讲：</td></tr>
<tr><td colspan="4">请在互联网上查询相关信息，回答下面的问题；结合本节课堂的内容，完成操作演练。
1.常见的计算机病毒类型有哪些？
☐ 蠕虫病毒：通过网络复制自身，传播速度快，消耗网络资源
☐ 特洛伊木马病毒：伪装成正常程序，暗中执行恶意操作，如窃取信息
☐ 宏病毒：感染Word、Excel等文档，通过文件共享和电子邮件传播
☐ 勒索软件：加密用户文件并要求支付赎金才能解密
☐ 脚本病毒：利用脚本语言编写，嵌入网页或邮件，执行恶意代码
☐ 其他
2.预防计算机病毒的有效措施有哪些？
☐ 定期更新操作系统和应用程序
☐ 安装可靠的杀毒软件，并定期更新病毒库
☐ 不随意打开来自未知来源的邮件附件或下载链接
☐ 使用防火墙，限制不必要的网络访问
☐ 定期备份重要数据，以防病毒破坏
☐ 其他
3.计算机病毒传播的主要途径有哪些？
☐ 网络传播：通过电子邮件、下载的文件或网络共享
☐ 移动存储介质：如U盘、移动硬盘等
☐ 非法软件或盗版软件：包含病毒或后门程序
☐ 系统漏洞：利用未修补的漏洞进行攻击
☐ 其他
4.哪些情况属于常见的计算机病毒症状？
☐ 系统运行速度变慢
☐ 程序异常退出或崩溃
☐ 屏幕上出现异常的提示信息
☐ 文件被篡改或删除
☐ 浏览器主页被更改，或频繁弹出广告窗口
☐ 其他
5.操作演练：模拟一次计算机病毒防治实践，对指定的计算机系统进行病毒检测、清除与防范。请将本次任务心得填写在下方。</td></tr>
<tr><td colspan="4">学习效果评价分数(0～100分)</td></tr>
<tr><td>自评分</td><td></td><td>组评分</td><td></td></tr>
</table>

一、计算机病毒常识

1. 计算机病毒的定义

计算机病毒是一种人为制造的，隐藏在计算机系统内部的，对计算机系统安全构成威胁的程序。

计算机病毒能够在计算机系统中存活，通过自我复制来传播，并在一定条件下被激活，对计算机系统产生破坏作用。

2. 计算机病毒的特点

计算机病毒具有寄生性、传染性、潜伏性、隐蔽性、破坏性和可触发性等特点。它通常附着在其他程序或文件中，当这些程序或文件被执行时，病毒就会被激活并开始复制和传播。计算机病毒可以通过各种途径传播，如网络下载、电子邮件附件、移动存储设备等。一旦感染，病毒可能会破坏系统文件、窃取个人信息、占用系统资源，甚至导致系统崩溃或数据丢失。

3. 计算机病毒的分类

(1)按照依附的媒体类型分类

网络病毒：通过计算机网络感染可执行文件的计算机病毒。

文件病毒：主攻计算机内文件的病毒，如感染 COM、EXE、DOC 等文件。

引导型病毒：主攻感染驱动扇区和硬盘系统引导扇区的病毒。

(2)按照计算机特定算法分类

附带型病毒：通常附带于一个 EXE 文件上，不会破坏更改文件本身，但在读取时首先激活的就是这类病毒。

蠕虫病毒：不会损害计算机文件和数据，其破坏性主要取决于计算机网络的部署，可以使用计算机网络从一个计算机存储切换到另一个计算机存储来计算网络地址，感染病毒。

可变病毒：可以自行应用复杂的算法，很难发现，因为在另一个地方表现的内容和长度是不同的。

(3)按照病毒的前缀命名分类

系统病毒：前缀为 Win32、PE、Win95、W32、W95 等，这些病毒可以感染 Windows 操作系统的 *.exe 和 *.dll 文件，并通过这些文件进行传播。

木马病毒：前缀为 Trojan。

黑客病毒：前缀名一般为 Hack。

脚本病毒：前缀为 Script，还可能有 VBS、JS 等前缀，表明是何种脚本编写的。

宏病毒：前缀为 Macro，第二前缀可能是 Word、Word97、Excel、Excel97 等。

(4)按照传播媒介分类

单机病毒:其载体主要是磁盘,通过磁盘传播感染系统。

网络病毒:其传播媒介是网络通道,传染能力更强,破坏力更大。

4. 防范计算机病毒的主要措施

防范计算机病毒需要采取多方面的措施,从安装杀毒软件到提高个人安全意识,每个环节都至关重要。

(1)安装并定期更新杀毒软件:选择一款可靠的杀毒软件,并确保其病毒库保持最新状态。定期运行杀毒软件,对系统进行全面扫描,及时发现并清除病毒。

(2)不随意下载和安装软件:避免从非官方或不可靠的来源下载软件,特别是避免使用盗版软件。在下载和安装软件时,要仔细查看软件来源和用户评价,确保软件的安全性。

(3)谨慎打开邮件附件和下载链接:对于来自未知发件人或可疑邮件中的附件和下载链接,要特别谨慎。不要轻易打开这些附件或链接,以免感染病毒。

(4)设置复杂密码并定期更换:使用强密码,包括大小写字母、数字和特殊字符的组合,增加密码的复杂度。定期更换密码,减少密码被破解的风险。

(5)启用防火墙:防火墙是计算机安全的重要防线,可以阻止未经授权的访问和数据传输。确保防火墙功能已启用,并根据需要进行配置。

(6)定期备份重要数据:定期备份计算机中的重要数据,以防病毒攻击导致数据丢失。备份数据应存储在安全可靠的地方,如外部硬盘或云存储。

(7)更新操作系统和应用程序:及时更新操作系统和应用程序,以修复可能存在的安全漏洞,减少病毒利用漏洞进行攻击的机会。

(8)使用移动存储设备时小心谨慎:在使用U盘、移动硬盘等移动存储设备时,要先进行病毒扫描,确保设备未携带病毒。

(9)养成良好的上网习惯:避免访问不良网站,不下载不明软件和程序。在上网时,要保持警惕,避免泄露个人信息和敏感数据。

(10)提高安全意识:加强计算机安全知识的学习,了解常见的病毒类型和传播途径,提高识别和防范病毒的能力。

二、计算机安全相关法律法规

计算机安全相关法律法规涵盖了多个方面,包括计算机信息系统安全、网络安全、个人信息保护等,为计算机安全提供了全面的法律保障。这些法律法规的制定和实施,有助于维护计算机系统的安全,保护用户的合法权益,促进社会的稳定和发展。

1. 针对计算机信息系统安全的法律法规

如《中华人民共和国计算机信息系统安全保护条例》。该条例明确规定了计算机信息系统的安全保护工作,包括禁止侵犯计算机软件著作权,禁止利用计算机信息系统从事危害国家利益、集体利益和公民合法利益的活动，以及禁止危害计算机信息系统的安全等内容。此外，条例还规定了计算机信息网络直接进行国际联网时，必须使用国家提供的国际出入口信道，并遵守安全保密制度。

2. 网络安全法律法规

如《中华人民共和国网络安全法》。该安全法规定了网络运营者应当保障网络安全，防止网络数据泄露或者被窃取、篡改，并对个人信息的收集、使用等行为进行了规范。此外，《中华人民共和国刑法》中也有关于非法侵入计算机信息系统、破坏计算机信息系统罪等条款，明确了对违反计算机信息系统安全的刑事法律责任。

3. 个人信息保护

个人信息保护也是计算机安全法律法规，如《中华人民共和国个人信息保护法》，它进一步强化了个人信息的保护，规定了个人信息处理的基本原则，以及违反规定应承担的法律责任。

此外，还有一些与计算机安全相关的法律法规，如《互联网上网服务营业场所管理条例》、《关于维护互联网安全的决定》以及《中华人民共和国保守国家秘密法》等，它们从不同角度对计算机安全进行了规定和保障。

三、信息道德建设

加强信息道德建设需要全社会的共同努力和参与。通过教育引导、制定规章制度、加强监管、倡导文明上网以及提高媒介素养等多种方式，我们可以共同推动信息道德建设的发展，促进信息社会的和谐稳定。

1. 教育引导

首先，从教育层面出发，加强信息道德教育。在学校教育中，可以开展信息道德课程，让学生了解信息道德的重要性，掌握信息道德的基本规范，并学会在信息活动中遵守道德准则。此外，还可以通过举办讲座、研讨会等活动，提高公众对信息道德的认识和重视程度。

2. 制定规章制度

制定和完善信息道德相关的规章制度，明确人们在信息活动中的权利和义务，规范信息行为。这些规章制度可以包括信息采集、加工、传播和利用等方面的规定，确保信息活动的合法性和道德性。

3. 加强监管

政府和相关机构应加强对信息活动的监管，对于违反信息道德的行为，要及时予以制止和处罚。同时，也要建立举报机制，鼓励公众积极举报信息违规行为，形成全社会共同维护信息道德的良好氛围。

4. 倡导文明上网

在互联网时代，文明上网是信息道德建设的重要方面。可以开展文明上网宣传活动，引导网民遵守网络道德规范，自觉抵制不良信息，营造健康、文明、和谐的网络环境。

5. 提高媒介素养

媒介素养是信息道德建设的重要组成部分。人们需要学会正确判断信息的真伪和价值，避免被虚假信息所误导。因此，提高媒介素养教育水平，培养公众的信息鉴别能力和批判性思维，是加强信息道德建设的重要途径。

任务实训

计算机病毒防范与治理实践

操作要求：

1. 了解计算机病毒的基本概念、分类及其传播方式

● 查阅相关资料，总结计算机病毒的定义、特征、分类（如蠕虫病毒、木马病毒、宏病毒等）以及常见的传播方式（如网络传播、文件共享、移动存储介质等）。

● 将总结的内容以简洁明了的文字形式呈现，并举例说明每种传播方式的具体情形。

2. 熟悉常见计算机病毒的检测与清除方法

● 了解常见的计算机病毒检测工具及其使用方法，包括系统自带的病毒检测功能以及第三方杀毒软件。

● 使用所选工具对自己的计算机进行一次全面的病毒检测，记录检测过程和结果。

● 如果检测到病毒，尝试使用相应的清除方法，如隔离、删除、修复等。

3. 提高网络安全意识，培养防范病毒攻击的能力

● 总结在实训过程中学到的网络安全知识和防病毒技巧，包括如何识别可疑文件、链接和邮件，如何避免在不安全的网络环境下操作等。

● 分享这些相关知识给同学或家人，帮助他们提高网络安全意识和防范病毒攻击的能力。

项目 2 人力资源与活动管理综合方案制定

项目概况

江江进入某企业实习，需要撰写和排版公司的招聘公告、员工培训方案、项目发布会新闻稿、公司员工手册、团建宣传海报、新员工入职培训计划表，具体要求如下：

◆ 根据公司招聘需求，起草招聘公告内容，并对文档进行基本操作，如：保存、保护等，确保不被无关人员修改。

◆ 根据培训内容要求，撰写员工培训方案，并对方案进行字体、段落、项目符号等设置，使段落结构更加清晰，让培训员工更好地理解和把握方案内容。

◆ 撰写项目发布会新闻稿和公司员工手册，按照发布要求对新闻稿和公司员工手册进行排版，恰当设置边框和底纹、中文版式、分栏、首字下沉等效果，使整个版面重点突出、美观，增强读者对公司美誉度。

◆ 制作公司团建宣传海报，通过精心设计，在员工中产生积极的影响，并为团建活动的成功奠定基础。

◆ 制作新员工入职培训计划表，通过精心设计培训内容，确保新员工能够快速、有效地学习和适应，从而提高工作效率和满意度，同时为公司的长期发展打下坚实的基础。

项目目标

◆ 掌握文档的创建、打开、保存、关闭等基本操作，文本录入和基本操作，包括选取、复制与粘贴、撤销与恢复、查找与替换等，完成招聘公告的制作。

◆ 掌握字体格式设置、段落格式设置和项目符号及编号的设置，完成员工培训方案的制作。

◆ 掌握边框和底纹设置、中文版式设置、分栏、首字下沉等，完成项目发布会新闻稿的制作。

◆ 掌握页面设置、背景、水印、页眉、页脚等的设置，完成公司员工手册的制作。

◆ 掌握如何制作图文混排效果，会在 WPS 文档中插入与编辑图片、图形、艺术字等，完成团建宣传海报的制作。

◆ 使用表格工具制作表格，会在 WPS 文档中创建与操作表格并对表格进行美化操作，完成新员工入职培训计划表的制作。

素质目标

◆ 图文混排与多媒体集成能力：掌握在WPS文档中插入、编辑图片、图形、艺术字等多媒体元素的方法，学会利用图文混排技巧提升文档的视觉效果和吸引力，培养跨媒体素材整合与创新能力。

◆ 创新与设计思维：结合不同文档需求，运用所学技能进行个性化设计与排版，培养创新思维与设计能力。

◆ 问题解决与自主学习能力：面对文档处理中的各种问题，培养员工的问题解决能力，同时激发其自主学习新工具、新技术的热情，以适应不断变化的办公需求。

实施准备

◆ 采用WPS文字处理软件来完成本项目。WPS文字处理软件是一款功能强大的工具，广泛应用于办公、学习、写作等多个领域，它具备文档创建、编辑与图文排版、表格制作、页面设置、打印等功能。

◆ 在计算机中安装WPS Office办公软件，并熟练使用WPS Office软件中的文字处理软件。

项目任务分解

任务	工单	主要知识点
任务2.1 制作招聘公告与员工培训方案	工单2.1.1 制作招聘公告	新建、打开、保存、关闭、编辑、选取、查找、替换、复制、粘贴、保护等
	工单2.1.2 制作员工培训方案	字体格式、段落格式、项目符号和编号
任务2.2 制作新闻稿与员工手册	工单2.2.1 制作项目发布会新闻稿	边框和底纹、中文版式、分栏、首字下沉
	工单2.2.2 制作公司员工手册	页面设置、背景、水印、页眉、页脚
任务2.3 制作团建宣传海报	工单2.3.1 创建团建宣传海报文档	新建、页面设置、设置背景图片
	工单2.3.2 美化团建宣传海报	插入与编辑图片、插入与编辑图形、使用艺术字、使用文本框
任务2.4 制作新员工入职培训计划表	工单2.4.1 创建与操作表格	创建表格、选择表格区域、插入或删除单元格内容、调整行高与列宽、插入或删除行或列、合并与拆分单元格、设置单元格对齐方式
	工单2.4.2 美化表格	设置表格对齐方式、使用表格内置样式、为表格添加边框和底纹

任务 2.1 制作招聘公告与员工培训方案

任务目标

- 了解 WPS 文字处理的基本概念和功能。
- 创建、保存与关闭文档。
- 认识 WPS 文字处理软件工作界面。
- 学会文本录入和文档基本操作。
- 学会文档安全保护。
- 文本基本格式编辑(字体格式、段落格式、项目符号和编号的设置)。

任务要求

1. 内容要求

- 招聘公告应包含公司简介、招聘职位、岗位职责、任职要求、应聘方式等。
- 培训方案应包括培训目标、培训内容、培训形式、培训效果及后勤保障等。

2. 格式和功能要求

- 能够轻松输入和编辑招聘公告与培训方案的内容。
- 确保信息的清晰、准确、排版吸引人眼球,激发应聘者和员工的兴趣。
- 能够设置文本的字体、字号、颜色、加粗、斜体、下划线等,以及段落的对齐方式、缩进、行距等,使文档整体看起来整洁、美观。
- 能够使用项目符号和编号,使内容更加清晰有序。

3. 安全性与保密性要求

对文档进行保存和安全保护,确保只有授权人员可以访问和修改。

任务实施

工单 2.1.1 制作招聘公告

工单 2.1.1 内容见表 2-1-1。

表 2-1-1 **工单 2.1.1 内容**

名称	制作招聘公告	实施日期	
实施人员名单		实施地点	
实施人员分工	组织： 记录： 宣讲：		
请在互联网上查询相关信息，回答下面的问题；结合本节课堂的内容，完成操作演练。 1. WPS 文字处理软件的主要功能是什么？ □ 屏幕操作演示 □ 汉字输入练习 □ 文字编辑、排版、打印 □ 人机对话 2. WPS 文字处理软件与 Word 有什么区别？ 3. 文本的基本操作包含哪些？ 4. 在执行查找操作时，如何定位到下一个匹配项？查找与替换功能是否仅限于文字的查找与替换？ 5. 文档加密与设置只读的区别是什么？ 6. 操作演练：按要求完成成都志远网络科技有限公司招聘公告文档的创建和基本操作。			
学习效果评价分数(0～100 分)			
自评分		组评分	

工单参考效果如图 2-1-1 所示。

成都志远网络科技有限公司招聘公告

◆公司简介

成都志远网络科技有限公司，自成立以来，一直致力于为广大用户提供前沿的网络技术服务。我们凭借强大的技术实力和创新能力，已在行业内取得了显著的成就。随着公司业务的不断拓展，现特向社会公开招聘 UI 设计师，欢迎有志之士加入我们，共创美好未来。

◆招聘职位

UI 设计师

◆岗位职责

1. 负责公司产品的 UI 设计，包括界面布局、图标设计、色彩搭配等；

2. 与产品经理、开发工程师紧密合作，确保设计方案的实现；

3. 对用户体验进行研究，不断优化产品界面，提升用户体验；

4. 跟踪行业趋势，将最新的设计理念和技术应用到产品设计中。

◆任职要求

1. 美术、设计或相关专业本科及以上学历，具有扎实的美术功底和良好的审美能力；

2. 熟练掌握 Photoshop、Sketch、Figma 等设计软件，能够高效完成 UI 设计工作；

3. 对用户体验设计有深入的理解，能够从用户角度出发，设计出符合用户需求的界面；

4. 具备良好的沟通能力和团队协作精神，能够与开发团队有效沟通，确保设计方案的实现；

5. 有互联网行业 UI 设计经验者优先。

◆我们为您提供

1. 具有竞争力的薪资待遇和完善的福利体系；

2. 宽松的工作环境，良好的团队氛围；

3. 丰富的职业发展机会和提升空间；

4. 不断的学习和培训机会，助您不断成长。

◆应聘方式

请将个人简历发送至公司邮箱：××××@qq.com，邮件主题请注明“应聘 UI 设计师”。我们将在收到简历后尽快安排面试，期待您的加入！

成都志远网络科技有限公司

2024 年 3 月 1 日

图 2-1-1　招聘公告参考效果

一、新建文档

启动 WPS Office 软件，在首页左上角单击“新建”命令，系统将打开“新建”界面选项卡（图 2-1-2），选择“文字”选项，单击“空白文档”按钮，即可创建一个名为“文字文稿 1”的工作文档。

（a）　　　　（b）

图 2-1-2　新建文档

除以上方法外，在启动 WPS Office 后，按“Ctrl＋N”快捷键，也可创建新的空白文档。

进入文档操作界面，可以看到新建文档的标题为“文字文稿 1”，该文档即为新建的文档（图 2-1-3）。

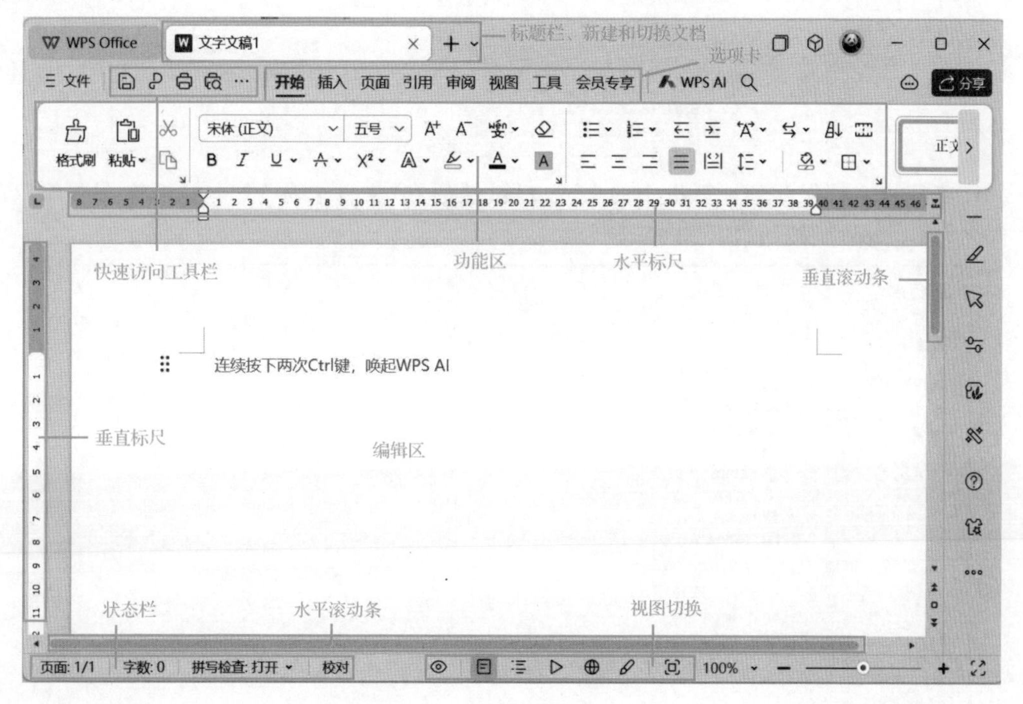

图 2-1-3　新建文档主界面

二、保存与关闭文档

1. 保存文档

新建文档编辑后，如果不进行保存，在关闭文件后，此文件将不再存在。为了保证后期能继续使用编辑好的文档，须进行保存操作。

单击工作界面左上角“快速访问工具栏”中的“保存”按钮（图 2-1-4），将弹出“另存为”对话框。

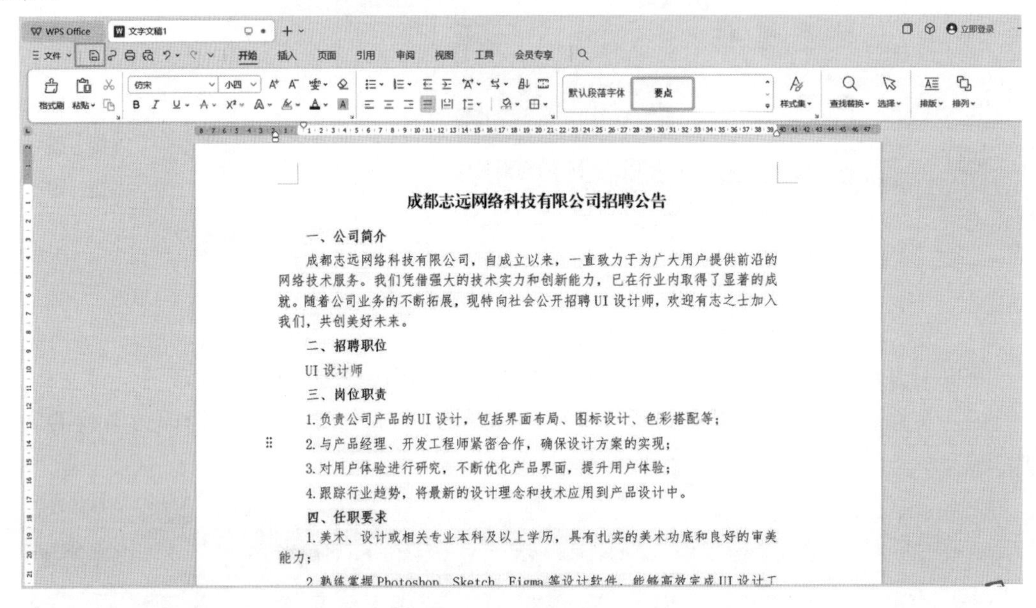

图 2-1-4　保存文档

按路径将文档保存到计算机中的合适位置，然后在“文件名称”文本框中输入要保存的文件名，单击“保存”按钮（图 2-1-5）。

图 2-1-5　保存位置及命名

除以上方法外，还可以按“Ctrl＋S”快捷键来保存文档。

2. 关闭文档

单击工作界面左上角的“文件”选项卡，在下拉菜单中选择“关闭”选项，即可关闭文档（图 2-1-6）。

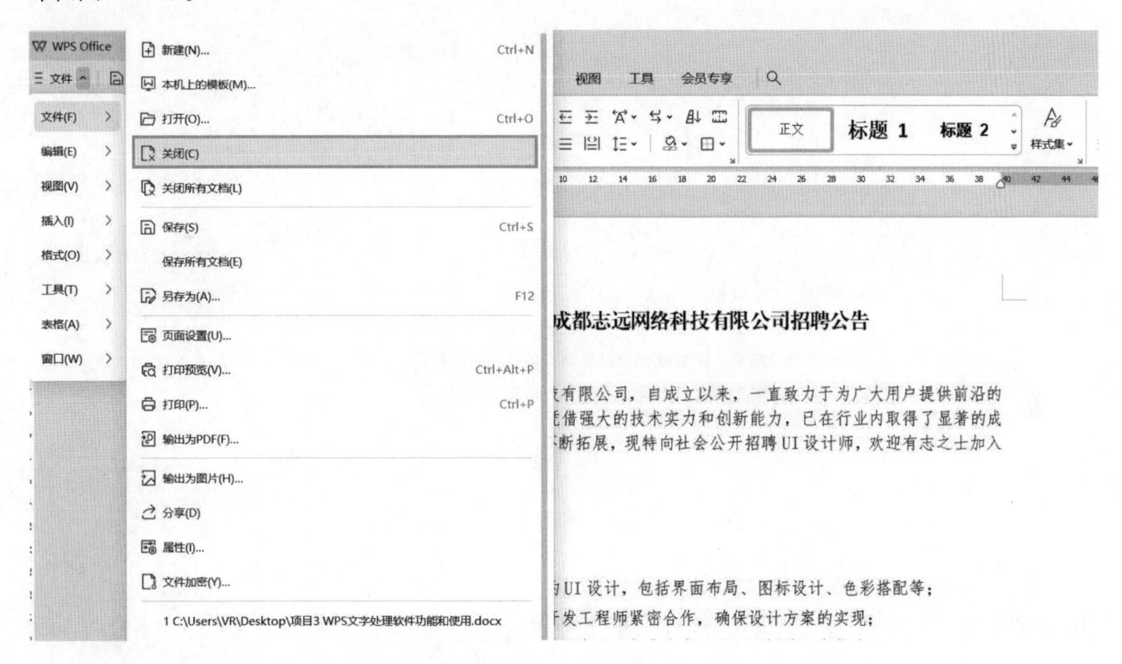

图 2-1-6 关闭文档

在工作界面中，也可单击标题栏文档右上角的“关闭”按钮来快速关闭文档。

三、输入文本内容

使用 WPS 编辑文本文档时，最基础的操作就是输入文本。常见的文本包括中英文、数字、特殊字符、时间和日期等。

1. 基本字符输入

字符是通过键盘直接输入的，切换输入法后，只需要将光标定位到新建文档中需要输入文本的位置即可（图 2-1-7）。

2. 特殊字符输入

在有的文本中，需要使用一些特殊符号和图形来突出、美化文档，一般的符号可以通过键盘直接输入，但一些特殊的图形符号不能直接输入。

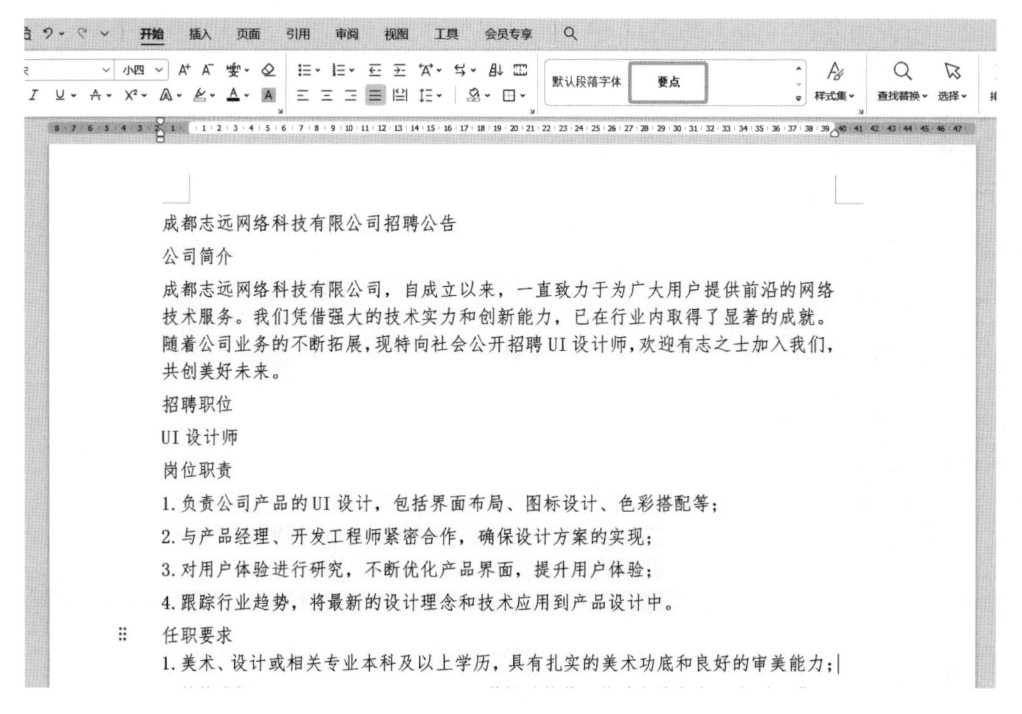

图 2-1-7　基本字符输入

将光标定位到要插入符号的位置，在“插入”选项卡中单击“符号”下拉按钮，在下拉列表中找到想要使用的符号(图 2-1-8)，直接单击即可。

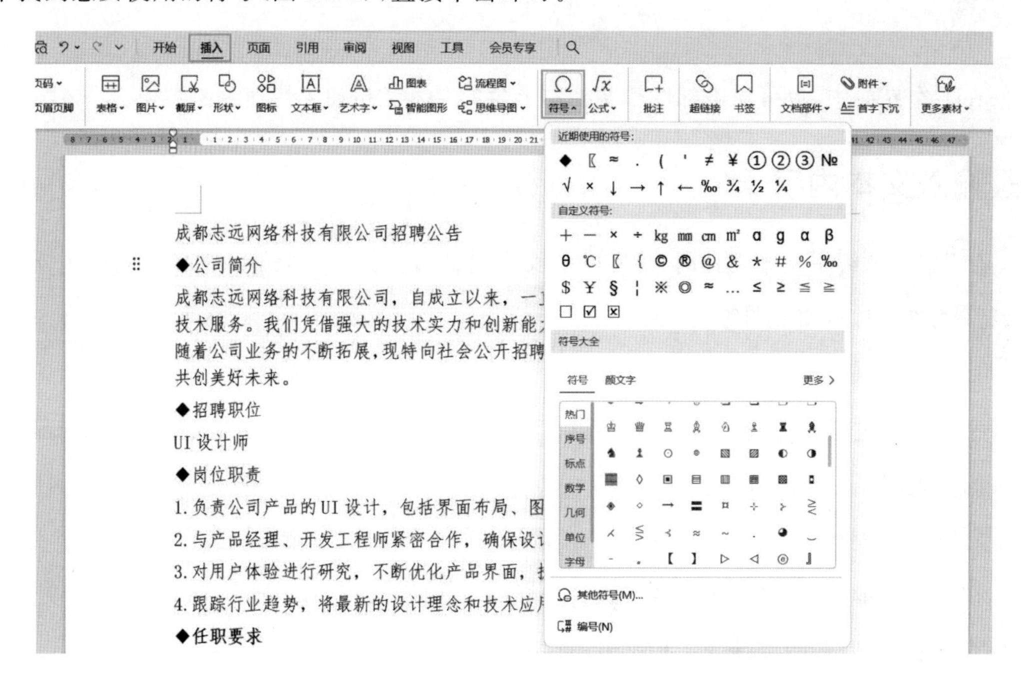

图 2-1-8　插入符号

如果在列表中找不到想使用的符号，可以单击“其他符号”，打开“符号”对话框（图 2-1-9），有更多的符号可供选择使用，选中后单击“插入”按钮即可。

图 2-1-9　插入其他符号

四、文本的基本操作

1. 快速选取

(1)连续文本与不连续文本选取

按住鼠标左键在文本上拖动，即可选取连续文本。配合 Ctrl 键，可以选中不连续的多处文本：先选中第一处文本，接着按住 Ctrl 键不放，继续用鼠标拖动的方法选取不连续的第二处文本，直到最后一个区域文本选取完成后，松开 Ctrl 键，即可一次性选取不连续的区域文本（图 2-1-10）。

成都志远网络科技有限公司招聘公告

◆ 公司简介

成都志远网络科技有限公司，自成立以来，一直致力于为广大用户提供前沿的网络技术服务。我们凭借强大的技术实力和创新能力，已在行业内取得了显著的成就。随着公司业务的不断拓展，现特向社会公开招聘 UI 设计师，欢迎有志之士加入我们，共创美好未来。

◆ 招聘职位

UI 设计师

◆ 岗位职责

负责公司产品的 UI 设计，包括界面布局、图标设计、色彩搭配等；

与产品经理、开发工程师紧密合作，确保设计方案的实现；

对用户体验进行研究，不断优化产品界面，提升用户体验；

跟踪行业趋势，将最新的设计理念和技术应用到产品设计中。

◆ 任职要求

美术、设计或相关专业本科及以上学历，具有扎实的美术功底和良好的审美能力；

图 2-1-10　选取不连续文本

(2)快速选取行

将鼠标指针指向要选择行的左侧空白处,单击鼠标即可选择该行(图 2-1-11)。

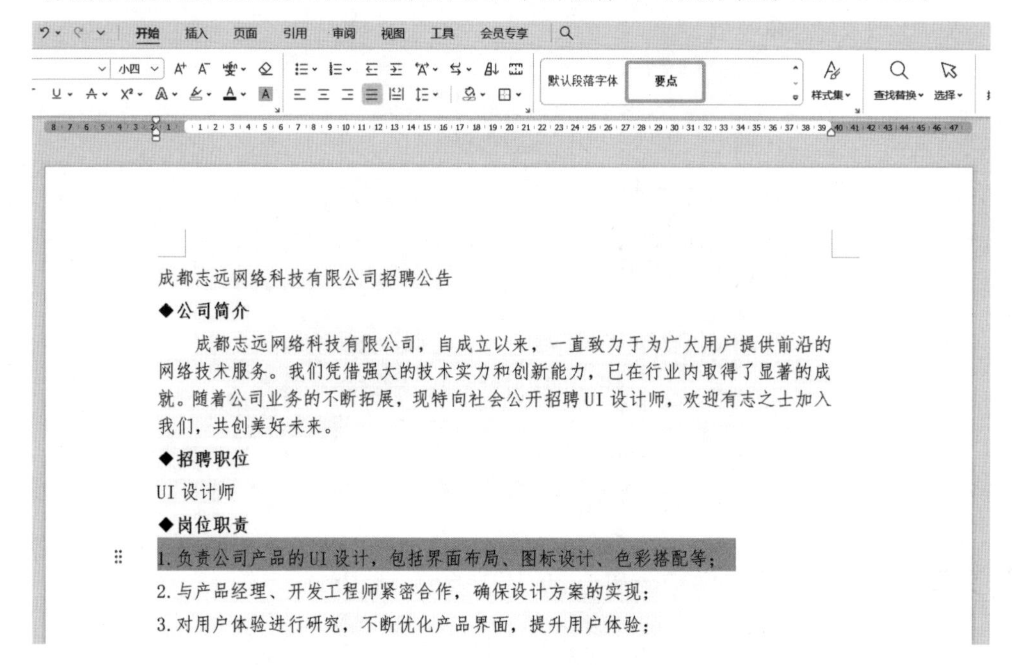

图 2-1-11 选取行

(3)快速选取段落

将鼠标指针指向要选择段落的左侧空白处,双击即可选择段落(图 2-1-12)。

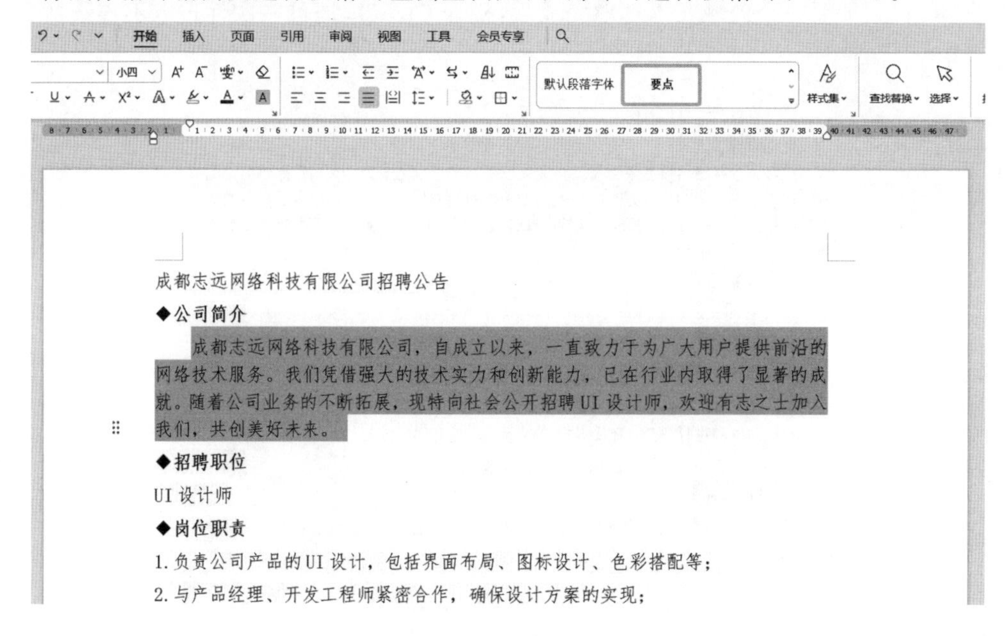

图 2-1-12 选取段落

(4)全选文本

直接按键盘上的“Ctrl+A”快捷键。

2.复制与粘贴

(1)首先选取需要复制的内容,单击鼠标右键,在弹出的快捷菜单中单击“复制”按钮(图 2-1-13);把光标定位到需要粘贴的位置,再单击鼠标右键,在弹出的快捷菜单中单击“粘贴”按钮(图 2-1-14)。

图 2-1-13 复制

图 2-1-14 粘贴

(2)首先选取需要复制的内容,在“开始”选项卡中单击“复制”按钮,把光标定位到需要粘贴的位置,再单击“开始”选项卡下的“粘贴”按钮(图 2-1-15)。

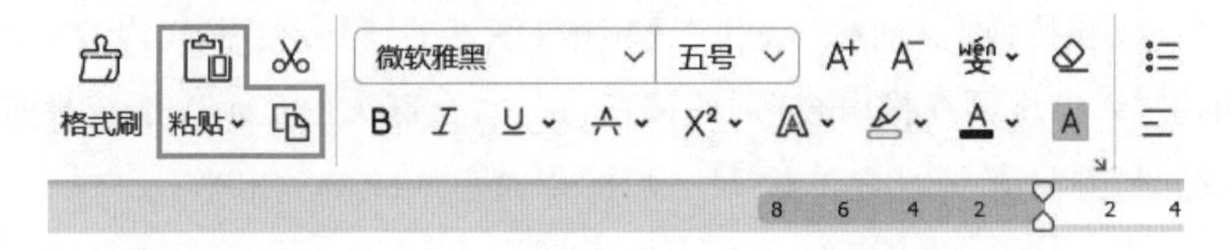

图 2-1-15 复制、粘贴

(3)除以上两种方法外,选取文本后,按“Ctrl+C”快捷键复制,然后把光标定位到需要粘贴的位置,按“Ctrl+V”快捷键粘贴文本。

(4)在日常工作中,常常会在网页上复制资料将其粘贴到 WPS 文档中使用,可网页上的资料带有格式,为方便文本排版,可以采用无格式形式粘贴文本。

在网页中复制文本后,将光标定位到需要粘贴的位置,在“开始”选项卡中单击“粘贴”下拉按钮,在下拉列表中选择“只粘贴文本”(图 2-1-16)。

3.查找与替换

在 WPS 中编辑文档时,常常会出现字符输入错误的现象,在文档中逐个查找修改会花费很多时间,而且还不精确,利用查找替换功能则可以快速修改文档中的错误。

(1)在“开始”选项卡中单击“查找替换”下拉按钮,在下拉列表中选择“查找”(图 2-1-17)。

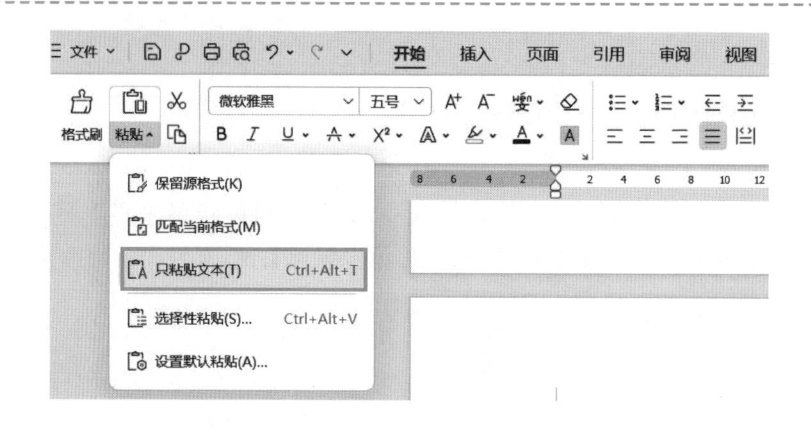

图 2-1-16 只粘贴文本

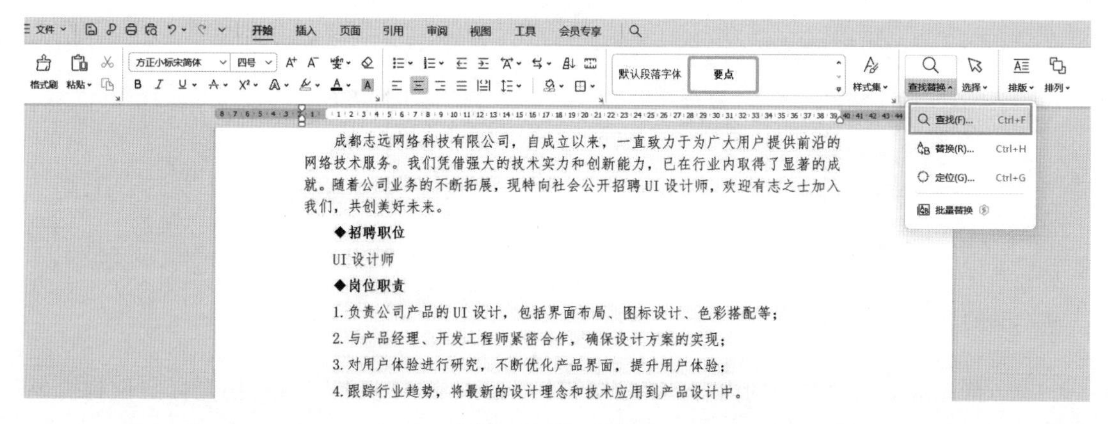

图 2-1-17 查找

(2)弹出“查找和替换”对话框“查找”选项卡(图 2-1-18)，在“查找内容”文本框中输入“UI 设计”，单击“突出显示查找内容”下拉按钮，选择“全部突出显示”，系统会自动查找该文本，显示搜索结果，并将查找到的文本“UI 设计”以黄色底纹显示出来。

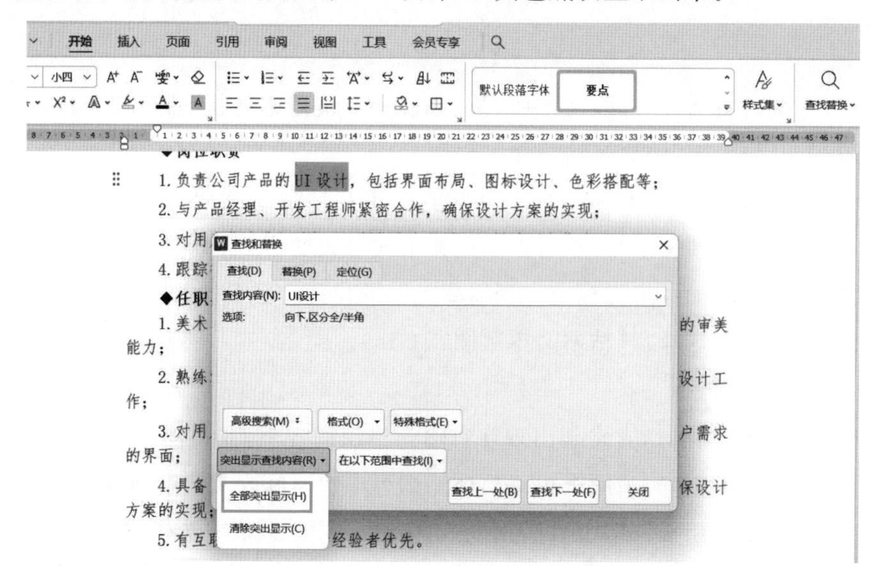

图 2-1-18 查找搜索

也可通过按键盘上的“Ctrl＋F”快捷键打开“查找和替换”对话框的“查找”选项卡。

(3)在“开始”选项卡中单击“查找替换”下拉按钮，在下拉列表中选择“替换”(图 2-1-19)。

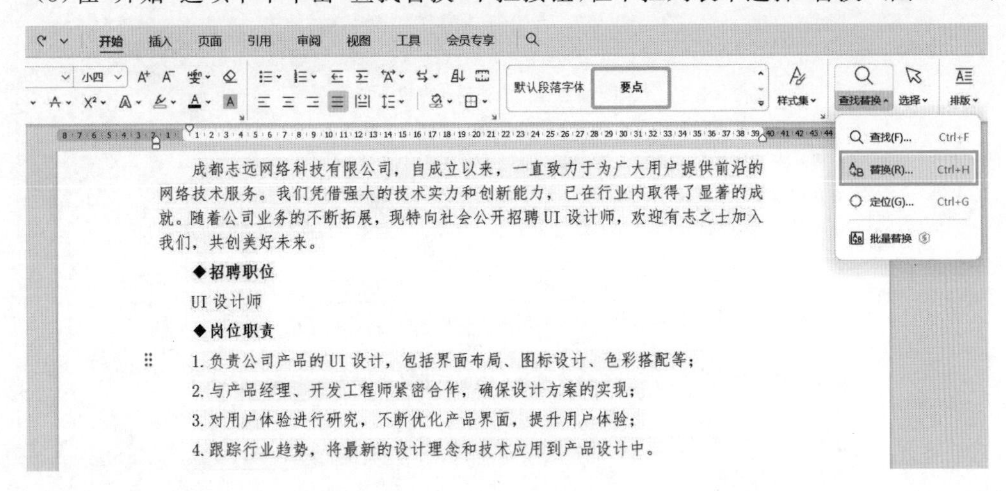

图 2-1-19 替换

(4)弹出“查找和替换”对话框的“替换”选项卡(图 2-1-20)，在“查找内容”文本框中输入“UI 设计”，在“替换为”文本框中输入“UI 设计师”，单击“替换”或“全部替换”按钮，即可将文本中“UI 设计”替换为“UI 设计师”。还可在对话框中单击“格式”或“特殊格式”，对字体、段落、样式等格式进行设置。

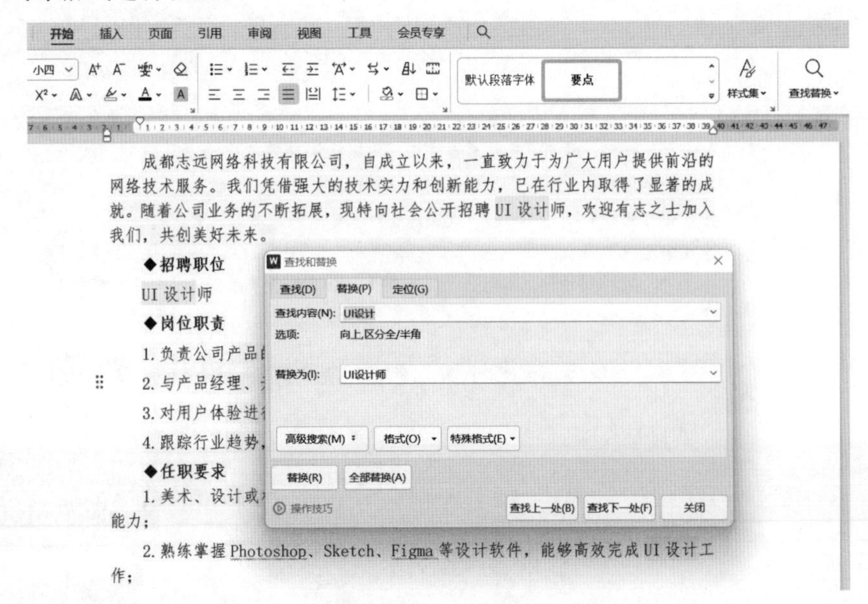

图 2-1-20 替换设置

也可通过按键盘上的“Ctrl＋H”快捷键打开“查找和替换”对话框的“替换”选项卡。

4. 删除、撤销与恢复

(1)选中文档中“任职要求第 2 点”文本，按 Delete 键或 Backspace 键即可删除文本(图 2-1-21)。按 Delete 键，则删除光标右侧的文本字符；按 Backspace 键则删除光标左侧的文本字符。

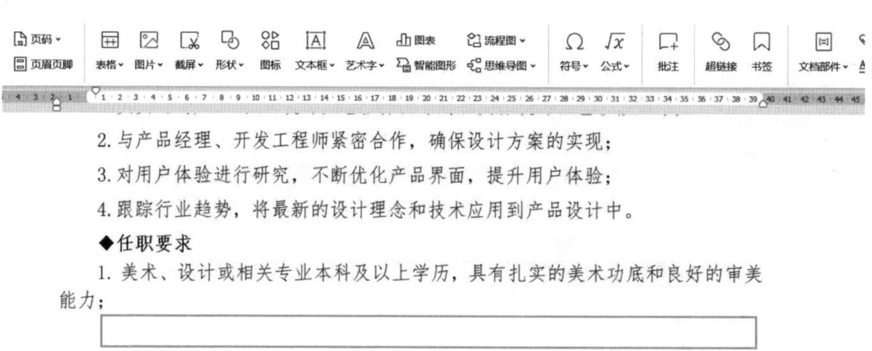

图 2-1-21　删除文本

(2)单击工作界面左上角“快速访问工具栏”中的“撤销”按钮(图 2-1-22)，即可执行撤销删除文本的操作，也可按“Ctrl＋Z”快捷键撤销操作。

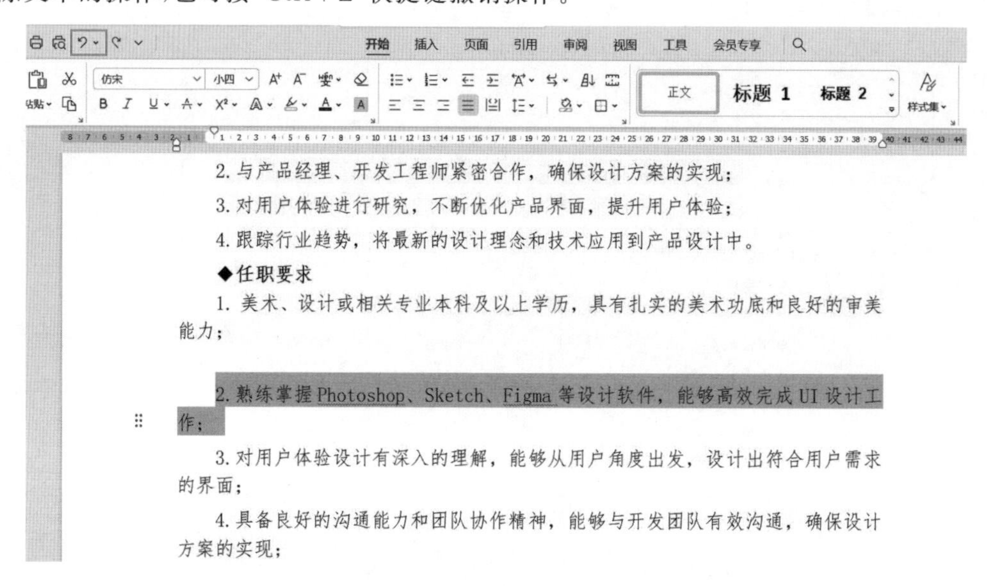

图 2-1-22　撤销删除文本

(3)单击工作界面左上角“快速访问工具栏”中的“恢复”按钮，即可执行恢复删除文本的操作，也可按“Ctrl＋Y”快捷键恢复操作。

五、文档的安全保护

在办公中常常会涉及一些重要文档，为了防止无关的人随意打开，可以为文档加密。

1. 为招聘公告文档设置密码保护

打开招聘公告文档,单击左上角的“文件”按钮,在下拉菜单中单击“文件加密”(图 2-1-23)。

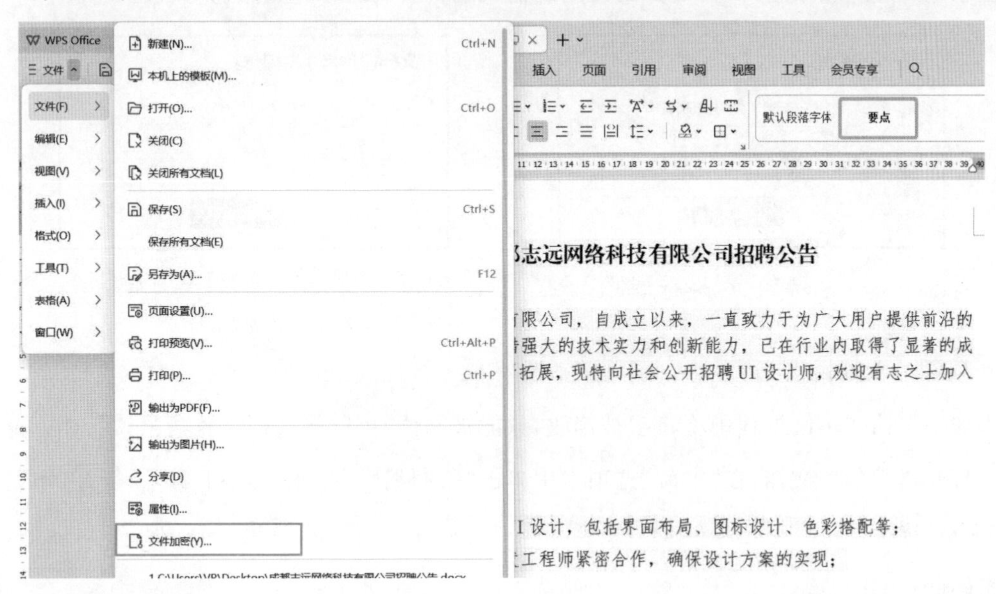

图 2-1-23 文件加密

打开“文档加密”对话框,在对话框中分别设置“打开权限”和“编辑权限”的密码(图 2-1-24),单击“确定”按钮完成设置。

图 2-1-24 密码设置

再次打开此文档时，提示输入打开权限密码（图 2-1-25），正确输入密码后，则弹出对话框提示输入编辑权限密码（图 2-1-26），正确输入编辑密码后才能正常打开文档。

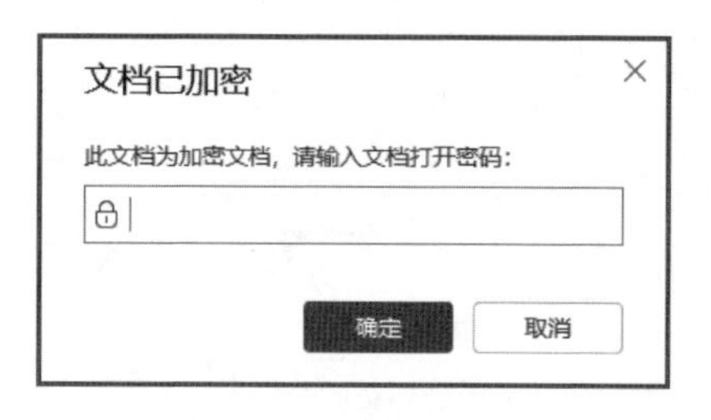

图 2-1-25　打开加密文档

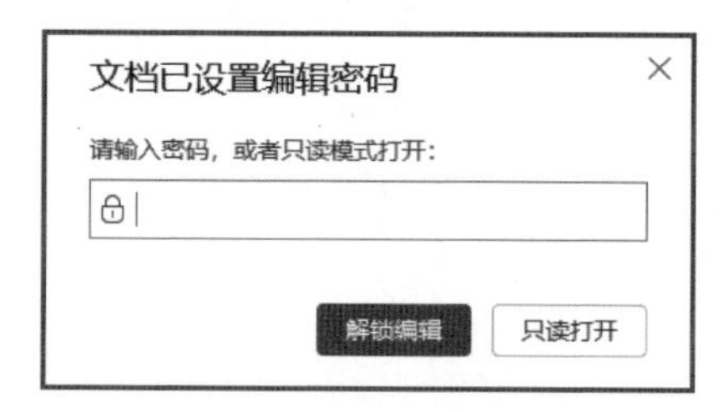

图 2-1-26　解锁编辑权限

2. 转换为只读文档

如果文档在传阅过程中不希望被修改，只能被阅读，可以将文档设置为只读文档。

打开招聘公告文档，在“审阅”选项卡中单击“限制编辑”按钮（图 2-1-27）。打开“限制编辑”窗格，选中“只读”单选项（图 2-1-28），单击“启动保护”按钮，弹出“启动保护”对话框，设置密码（图 2-1-29）。

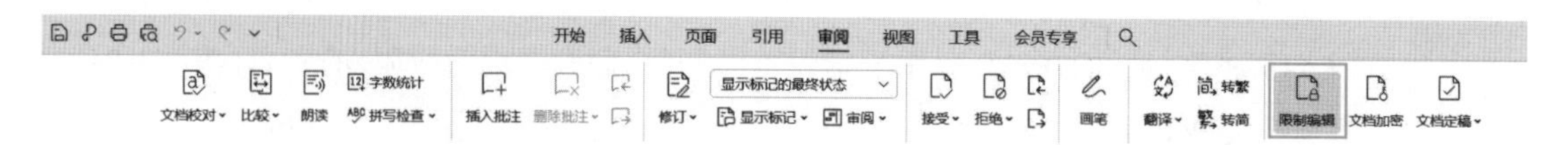

图 2-1-27　限制编辑

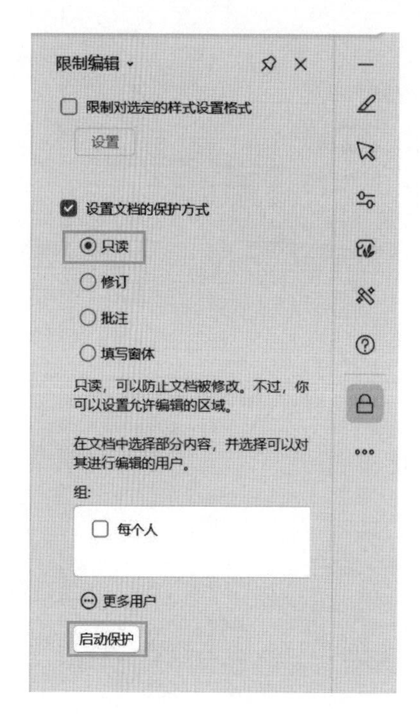

图 2-1-28　设置只读

图 2-1-29　启动保护

单击“确定”按钮完成设置。这时可以看到 WPS 中的很多命令都呈灰色无法操作的状态，如果需要取消保护，单击窗格中的“停止保护”按钮(图 2-1-30)，会弹出输入密码对话框，正确输入密码后，即可取消文档保护。

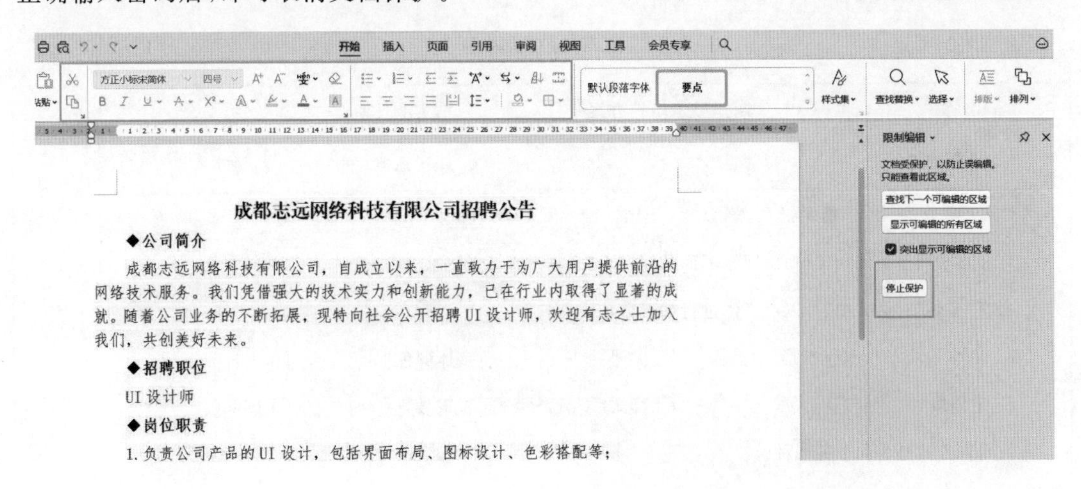

图 2-1-30　停止保护

工单 2.1.2 制作员工培训方案

工单 2.1.2 内容见表 2-1-2。

表 2-1-2 **工单 2.1.2 内容**

<table>
<tr><td>名称</td><td>制作员工培训方案</td><td>实施日期</td><td></td></tr>
<tr><td>实施人员名单</td><td></td><td>实施地点</td><td></td></tr>
<tr><td>实施人员分工</td><td colspan="3">组织： 记录： 宣讲：</td></tr>
<tr><td colspan="4">请在互联网上查询相关信息，回答下面的问题；结合本节课堂的内容，完成操作演练。
1. 在“字体”对话框中，可以对字体进行如下哪些设置？
□ 字体 □ 字形 □ 字号 □ 字体颜色 □ 上标和下标
□ 下划线 □ 分栏 □ 样式 □ 着重号 □ 删除线
2. 对齐方式分为如下哪几种？
□ 分散对齐 □ 两端对齐 □ 居中对齐
□ 前后对齐 □ 左对齐 □ 右对齐
3. 在“段落”对话框中，可以对段落进行如下哪些设置？
□ 段前和段后间距 □ 缩进方式 □ 对齐方式 □ 行距
4. 如果预设的编号和项目符号样式不满足需求，应如何操作？

5. 设置编号和项目符号对文档排版有何影响？

6. 操作演练：按照要求完成成都志远网络科技有限公司员工培训方案文档的制作。</td></tr>
<tr><td colspan="4">学习效果评价分数(0～100 分)</td></tr>
<tr><td>自评分</td><td></td><td>组评分</td><td></td></tr>
</table>

工单参考效果如图 2-1-31 所示。

成都志远网络科技有限公司员工培训方案 ®

➢ **培训目标**

本培训方案旨在提高员工的专业技能、业务水平和团队协作能力，为公司的发展提供有力的人才保障。通过系统的培训，员工能更好地适应公司业务发展需求，提升公司整体竞争力。

➢ **培训内容**

1. *础知识培训：包括公司文化、规章制度、业务流程等，使员工全面了解公司基本情况。*
2. *专业技能培训：针对员工的岗位特点，开展相关的专业技能培训，如编程、设计、市场营销等。*
3. *团队协作培训：通过团队建设活动、沟通技巧培训等，提高员工的团队协作能力。*
4. *创新思维培训：培养员工的创新意识，鼓励员工提出新的想法和建议，推动公司业务发展。*

➢ **培训形式**

1. 线上培训：利用网络平台进行远程培训，方便员工随时随地学习。
2. 线下培训：组织员工参加面授课程、实践操作等，提高培训效果。
3. 导师制度：为新员工安排导师，进行一对一辅导，帮助新员工快速融入公司。
4. 培训周期：根据员工岗位特点和需求，制定不同的培训周期，确保培训效果。

➢ **培训效果评估**

1. 培训过程中进行阶段性评估，了解员工学习进度和掌握情况。
2. 培训结束后进行总体评估，总结培训成果，提出改进意见。
3. 将培训成果与员工绩效考核相结合，激励员工积极参与培训。

➢ **培训资源保障**

1. 培训师资：邀请具有丰富经验和专业知识的内外部讲师进行授课。
2. 培训场地：提供宽敞、明亮的培训场地，确保员工有良好的学习环境。

➢ **总结与展望**

本培训方案旨在通过系统的培训活动，提高员工的专业技能和团队协作能力，为公司的发展提供有力的人才保障。在实施过程中，我们将密切关注员工的学习进度和掌握情况，及时调整培训内容和形式，确保培训效果。同时，我们也希望员工能够积极参与培训，不断提升自己的能力和素质，为公司的发展贡献自己的力量。

成都志远网络科技有限公司

2024 年 3 月 25 日

图 2-1-31　员工培训方案参考效果

一、设置字体格式

在办公中，为了提升文档的视觉效果，需要对文档中的字符进行一些特殊设置，比如设置字体、字号、颜色、字形等。

1. 设置字体、字号和颜色

（1）选择标题文本，在“开始”选项卡“字体”组中单击“字体”下拉按钮，在下拉列表中选择“方正小标宋简体”（图 2-1-32）。

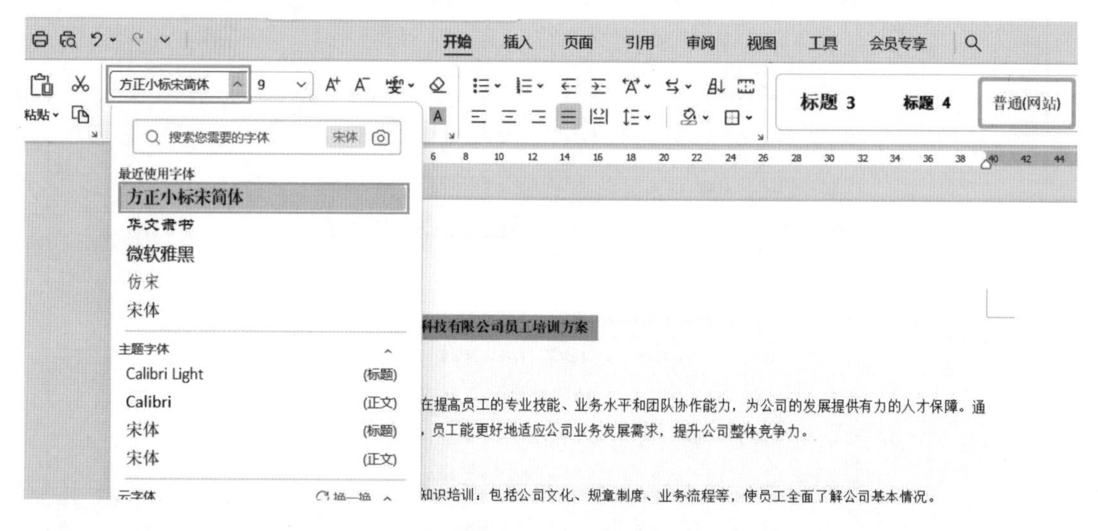

图 2-1-32 字体设置

（2）再单击“字号”下拉按钮，在下拉列表中选择“小二”（图 2-1-33）。

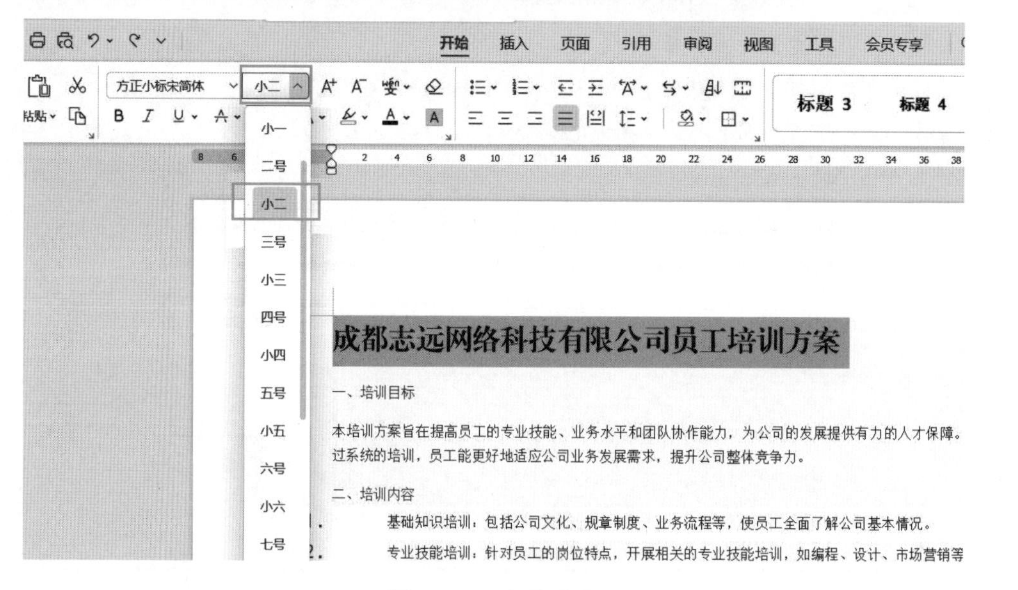

图 2-1-33 字号设置

（3）再单击“字体颜色”下拉按钮，在展开的下拉列表的“标准色”中选择“深红色”（图 2-1-34）。

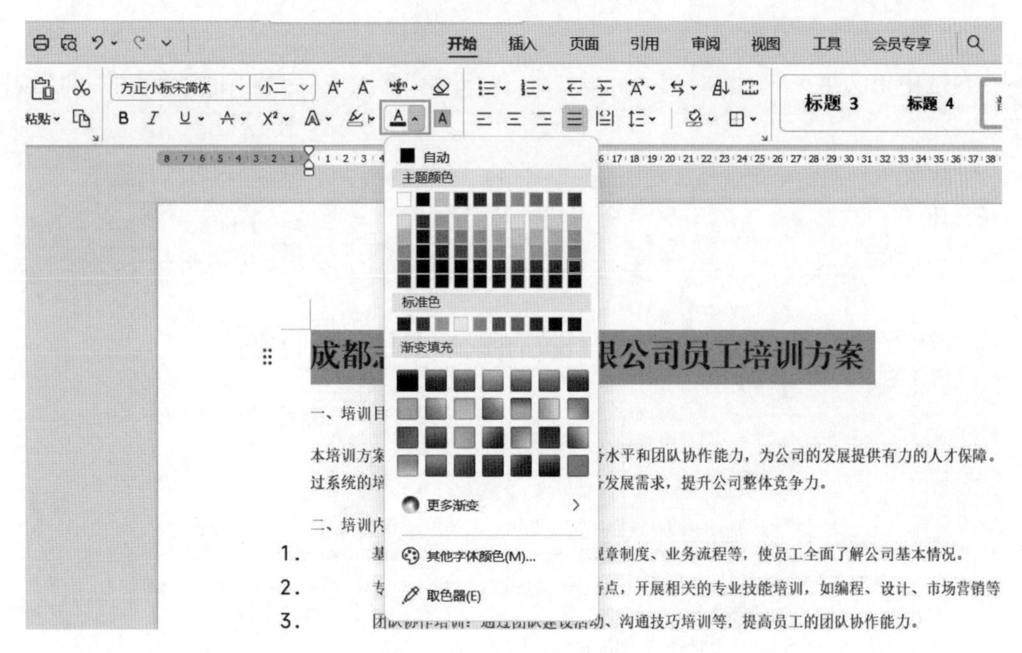

图 2-1-34　字体颜色设置

(4)也可以通过单击“开始”选项卡“字体”组右下角的“对话框启动器”按钮，打开“字体”对话框，在“字体”选项卡中设置字体各种格式(图 2-1-35)。

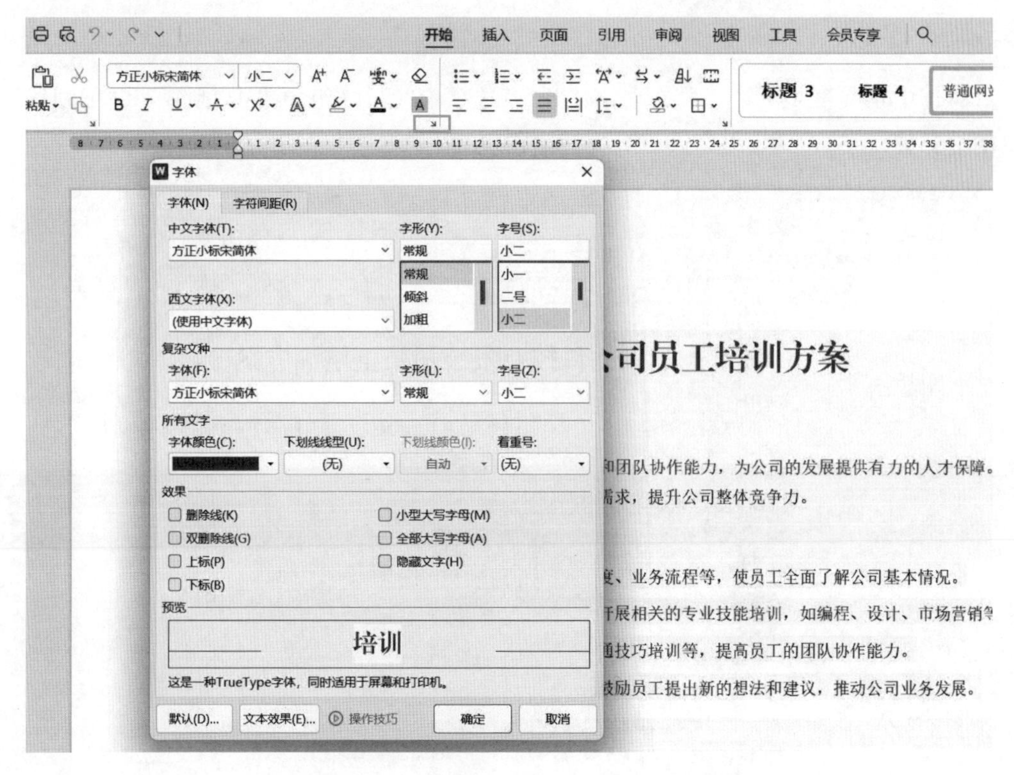

图 2-1-35　“字体”对话框

2. 设置字形

（1）选中正文第 1、3、8、13、17、21 段文本，在“开始”选项卡“字体”组中单击“加粗”按钮（图 2-1-36）。

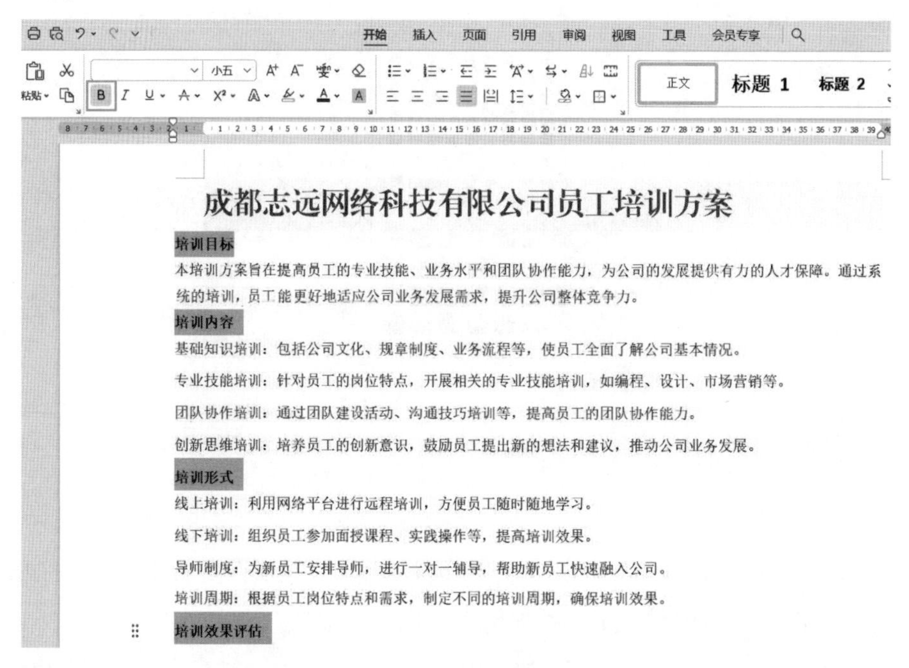

图 2-1-36 字体加粗

（2）选中正文第 4 至第 7 段文本，在“开始”选项卡“字体”组中单击“倾斜”和“下划线”按钮（图 2-1-37）。

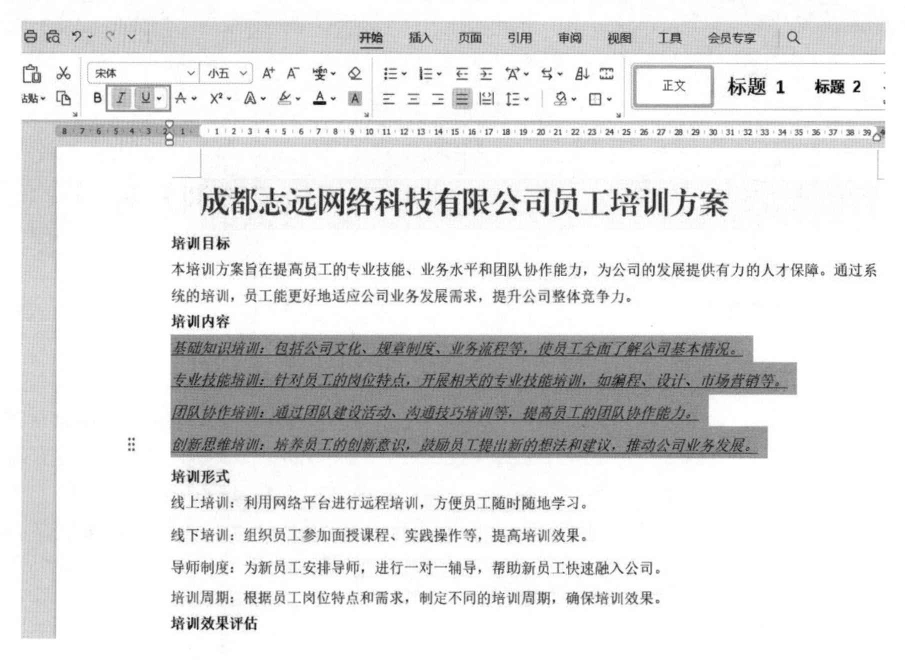

图 2-1-37 字体倾斜和添加下划线

(3)在标题文本右侧插入特殊符号“®”,在“开始”选项卡“字体”组中单击“上标”按钮(图 2-1-38)。

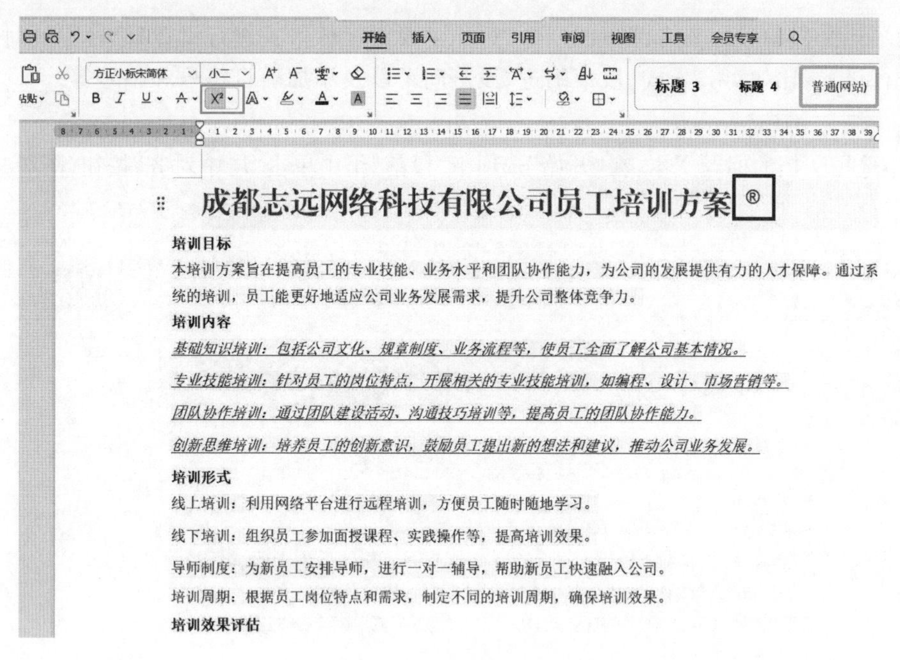

图 2-1-38 设置上标

(4)选中正文第 1、3、8、13、17、21 段文本,单击“开始”选项卡“字体”组右下角的“对话框启动器”按钮,打开“字体”对话框,在“字符间距”选项卡中“间距”下拉列表中选择“加宽”选项,“值”设置成“0.1 厘米”,单击“确定”按钮(图 2-1-39)。

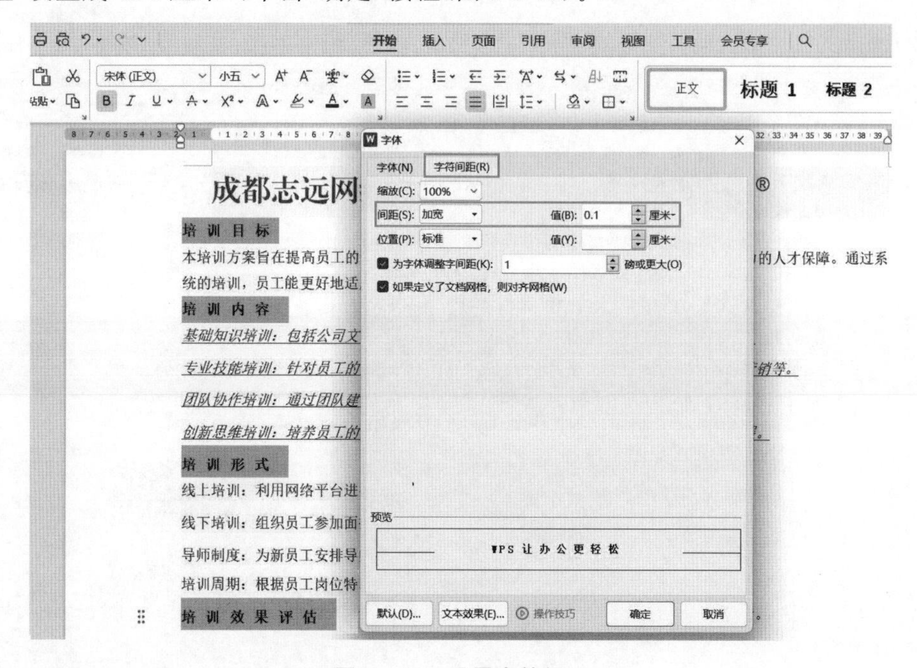

图 2-1-39 设置字符间距

二、设置段落格式

为了让文档的版式具有清晰的层次感，除了要对字体格式进行设置外，还需要对文档的段落进行设置，比如对齐方式、段落缩进、段落间距以及添加项目符号和编号等。

1. 设置对齐方式

(1)选择文档的标题文本，在“开始”选项卡“段落”组中单击“居中对齐”按钮(图 2-1-40)。

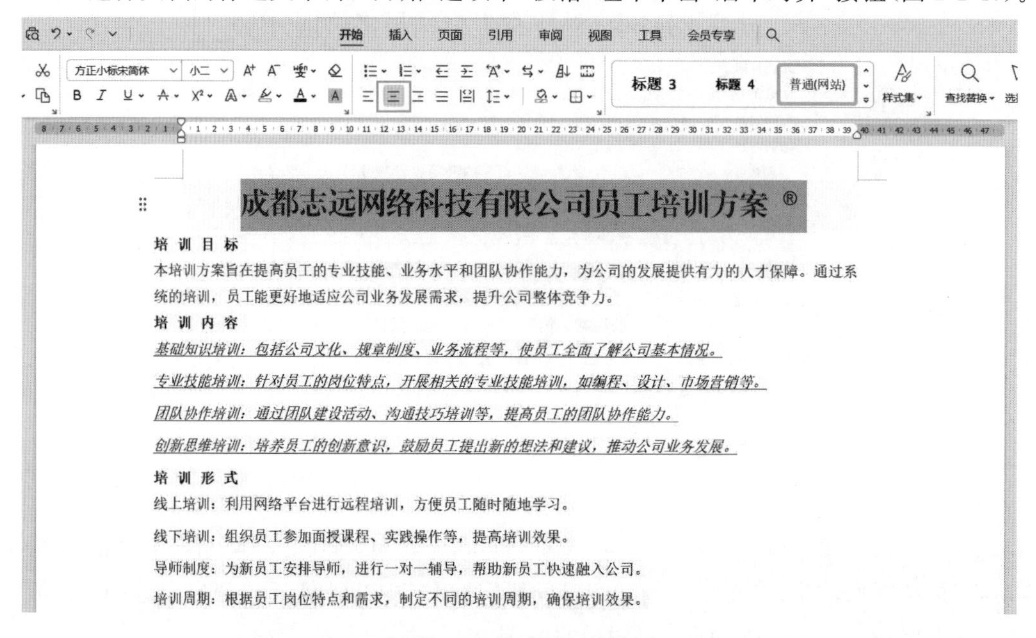

图 2-1-40 居中对齐

(2)选择文档的最后两行文本，在“开始”选项卡“段落”组中单击“右对齐”按钮(图 2-1-41)。

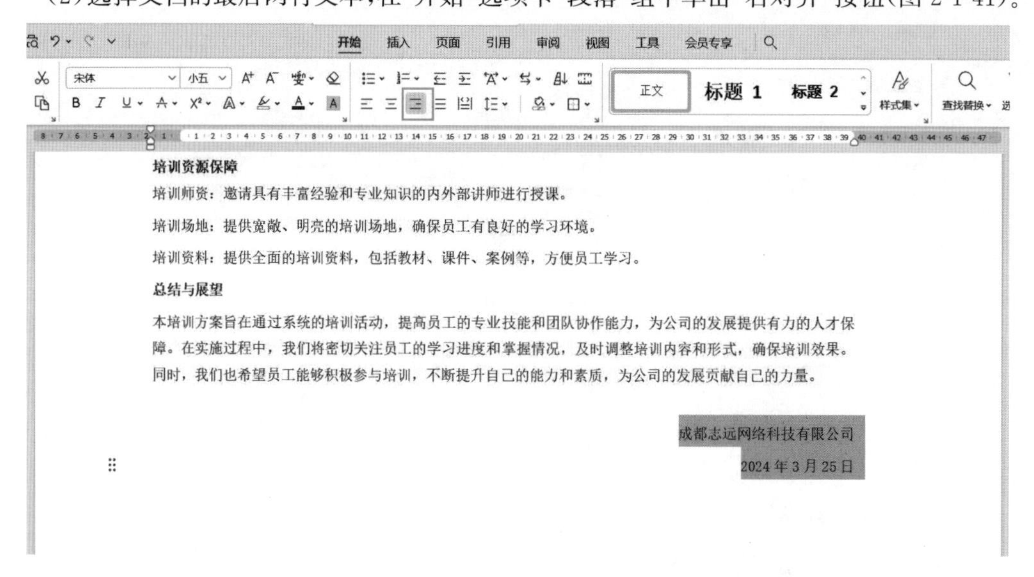

图 2-1-41 右对齐

2. 设置段落缩进

(1)选择文档中的正文第 1 段和最后一段文本,单击“开始”选项卡“段落”组右下角的“对话框启动器”按钮,打开“段落”对话框,在“缩进和间距”选项卡“缩进”栏的“特殊格式”下拉列表中选择“首行缩进”,“度量值”中输入“2 字符”,单击“确定”按钮(图 2-1-42)。

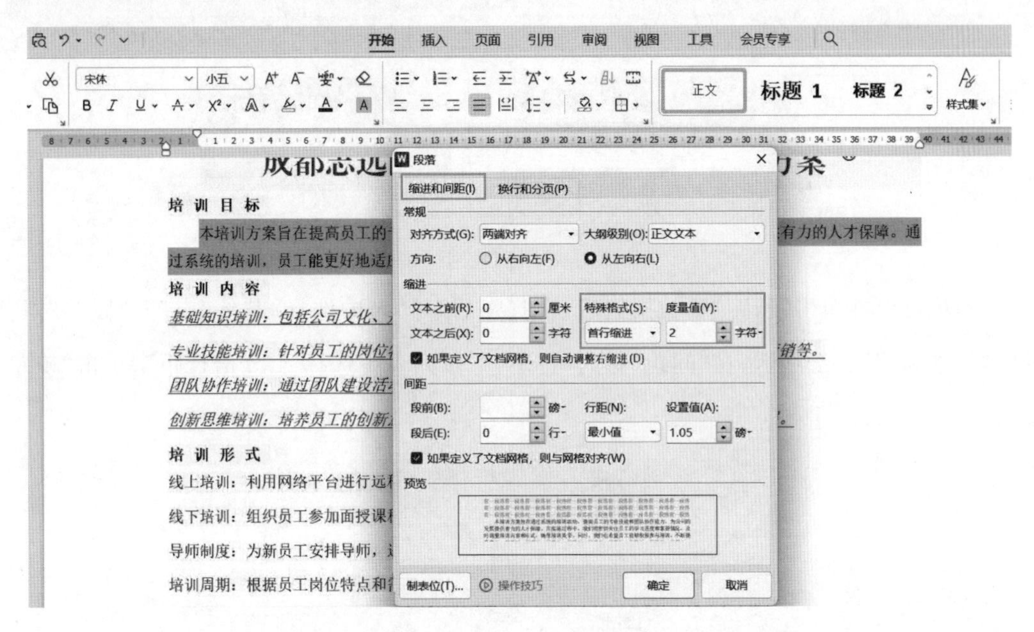

图 2-1-42 首行缩进

(2)段落首行缩进是文档的基本格式,在办公中根据文档的特定要求,有时还需要对文档进行“左缩进”“右缩进”“悬挂缩进”格式设置,可以通过拖动窗口中“标尺”上的调节按钮进行设置(图 2-1-43)。

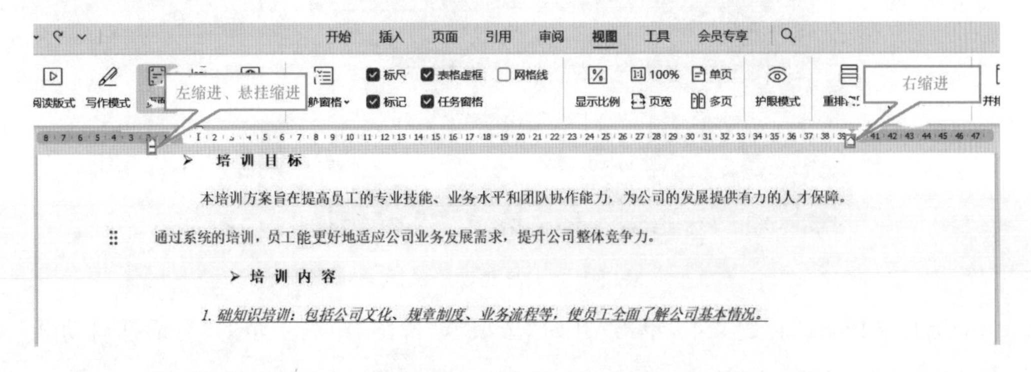

图 2-1-43 左、右、悬挂缩进

3. 设置行距和段间距

行距是指不考虑段落,只是每行之间的间距;段间距是指段与段之间的距离。

(1)按“Ctrl+A”快捷键选择文档中的所有文本,在“开始”选项卡“段落”组中单击“行距”下拉按钮,在下拉列表中选择“1.5”(图 2-1-44)。

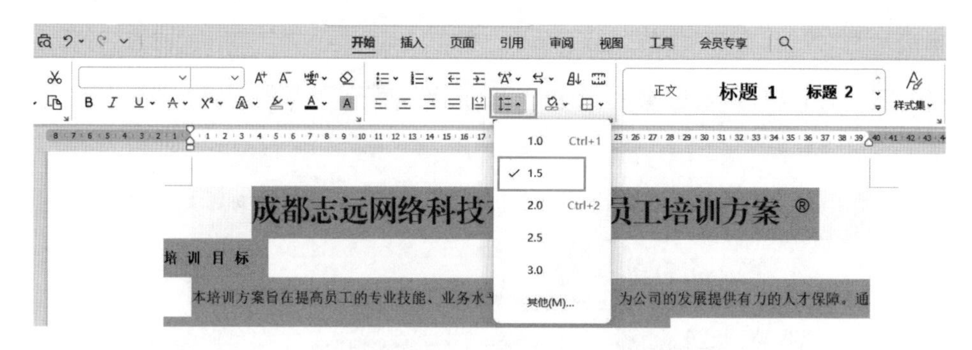

图 2-1-44 行距设置(1)

(2)也可以在单击“行距”下拉按钮后,在打开的下列表中选择“其他”,打开“段落”对话框的“缩进和间距”选项卡,在“间距”栏的“行距”下拉列表中选择“1.5 倍行距”,单击“确定”按钮(图 2-1-45)。

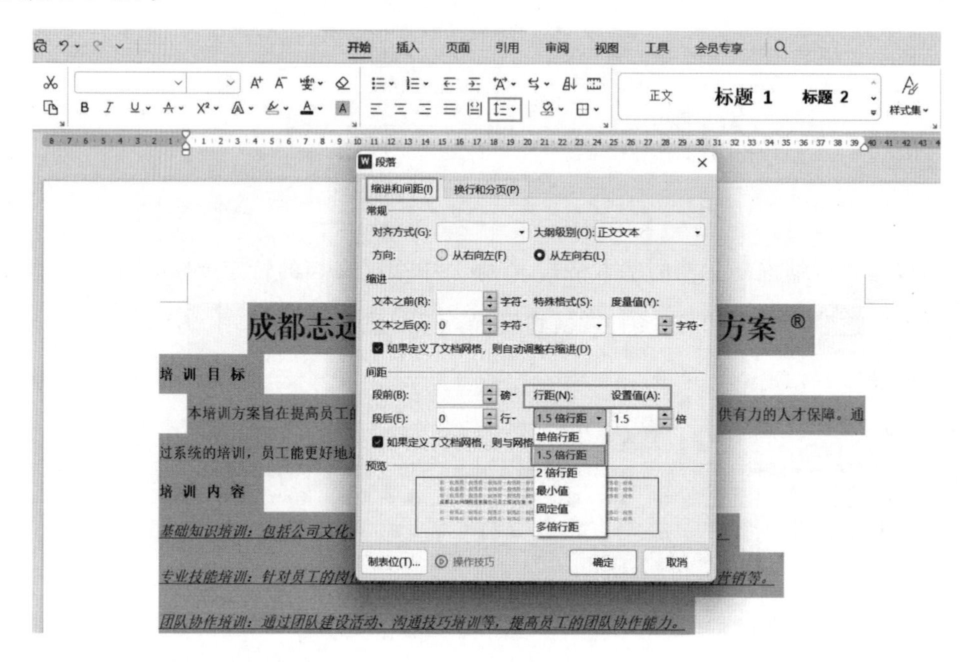

图 2-1-45 行距设置(2)

(3)选择文档中的标题文本,单击“开始”选项卡“段落”组右下角的“对话框启动器”按钮,打开“段落”对话框,在“缩进和间距”选项卡的“间距”栏的“段后”数值框中输入“1 行”,单击“确定”按钮(图 2-1-46)。

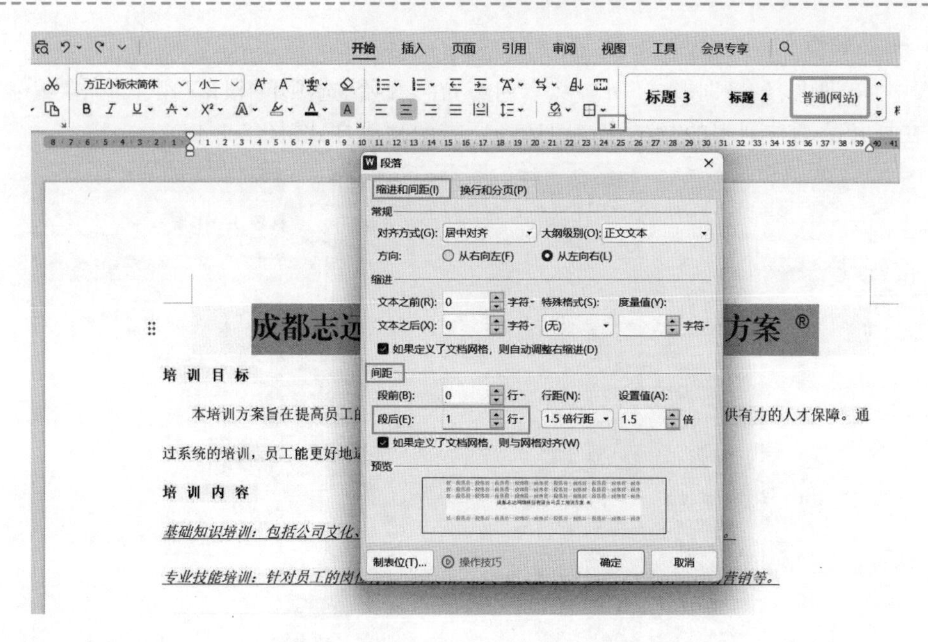

图 2-1-46　设置段间距

三、添加项目符号和编号

在办公文档中，为了使文档层次分明，条理清楚，常常会为文本段落添加项目符号或编号。

1. 添加项目符号

选中正文第 1、3、8、14、18、22 段文本，在“开始”功能区“段落”组中单击“项目符号”下拉按钮，在打开的下拉列表的“预设样式”栏中选择“箭头项目符号”(图 2-1-47)。

图 2-1-47　添加项目符号

2. 添加编号

选中“培训内容、培训形式”下方文本内容，在“开始”选项卡“段落”组中单击“编号”下拉按钮，在打开的下拉列表的“编号”栏中选择所需的预设样式(图 2-1-48)。

图 2-1-48 添加编号

3. 自定义编号

如果对预设的编号不满意，可以在“编号”下拉列表中单击“自定义编号”，打开“项目和编号”对话框，在对话框中单击“自定义”按钮，弹出“自定义编号列表”对话框(图 2-1-49)，从中进行个性化的编号设置，设置好后单击“确定”按钮即可运用到文本中。

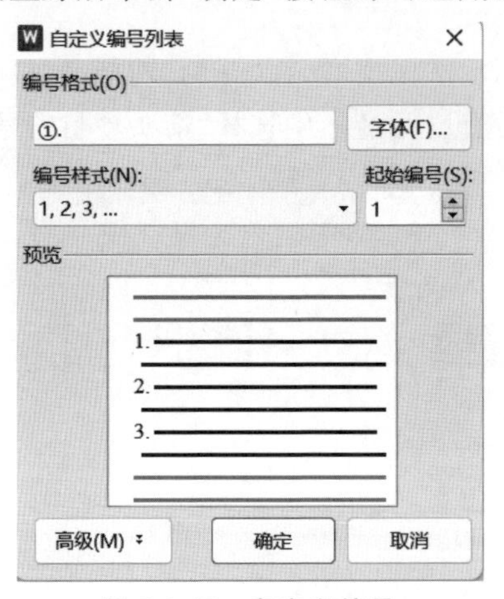

图 2-1-49 自定义编号

任务实训

完成×××会议纪要

操作要求：

1. 目标

- 学会使用 WPS Office 文本基本操作。

- 学会如何对文本进行字体格式、段落格式、项目符号和编号的设置。

2. 步骤

(1)打开 WPS 软件并新建文档。

(2)设置文档标题和基本信息:

- 输入会议纪要的标题,例如“×××会议纪要”。
- 设置合适的字体、字号和位置,确保标题醒目。
- 在标题下方,可以输入会议的时间、地点、主持人、参会人员、列席人员等基本信息。
- 依次添加会议的议程、讨论内容、决策和行动计划等。

(3)设置文档格式:

- 选择合适的段落间距、行距和对齐方式,使文档看起来整洁有序。
- 对于每个议程或议题,可以使用项目符号或编号进行列表设置,使得内容条理清晰。
- 对于重要的决策或行动计划,可以使用加粗、下划线或颜色标注等方式进行突出显示。

(4)审查与修改:

- 完成初步的内容添加后,仔细审查文档,确保没有遗漏或错误的内容。
- 对格式进行微调,确保整体风格统一、美观。

(5)保存与分享:

- 保存文档,并选择合适的保存格式(如. doc 或. docx)。
- 对文档进行安全保护。
- 可以选择将文档转换为 PDF 格式,方便分享和传阅。
- 通过电子邮件或其他方式将会议纪要分享给相关人员。

任务 2.2　制作新闻稿与员工手册

任务目标

- 学会设置首字下沉及分栏。
- 学会设置中文版式进行快速排版。
- 学会边框设置，区分底纹和页面背景。
- 学会设置页面大小、方向、边距、每页行数及每行字数。
- 能够建立文档封面和文档目录。
- 学会插入页眉、页脚及水印。

任务要求

1. 内容要求

● 新闻稿通过简明扼要立意创新的标题、时间、地点、背景、目标、实施计划、项目亮点等吸引读者的注意力。

● 员工手册包含公司简介、员工行为规范、员工义务、员工权利、奖惩条例、考勤管理等。

2. 格式和功能要求

● 要清晰、准确地传达项目的关键信息，提升项目的知名度和影响力。

● 能够设置边框和底纹、中文版式、分栏、首字下沉等格式，使文稿格式美观、易于传播和分享。有助于提升新闻稿的质量和影响力，更好地传达新闻信息并吸引读者的关注。

● 能够进行页面背景设置，插入封面、水印、页眉、页脚、目录，确保手册的内容完整、格式美观、易于阅读和使用，使其更好地服务于员工和公司的发展。

任务实施

工单 2.2.1 制作项目发布会新闻稿

工单 2.2.1 内容见表 2-2-1。

表 2-2-1 **工单 2.2.1 内容**

名称	制作项目发布会新闻稿	实施日期	
实施人员名单		实施地点	
实施人员分工	组织： 记录： 宣讲：		
请在互联网上查询相关信息，回答下面的问题；结合本节课堂的内容，完成操作演练。 1. 在 WPS 文字处理软件中，可以对文本进行如下哪些中文版式设置？ □ 合并字符 □ 双行合一 □ 字符缩放 □ 调整宽度 □ 首字下沉 2. 边框设置，在 WPS 文字处理软件中能应用于如下哪些选项？ □ 字符边框 □ 段落边框 □ 页面边框 □ 表格 3. 页面边框设置，在 WPS 文字处理软件中能应用于如下哪些选项？ □ 本节 □ 整篇文档 □ 本节－只有首页 □ 本节－除首页外的所有页 4. 对预设边框样式不满意，可以自行设置边框样式吗？ 5. 分栏是将文档中的文字内容拆分为几栏？ □ 一栏 □ 两栏 □ 三栏 □ 四栏 □ 多栏 6. 操作演练：按要求完成成都志远网络科技有限公司项目发布会新闻稿。			
学习效果评价分数(0～100 分)			
自评分		组评分	

工单参考效果如图 2-2-1 所示。

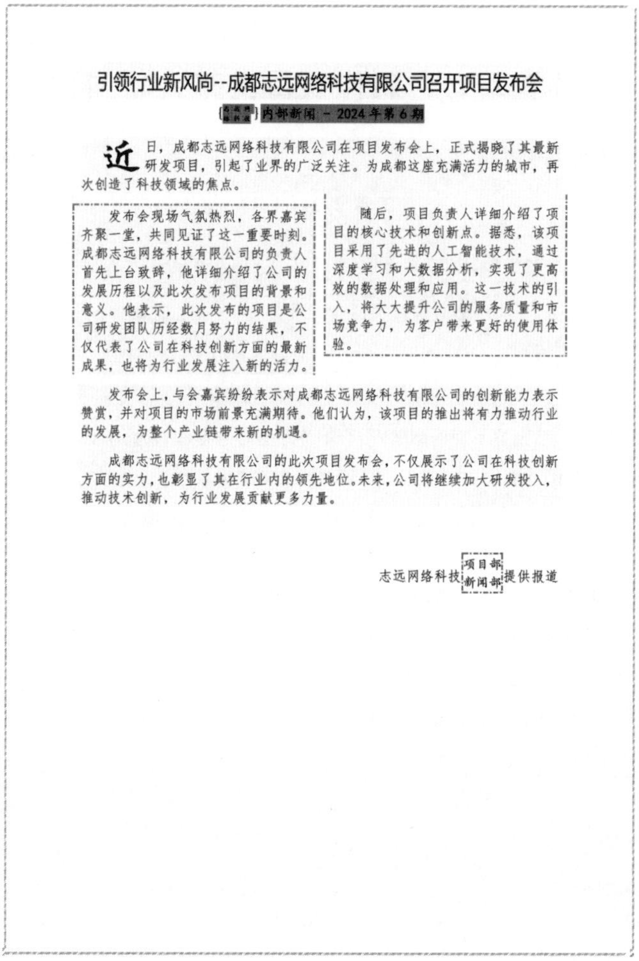

引领行业新风尚--成都志远网络科技有限公司召开项目发布会

内部新闻 - 2024 年第 6 期

近日，成都志远网络科技有限公司在项目发布会上，正式揭晓了其最新研发项目，引起了业界的广泛关注。为成都这座充满活力的城市，再次创造了科技领域的焦点。

发布会现场气氛热烈，各界嘉宾齐聚一堂，共同见证了这一重要时刻。成都志远网络科技有限公司的负责人首先上台致辞，他详细介绍了公司的发展历程以及此次发布项目的背景和意义。他表示，此次发布的项目是公司研发团队历经数月努力的结果，不仅代表了公司在科技创新方面的最新成果，也将为行业发展注入新的活力。

随后，项目负责人详细介绍了项目的核心技术和创新点。据悉，该项目采用了先进的人工智能技术，通过深度学习和大数据分析，实现了更高效的数据处理和应用。这一技术的引入，将大大提升公司的服务质量和市场竞争力，为客户带来更好的使用体验。

发布会上，与会嘉宾纷纷表示对成都志远网络科技有限公司的创新能力表示赞赏，并对项目的市场前景充满期待。他们认为，该项目的推出将有力推动行业的发展，为整个产业链带来新的机遇。

成都志远网络科技有限公司的此次项目发布会，不仅展示了公司在科技创新方面的实力，也彰显了其在行业内的领先地位。未来，公司将继续加大研发投入，推动技术创新，为行业发展贡献更多力量。

志远网络科技 项目部 新闻部 提供报道

图 2-2-1　项目发布会新闻稿参考效果

一、设置首字下沉

选择文档第一段文本，在“插入”选项卡中单击“首字下沉”按钮，打开“首字下沉”对话框，在“位置”栏选择“下沉”选项；在“选项”栏的“字体”下拉列表中选择“华文行楷”；在“下沉行数”数值框中输入“2”；在“距正文”数值框中输入“0.1 厘米”；单击“确定”按钮(图 2-2-2)。

二、设置中文版式

中文版式功能常常用于报告、杂志和新闻报刊等的编排，它能够合并多个文本字符，将双行内容合并成一行，并调整字符的宽度与缩放，可以适应不同的排版需求。

1. 设置双行合一

双行合一能使所选位于同一文本行的内容平均分为两行进行排版。双行合一后，文字

图 2-2-2　首字下沉

大小与高度减半，并达到美化文本效果。

(1)选中文档中第 2 行文本中的“志远网络科技”，在“开始”选项卡“段落”组中单击“中文版式”下拉按钮，在下拉列表中选择“双行合一”选项(图 2-2-3)。

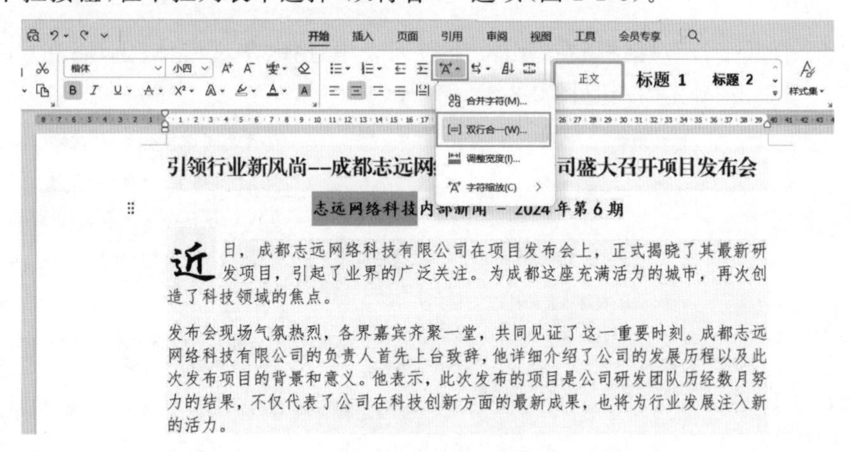

图 2-2-3　双行合一

(2)打开“双行合一”对话框，勾选“带括号”复选框，在“括号样式”下拉列表中选择“{}”选项；在“文字”文本框中通过“空格”键调整文本内容排列情况；单击“确定”按钮(图 2-2-4)。

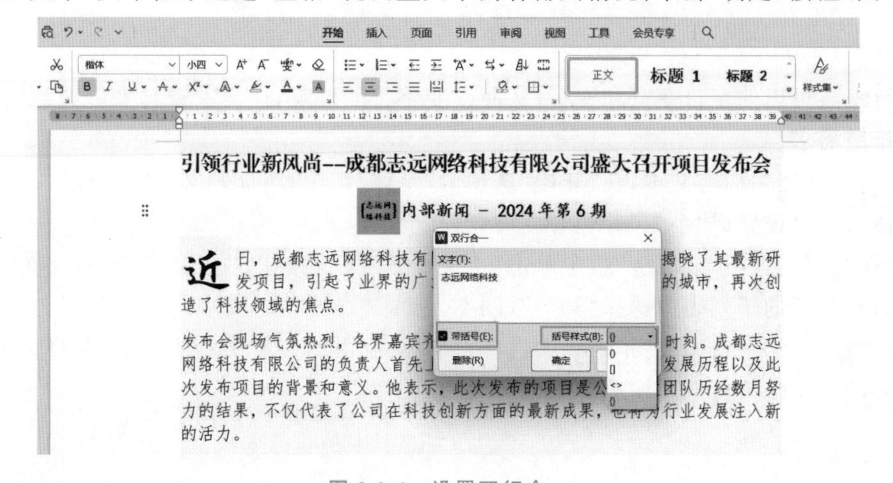

图 2-2-4　设置双行合一

2. 设置合并字符

合并字符是将多个文本（最多支持 6 个）合并成一个字符样式。

（1）选中文档中最后一行文本中的“项目部新闻部”，在“开始”选项卡“段落”组中单击“中文版式”下拉按钮，在下拉列表中选择“合并字符”选项（图 2-2-5）。

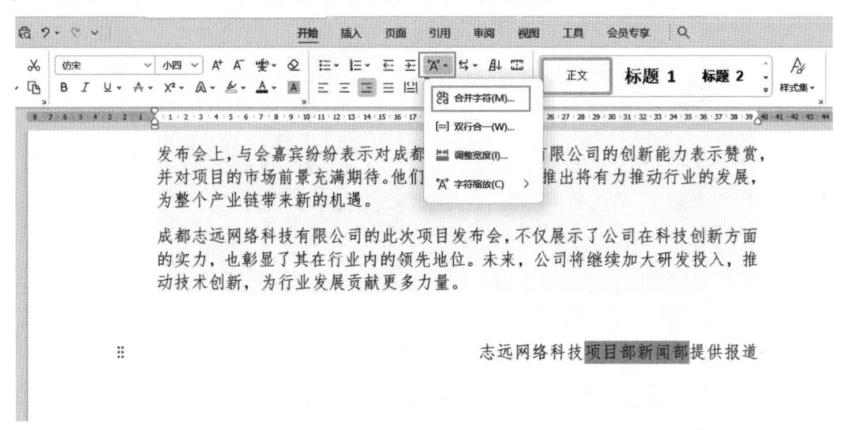

图 2-2-5　合并字符

（2）打开“合并字符”对话框，在“字体”下拉列表中选择“华文楷体”选项；在“字号”数值框中输入“11”；单击“确定”按钮（图 2-2-6）。

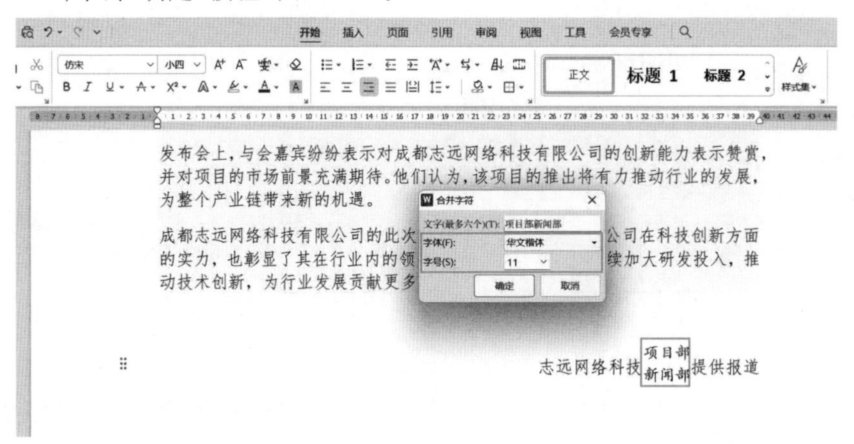

图 2-2-6　设置合并字符

3. 字符缩放

字符缩放可以使字符变宽和变窄，从而改变字符的外观，让文本看起来更加特别或适应特定的排版需求。

（1）选中文档中标题文本，在“开始”选项卡“字体”组中，将标题文本字体设置成“方正小标宋简体”，字号设置成“小二”（图 2-2-7）。

（2）在“开始”选项卡“段落”组中单击“中文版式”下拉按钮，在下拉列表中选择“字符缩放”选项，在打开的子列表中选择“80％”（图 2-2-8）。

（3）也可以在“字符缩放”子列表中选择“其他”，弹出“字体”对话框，在“字符间距”选项卡的“缩放”栏中输入自定义缩放比例（图 2-2-9）。

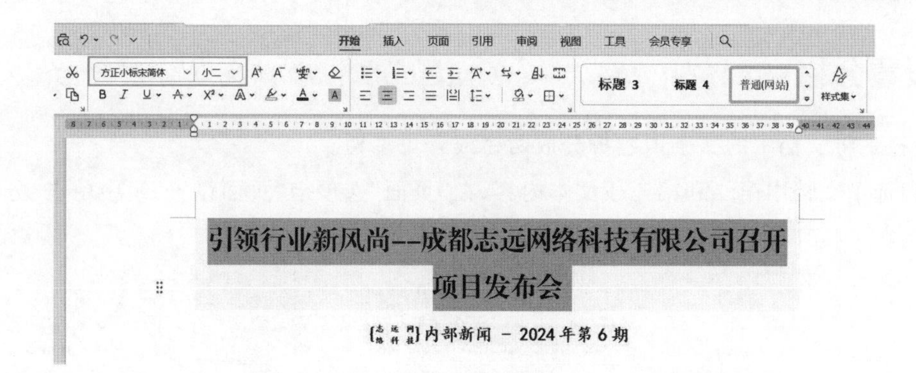

图 2-2-7 字体设置

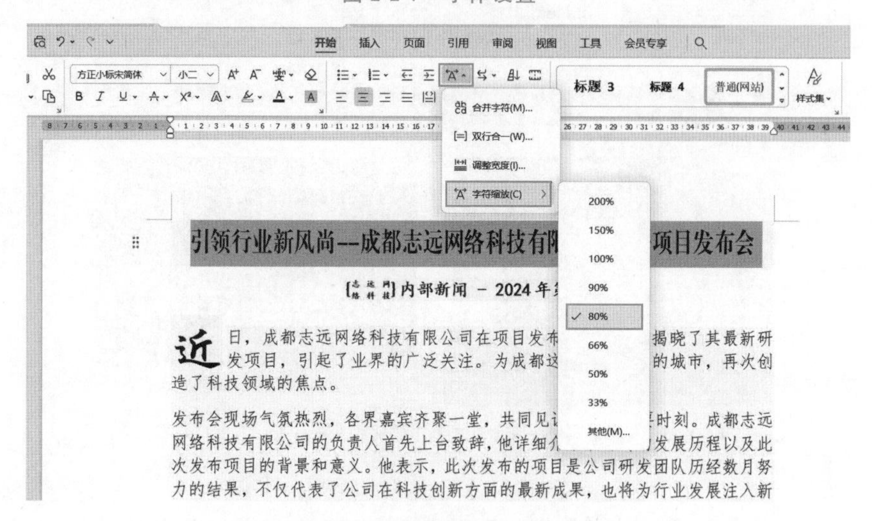

图 2-2-8 设置字符缩放比例

字体
字体(N) 字符间距(R)
缩放(C):
间距(S): 标准 值(B): 厘米
位置(P): 标准 值(Y): 厘米
为字体调整字间距(K): 1 磅或更大(O)
如果定义了文档网格，则对齐网格(W)
预览
引领行业新风尚-
默认(D)... 文本效果(E)... 操作技巧 确定 取消

图 2-2-9 自定义字符缩放比例

三、设置分栏

分栏是将文档中的文字内容拆分成两栏或者更多栏。

(1)选中文档中第二和第三段文本内容，在“页面”选项卡“页面设置”组中单击“分栏”下拉按钮，在下拉列表中选择“两栏”(图 2-2-10)。

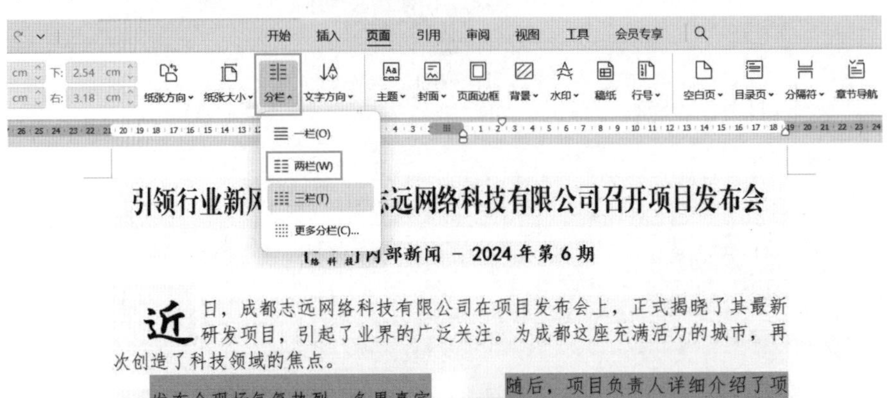

图 2-2-10 设置分栏

(2)也可以在“分栏”下拉列表中选择“更多分栏”，弹出“分栏”对话框，自定义“栏数”“宽度和间距”等设置(图 2-2-11)。

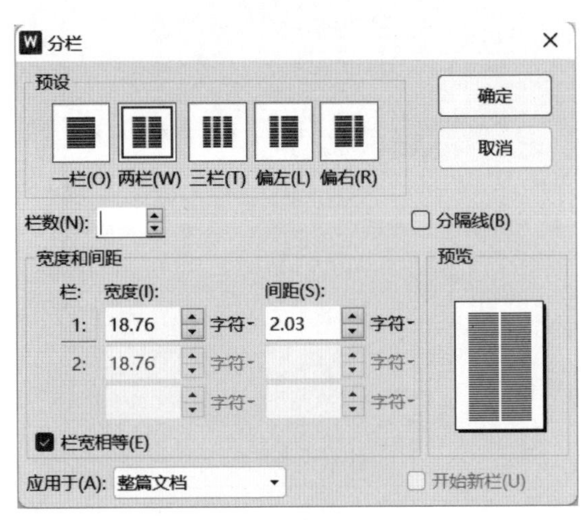

图 2-2-11 更多分栏设置

四、设置边框和底纹

在文档中可以为文本和页面设置边框和底纹。设置边框和底纹可以增加文档的整体美观度，突出文本中的重点。

1. 设置边框

（1）选中文档中最后一段文字中“项目部新闻部”，在“页面”选项卡“页面设置”组中单击“页面边框”按钮，打开“边框和底纹”对话框，在“边框”选项卡下分别设置边框的类型、线型、颜色和宽度，然后在右侧的“应用于”下拉列表中选择“文字”，单击“确定”按钮（图 2-2-12）。

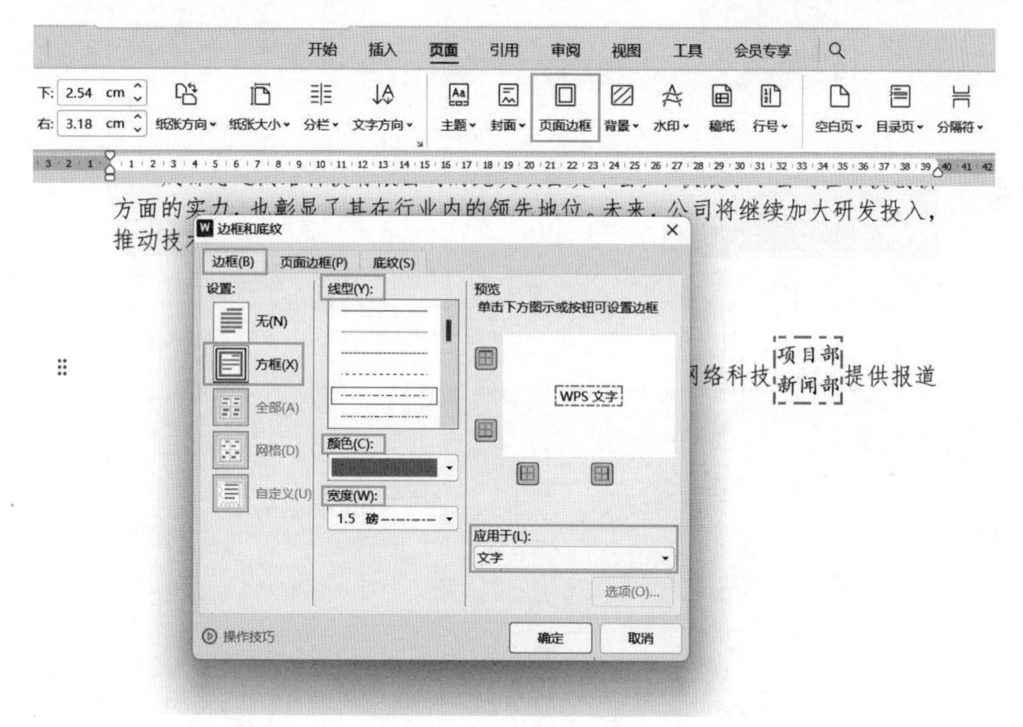

图 2-2-12 设置字符边框

（2）选中文档中分栏段落，用设置字符边框同样的方法进行设置，然后在对话框右侧的“应用于”下拉列表中选择“段落”，单击“确定”按钮（图 2-2-13）。

（3）在“页面”选项卡“页面设置”组中单击“页面边框”按钮，打开“边框和底纹”对话框，在“页面边框”选项卡下，用设置字符和段落边框同样的方法进行设置，然后在右侧的“应用于”下拉列表中选择“整篇文档”；再单击“选项”按钮，打开“边框和底纹选项”对话框，在“度量依据”下拉列表中选择“页边”；单击“确定”按钮（图 2-2-14、图 2-2-15）。

图 2-2-13 设置段落边框

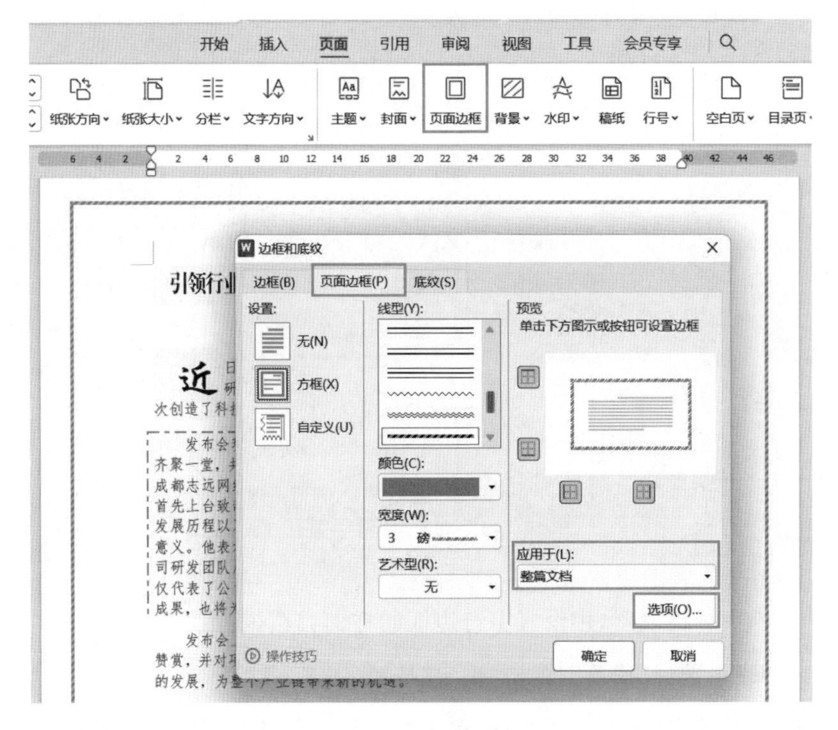

图 2-2-14 设置页面边框

2. 设置底纹

选中文档中第二段文本，用前面的方法打开“边框和底纹”对话框，单击“底纹”选项卡，在“填充”和“图案”栏进行相应设置；在对话框右侧“应用于”下拉列表中选择“文字”；单击“确定”按钮(图 2-2-16)。

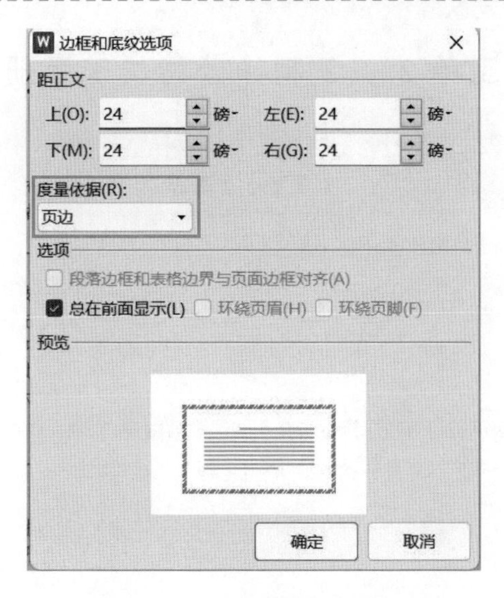

图 2-2-15　边框和底纹选项

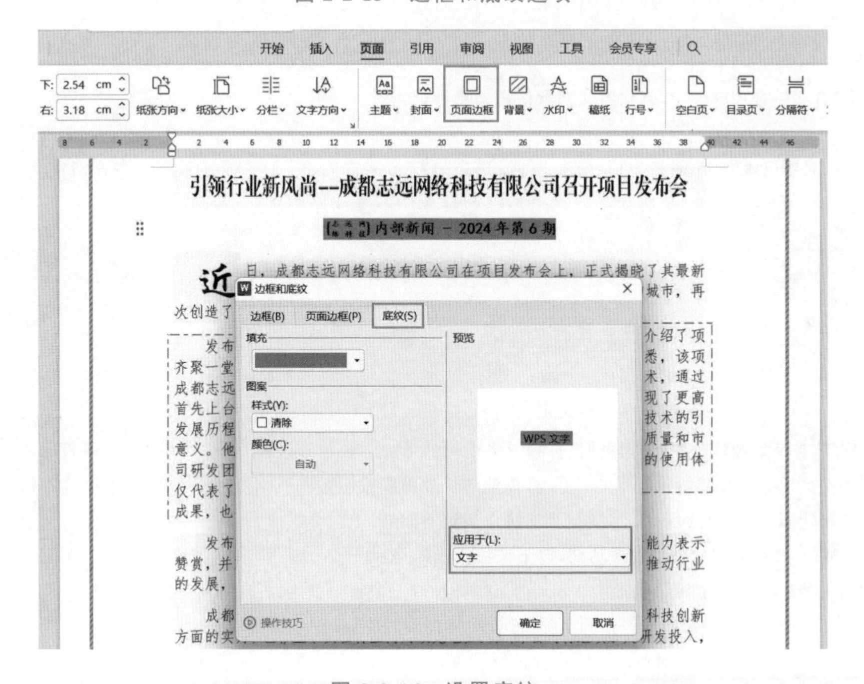

图 2-2-16　设置底纹

工单 2.2.2 制作公司员工手册

工单 2.2.2 内容见表 2-2-2。

表 2-2-2 **工单 2.2.2 内容**

<table>
<tr><td>名称</td><td>制作公司员工手册</td><td>实施日期</td><td></td></tr>
<tr><td>实施人员名单</td><td></td><td>实施地点</td><td></td></tr>
<tr><td>实施人员分工</td><td colspan="3">组织：　　　　　　记录：　　　　　　宣讲：</td></tr>
<tr><td colspan="4">请在互联网上查询相关信息，回答下面的问题；结合本节课堂的内容，完成操作演练。
1. 在 WPS 文字处理软件中，底纹与背景的区别是什么？

2. 在 WPS 文字处理软件中，创建新文档默认的是哪种纸张？
□ A3　　□ A4　　□ 16 开　　□ 32 开
3. 在文档网格设置中，无网格、只指定行网格、只指定行和字符网格、文字对齐字符网格分别在文档中起什么作用？

4. 在 WPS 文字处理软件中，关于页眉、页脚说法正确的是？
□ 可直接删除某页页码　　□ 有单独的页眉横线按钮
□ 可在指定页开始插入页码　　□ 支持奇偶页不同
5. 关于 WPS 文字处理软件中目录功能，以下说法正确的是？
□ 必须先按照级别设定标题样式
□ 按住 Ctrl 键，单击目录中任一标题名称，可自动链接到对应页码
□ 无法改变目录的宽度和对目录文字样式进行设置
□ 标题或页码发生变动后，可通过更新目录按钮进行自动更新
6. 操作演练：制作成都志远网络科技有限公司员工手册。</td></tr>
<tr><td colspan="4">学习效果评价分数(0～100 分)</td></tr>
<tr><td>自评分</td><td></td><td>组评分</td><td></td></tr>
</table>

工单参考效果如图 2-2-17 所示。

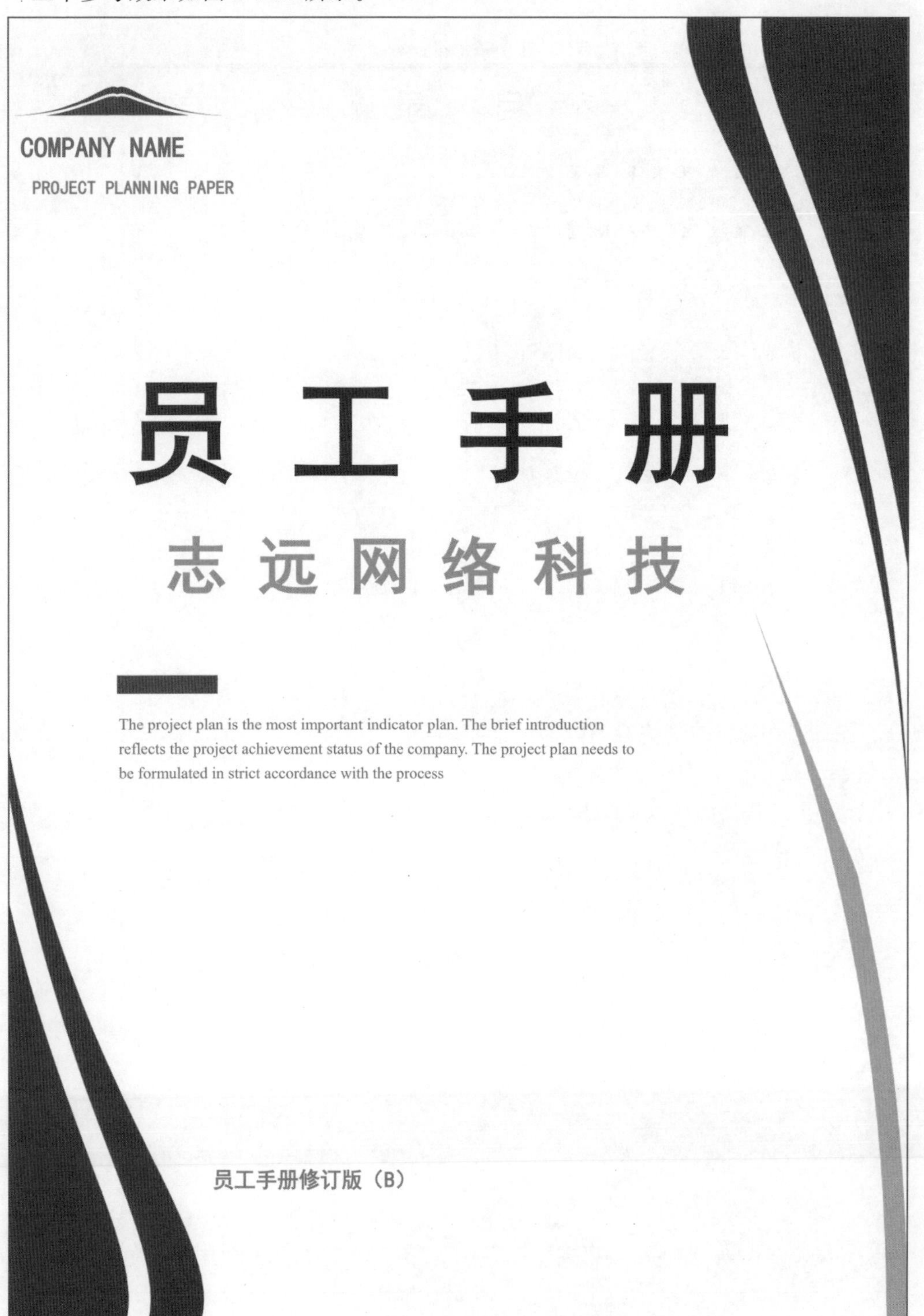

图 2-2-17　公司员工手册参考效果

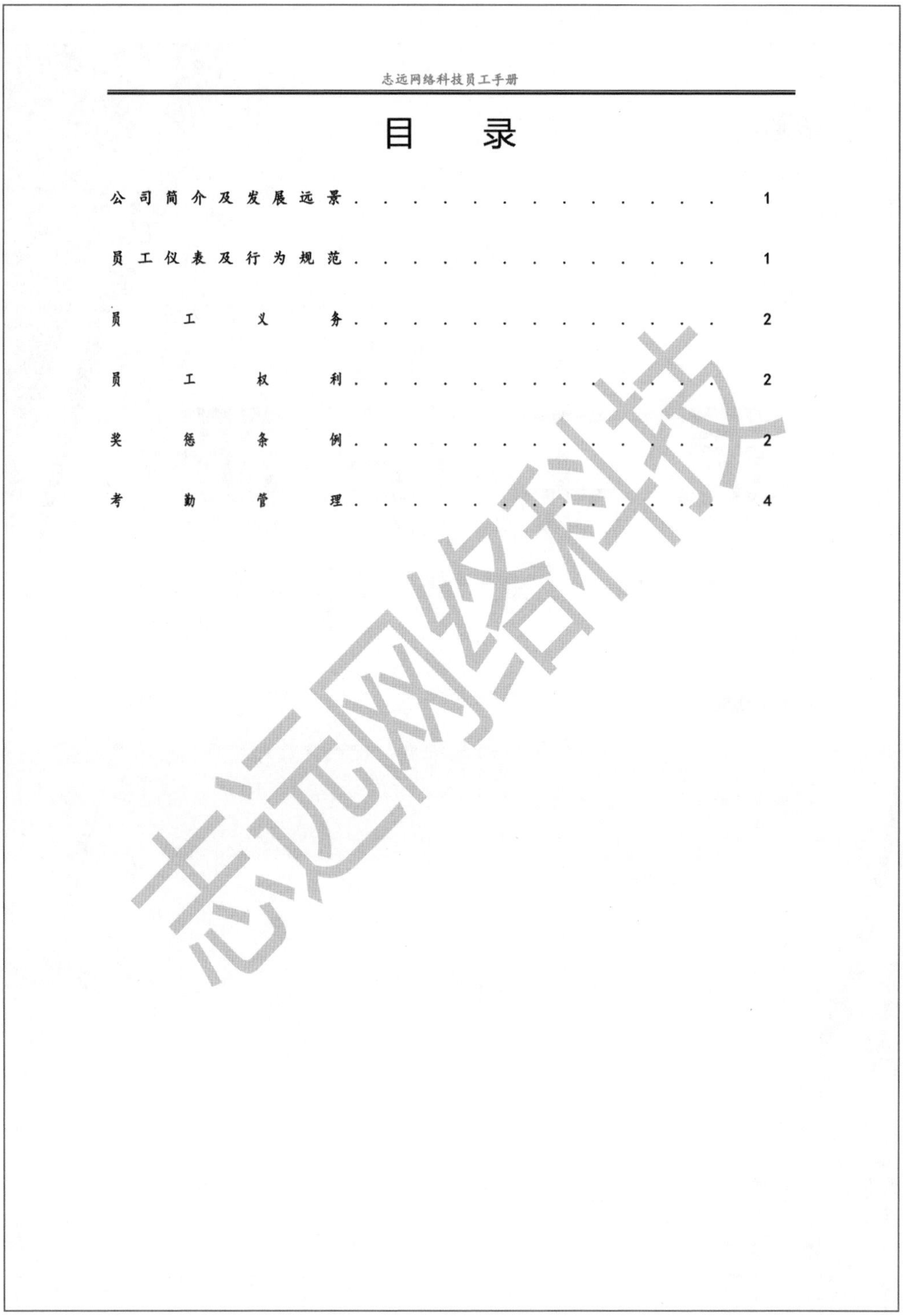

志远网络科技员工手册

目　录

公司简介及发展远景 1

员工仪表及行为规范 1

员　工　义　务 2

员　工　权　利 2

奖　惩　条　例 2

考　勤　管　理 4

续图 2-2-17　公司员工手册参考效果

公司简介及发展远景

志远网络科技的发展远景是成为一个在互联网科技领域具有广泛影响力的领军企业。我们致力于为客户提供卓越的技术服务，推动企业的数字化转型和智能化升级，同时积极参与社会信息化建设，为社会的进步和发展贡献力量。

在未来几年内，我们将继续加大在技术研发和创新方面的投入，不断拓展业务范围，提升服务品质。我们将紧跟互联网技术的发展趋势，把握市场机遇，积极拓展国内外市场，力争成为具有国际竞争力的科技企业。

同时，我们也将注重企业文化的建设和员工个人成长的培养。我们将打造一个积极向上、充满活力的团队氛围，为员工提供良好的职业发展平台和学习机会，激发员工的创新精神和创造力。

我们相信，在全体员工的共同努力下，志远网络一定能够实现宏伟的发展远景，成为一家备受尊敬和信赖的科技企业。

员工仪表及行为规范

一、 员工仪表仪容

1. 商务活动及重要会议、集团总部员工日常上班，男士穿西服套装系领带，夏季穿衬衫系领带；女士宜根据不同场合，着职业套装、套裙、时装，但不宜太袒露。

2. 日常上班一律穿戴整齐工作服或无菌衣，做好手部消毒。

3. 所有员工一律佩戴胸卡（左胸前）。

4. 员工言行举止大方，着装干净整洁，仪容洁净，精神饱满。

6. 工作人员应注意个人清洁卫生，工作时间不佩戴首饰。

二、 基本行为规范

1. 遵守国家法律、法规，遵守本公司的各项规章制度及所属各部门的管理实施细则。

2. 忠于职守，保障公司利益，维护公司形象，不断提高个人道德修养和文化修养。以积极的工作态度对待工作，不怕苦、不言累，养成良好的工作作风。

3. 爱护公司财产，爱护各种办公用具、生产设施、设备。严守公司各项秘密。不滥用公司名义对外进行虚假承诺，未经授权，不得向媒体透露公司的任何动向和资料。

4. 未经授权，不得违纪索取、收受及提供利益、报酬。

5. 未经批准，公司员工不得在外兼职工作。

6. 工作场所讲普通话。不得大声喧哗，影响他人办公。公司机构图工作场所称呼领导，不得直呼其名，应呼领导为姓氏加职务。

7. 提倡礼貌用语，早晨上班与同事第一次相见应主动招呼“您早”或“您好”，下班互道“您辛苦了”“再见”等用语。

8. 接待来访人员应彬彬有礼，热情大方。对方敲门应说“请进”。如工作应暂停起立并说“请稍等”，若让对方等候的时间过长，应道“对不起，让您久等了”。到其他办公室应先敲门，征得同意后方可进入，离开时随手关门。

9. 商务活动中时刻注意自己的言谈、举止。保持良好形态，用语礼貌，语调温和。

10. 出席会议必须准时，因故不能按时到会或不能到会者，应提前 1 小时内向会议主持人请假。

11. 出席会议应遵守秩序，关闭通信工具（手机等），不喧哗、不窃窃私语。保持会场清洁，会议结束后按序依次退场。

续图 2-2-17　公司员工手册参考效果

一、页面设置

不同的办公文档对页面要求有所不同，因此在制作文档时需要对页面进行设置，如纸张方向、大小、页边距等，这些设置可以在文档编辑前或编辑后进行设置，从而让文档的版式更加适宜和美观。

1. 设置纸张大小

在 WPS 文字处理软件中，创建新文档默认的是 A4 纸张，可以根据不同排版和打印需求设置纸张大小。

在“页面”选项卡中单击“纸张大小”下拉按钮，在下拉列表中提供了多种规格的纸张大小，在这里选择“A4”(图 2-2-18)。

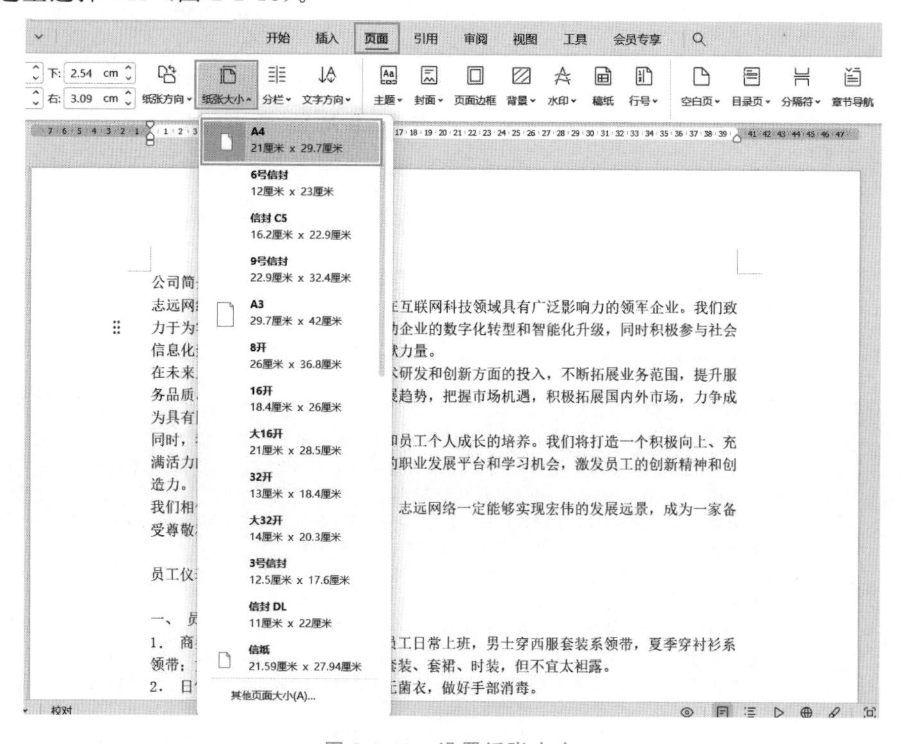

图 2-2-18　设置纸张大小

除了列表中可以选择的纸张大小外，还可以根据实际情况自定义纸张大小。

2. 设置纸张方向

纸张方向分为纵向和横向，可以根据文档使用情况进行纸张方向的设置。

(1)在“页面”选项卡中单击“纸张方向”下拉按钮，在下拉列表中选择“纵向”(图 2-2-19)。

(2)按照上述操作，会将文档中的所有页一次性设置为纵向页面；但在本工单案例中，要求最后一页显示为横向页面，其他页面显示为纵向页面，其操作需要利用“分节符”来实现。

将光标定位至倒数第二页的末尾处，在“插入”选项卡中单击“分页”下拉按钮，在下拉列表中选择“连续分节符”(图 2-2-20)。

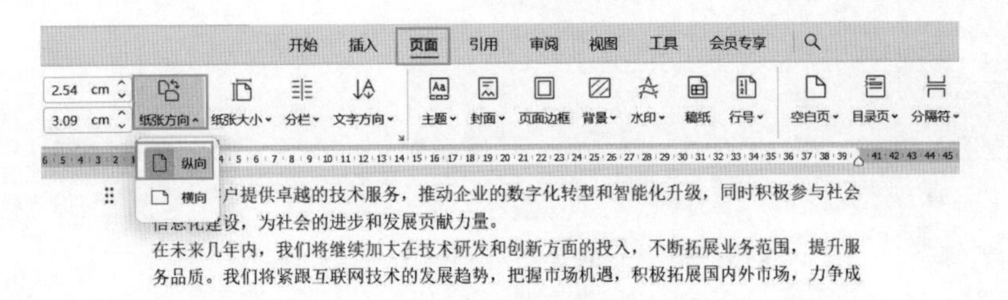

图 2-2-19　设置纸张方向

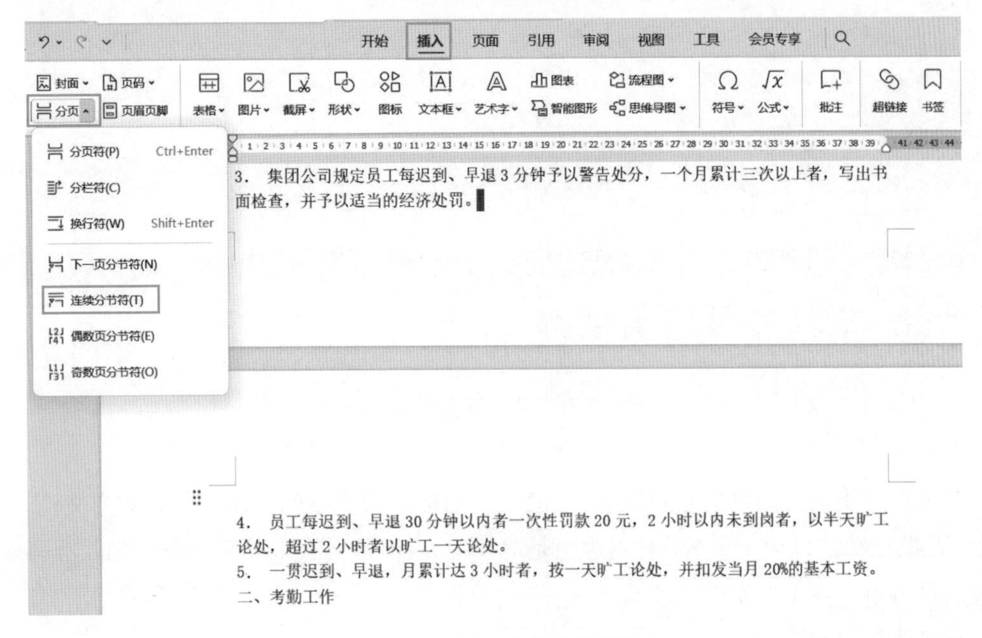

图 2-2-20　插入连续分节符(1)

再将光标定位至最后一页的末尾处,在"插入"选项卡中单击"分页"下拉按钮,在下拉列表中选择"下一页分节符"(图 2-2-21)。

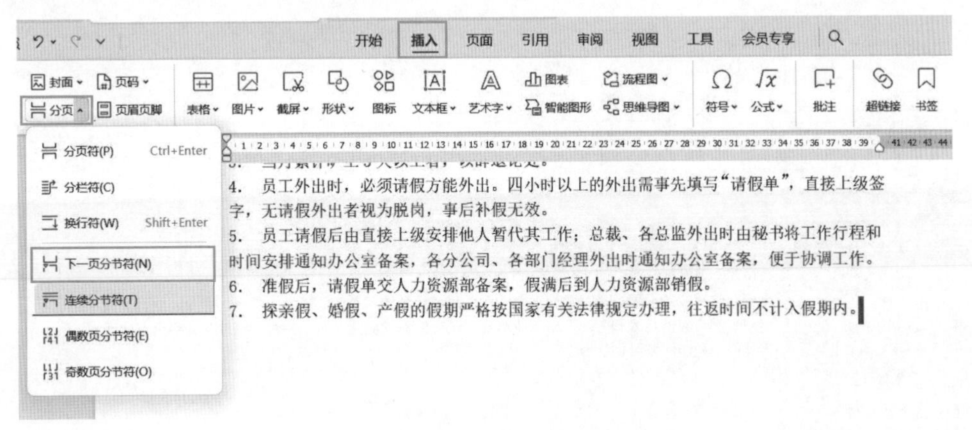

图 2-2-21　插入下一页分节符

将光标定位至最后一页的任何处,在"页面"选项卡中单击"纸张方向"下拉按钮,在下拉列表中选择"横向"。通过预览页面看到只有指定页面是横向的,其他页面依然是纵向的(图 2-2-22)。

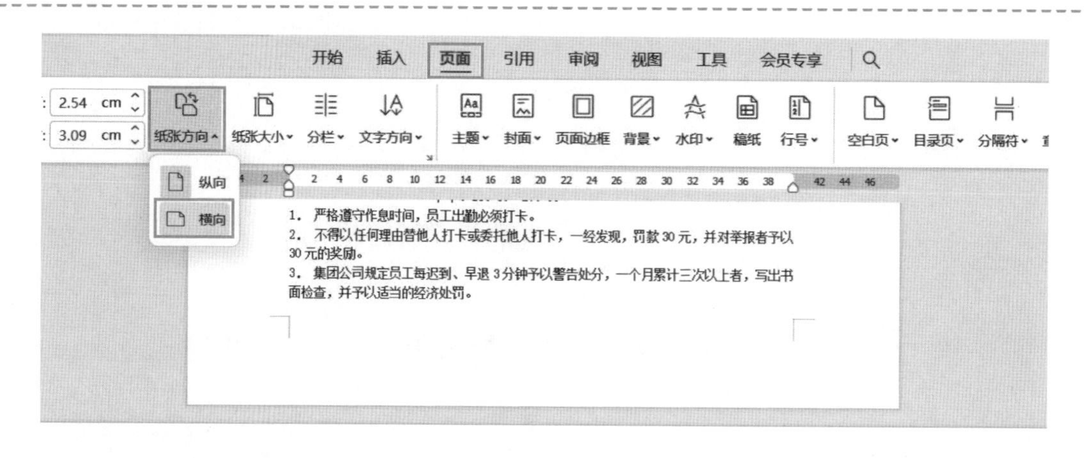

图 2-2-22 纸张方向横向设置

3. 设置页边距

页边距是指页面四周的空白区域，也就是页面边线到文字间的距离。新建的文档，默认的上、下页边距是 2.54 cm，左、右页边距是 3.18 cm，但常常会根据文档排版的具体需求重新设置页边距。本工单案例需要将上、下页边距设置成 2 cm，左、右页边距设置成 2.5 cm，并进行双面打印和装订。

(1)在“页面”选项卡“页面设置”组中，可以看到当前文档上、下、左、右页边距尺寸，通过输入数字或调节按钮进行设置(图 2-2-23)。

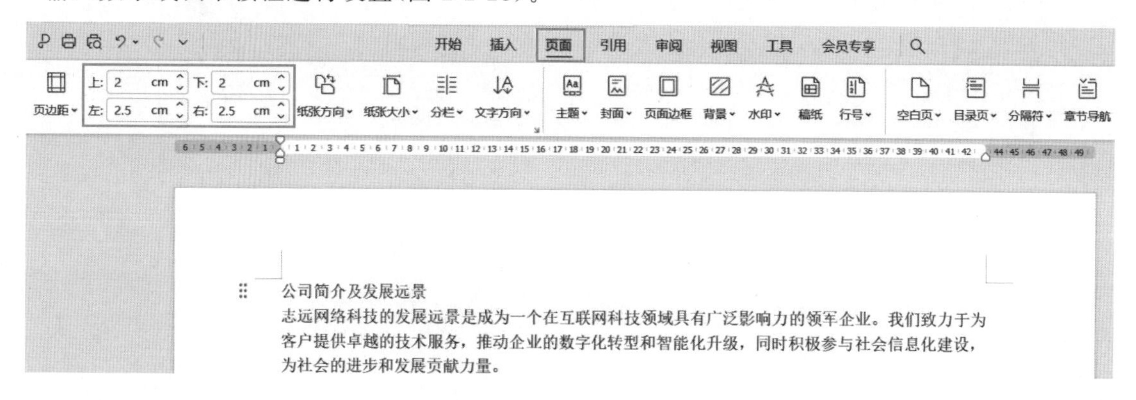

图 2-2-23 通过“页面设置”组自定义页边距

(2)在“页面”选项卡中单击“页边距”下拉按钮，在下拉列表中选择“自定义页边距”(图 2-2-24)，打开“页面设置”对话框，在“页码范围”栏中单击“多页”下拉按钮，在下拉列表中选择“对称页边距”，再单击“应用于”下拉按钮，在下拉列表中选择“整篇文档”，接着设置

“装订线宽”为 1 cm(图 2-2-25),单击“确定”按钮。

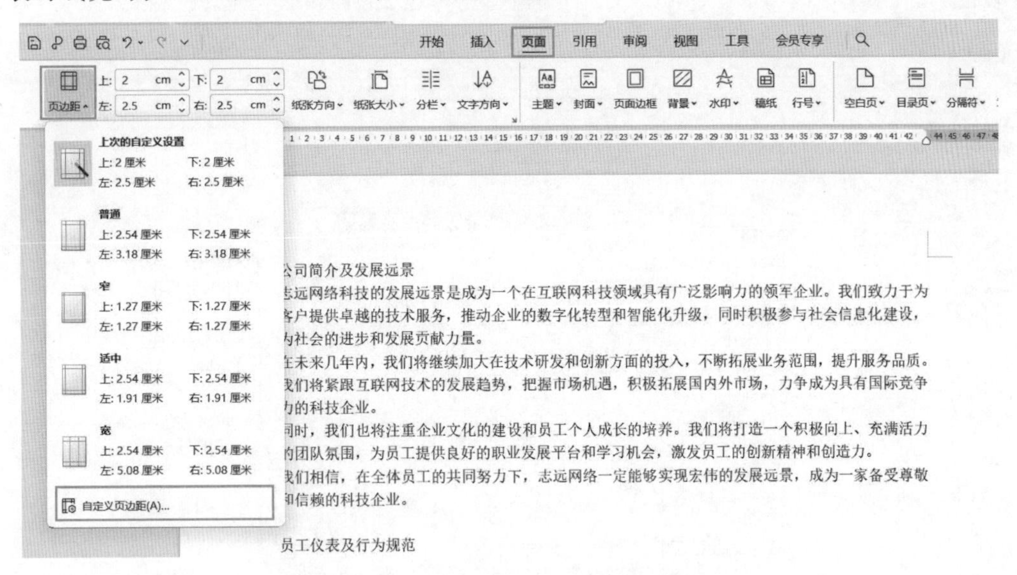

图 2-2-24 通过“页边距”下拉列表自定义页边距

图 2-2-25 装订设置

4. 设置文档网格

在 WPS 文字处理软件中,文档网格设置是指将文档中的每页行数及每行的字数进行指定设置。

单击“页面”选项卡“页面设置”组右下角的“对话框启动器”按钮,打开“页面设置”对话框,选择“文档网格”选项卡,在“网格”栏中选择“指定行和字符网格”单选项,在“字符”栏和“行”栏中分别对每行和每页字符进行设置,应用于“整篇文档”(图 2-2-26)。

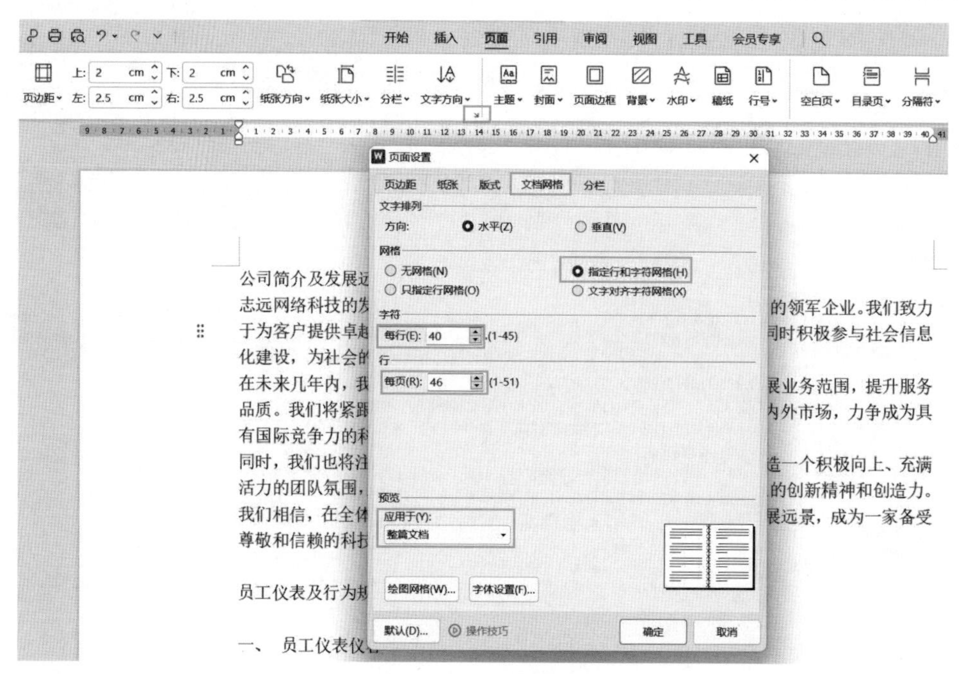

图 2-2-26　文档网格设置

二、插入页眉与页脚

进行文档编辑时,都少不了要在文档的顶部和底部插入页眉和页脚。插入内容可以是文本、图片等,如文档标题、企业名称、企业标志、日期等。

1. 插入页眉

(1)将鼠标指针移向页眉位置,双击即可进入页眉和页脚的编辑状态(图 2-2-27)。

图 2-2-27　编辑页眉

(2)在光标闪烁的位置输入文字“志远网络科技员工手册”(图 2-2-28);选中输入的页眉文字,在“开始”选项卡中进行字体、字号、颜色(RGB:0,176,240)设置,并单击“居中对齐”按钮(图 2-2-29)。

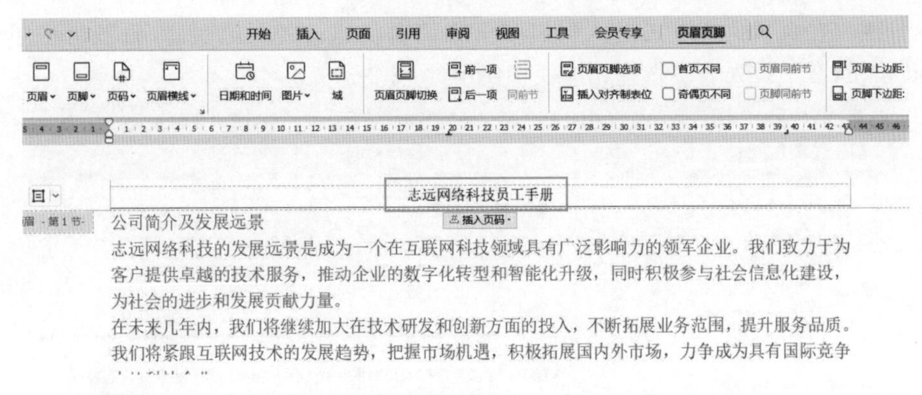

图 2-2-28　输入文字

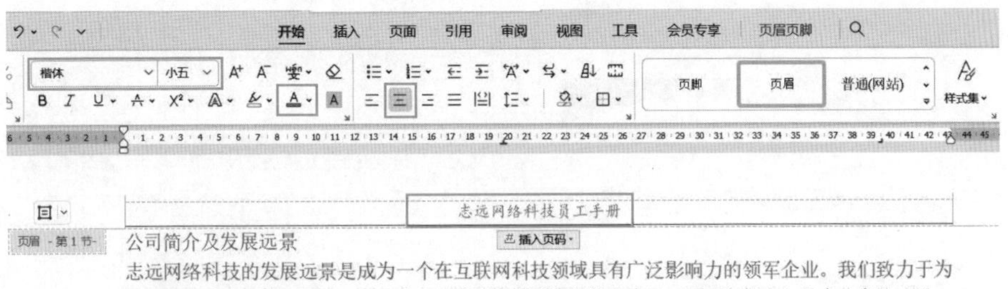

图 2-2-29　页眉文字格式设置

(3)在出现的“页眉页脚”选项卡中，单击“页眉横线”下拉按钮，在下拉列表中可以看到多种横线样式，单击需要的横线即可应用(图 2-2-30)。在页眉以外的位置双击即可完成页眉的设置。

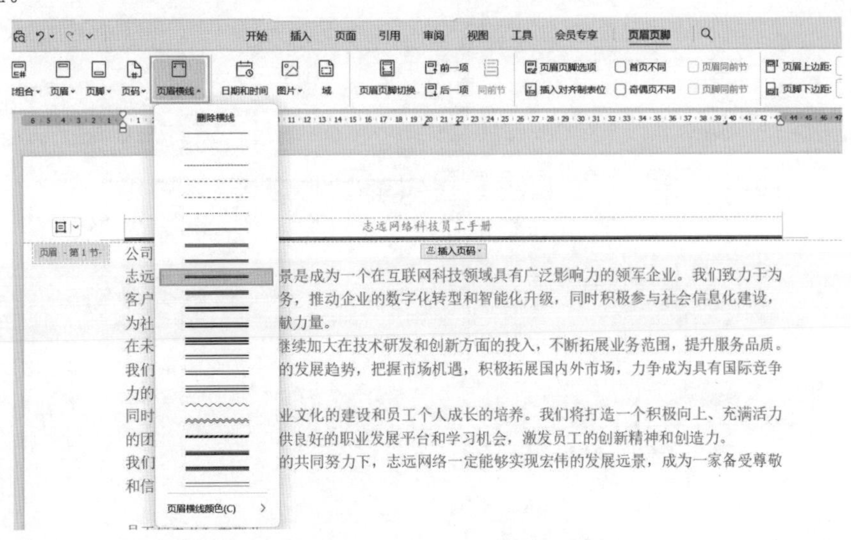

图 2-2-30　页眉横线设置

(4)在 WPS 文字处理软件中，内置了一些页眉和页脚模板，可以直接套用，并进行局部调整与修改。在页眉位置双击进入页眉和页脚编辑状态，在“页眉页脚”选项卡中单击“页眉”下拉按钮，在下拉列表中选择相应模板使用(图 2-2-31)。

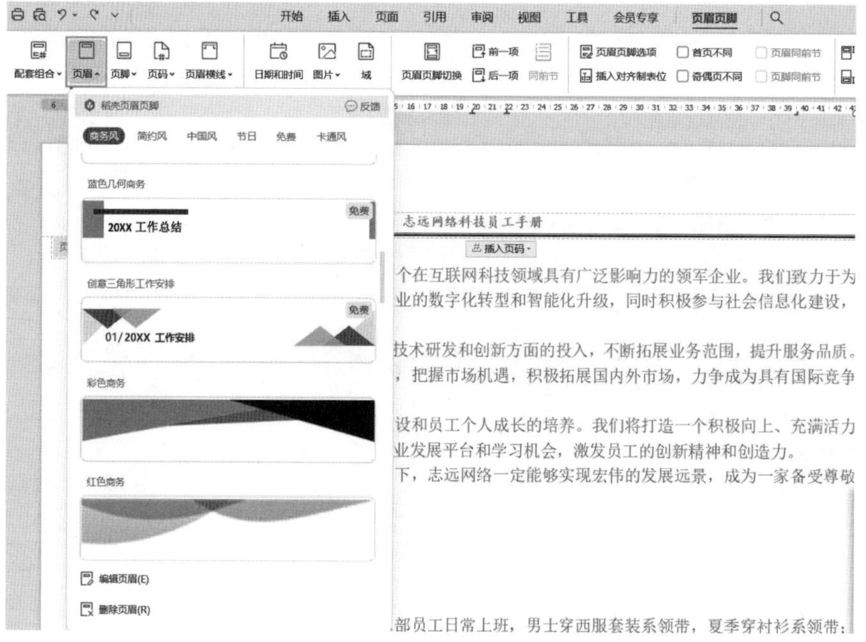

图 2-2-31　页眉模板套用

2. 插入页脚

页脚主要用来插入页码。页码用于显示文档的页数，通常在页面底端的页脚区域插入，且封面页一般不插入。

(1)在页眉位置双击进入页眉和页脚编辑状态，在“页眉页脚”选项卡中单击“页码”下拉按钮，在下拉列表中选择“预设样式”栏中的页码显示位置“页脚中间”，单击即可使用(图 2-2-32)。

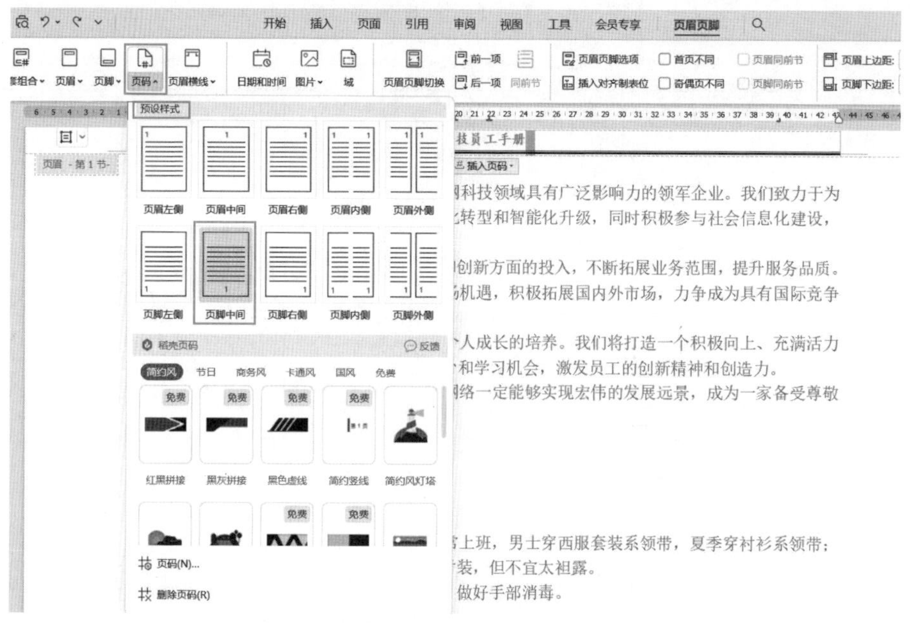

图 2-2-32　添加页码

(2)在页码编辑状态下,单击“页码设置”下拉按钮,在下拉列表中单击“样式”下拉按钮,在下拉列表中选择“第 1 页 共×页”,单击“确定”按钮(图 2-2-33)。

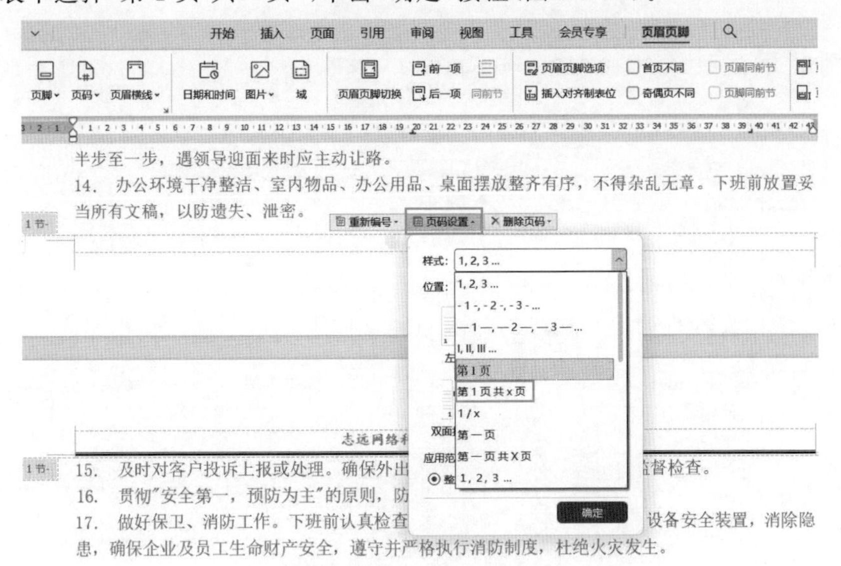

图 2-2-33 页码样式设置

(3)重设起始页。在本工单案例中,页码默认设置是连续编号的,但封面页和目录页不需要编页码,需要重新对文档进行页码编号,第 1 页需要从正文开始。

将光标移至需重新从第 1 页开始编号的前一页末尾处(目录页),单击鼠标进行定位,在“插入”选项卡中单击“分页”下拉按钮,在下拉列表中选择“连续分节符”(图 2-2-34)。

图 2-2-34 插入连续分节符(2)

将光标定位到正文第 1 页,在页脚位置双击进入页眉和页脚编辑状态,单击“重新编号”下拉按钮,在下拉列表中把页码编号设为 1(图 2-2-35)。

再单击“页码设置”下拉按钮,在下拉列表中的“应用范围”栏选择“本页及之后”单选项,单击“确定”按钮(图 2-2-36)。

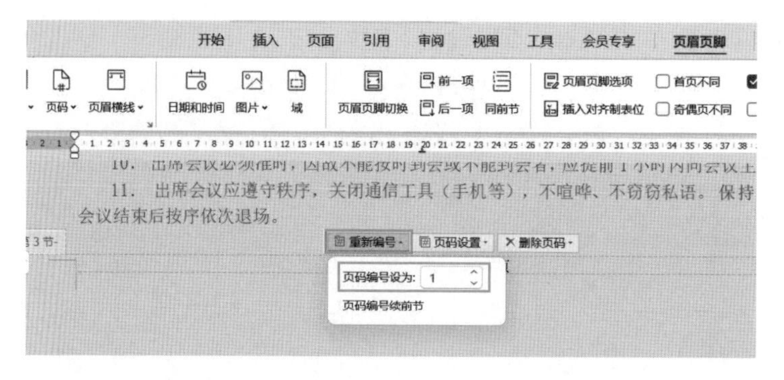

图 2-2-35 重设页码编号

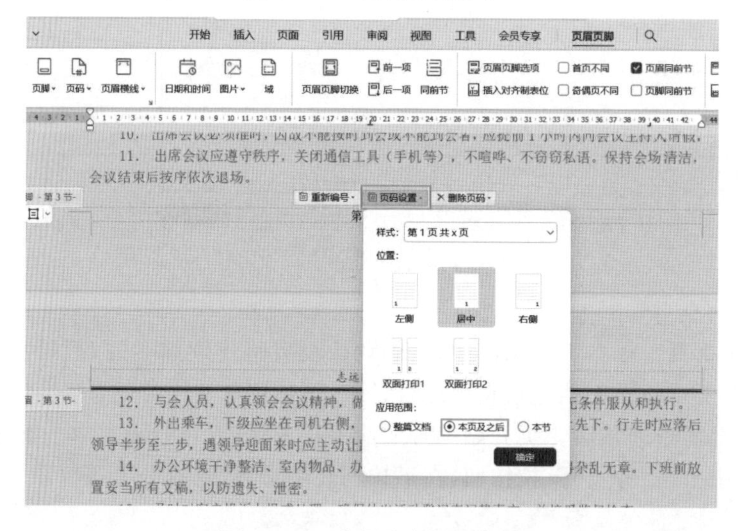

图 2-2-36 应用于本页及之后

三、建立文档封面

在“页面”选项卡中单击“封面”下拉按钮，在下拉列表中选择可应用的封面(图 2-2-37)。

图 2-2-37 插入封面

将插入的封面样式文字修改为“员工手册”“志远网络科技”(图 2-2-38);还可以根据排版样式需求重新设置文字的样式、插入图片等操作。

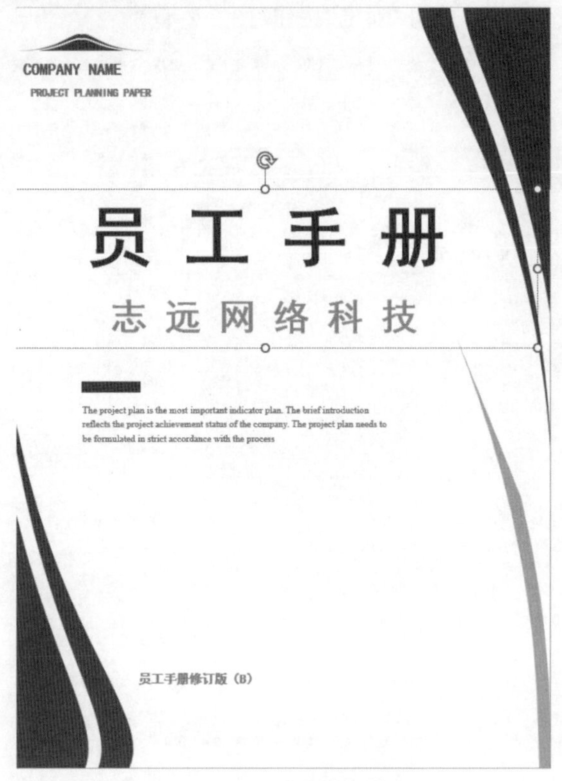

图 2-2-38　设置封面样式

四、设置页面背景

在“页面”选项卡单击“背景”下拉按钮,在下拉列表中选择“矢车菊蓝,着色 1,浅色 80%”(图 2-2-39)。

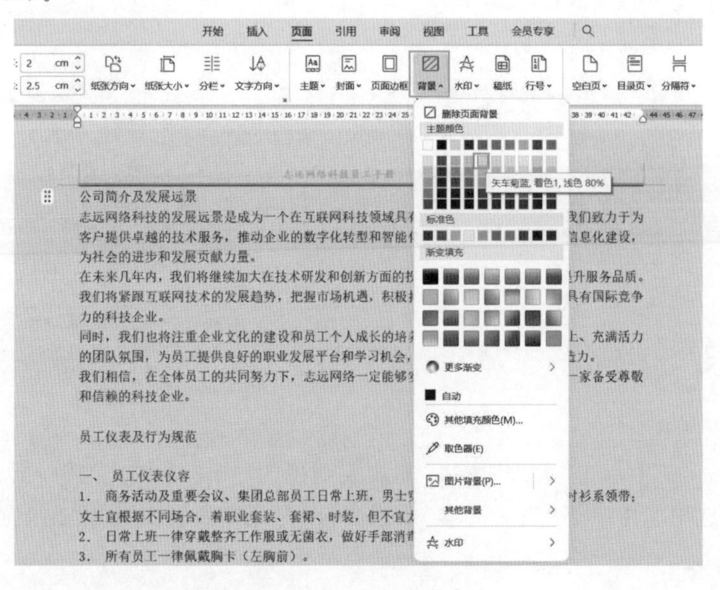

图 2-2-39　设置背景颜色

在“页面”选项卡单击“水印”下拉按钮，在下拉列表中选择“插入水印”(图 2-2-40)；打开“水印”对话框，勾选“文字水印”复选框，在“内容”文本框中输入“志远网络科技”，然后进行字体、字号、颜色、版式等设置，单击“确定”按钮(图 2-2-41)。

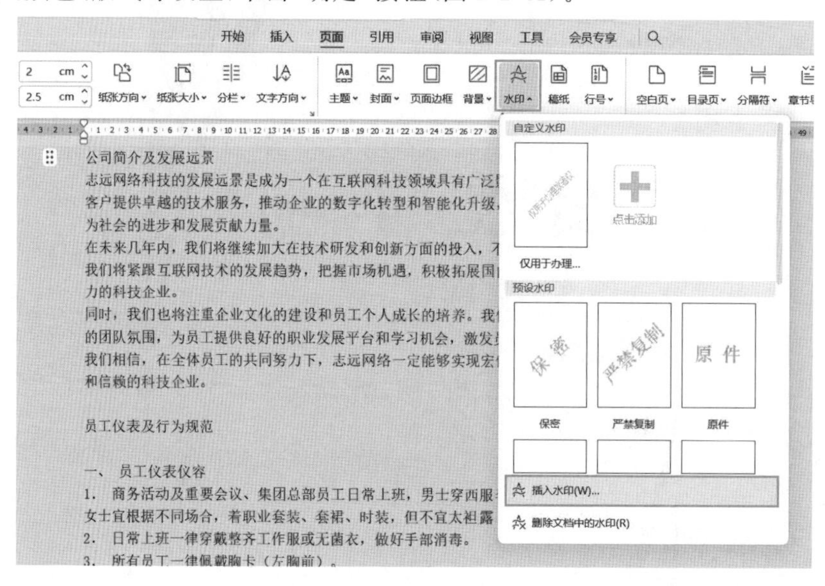

图 2-2-40　插入水印

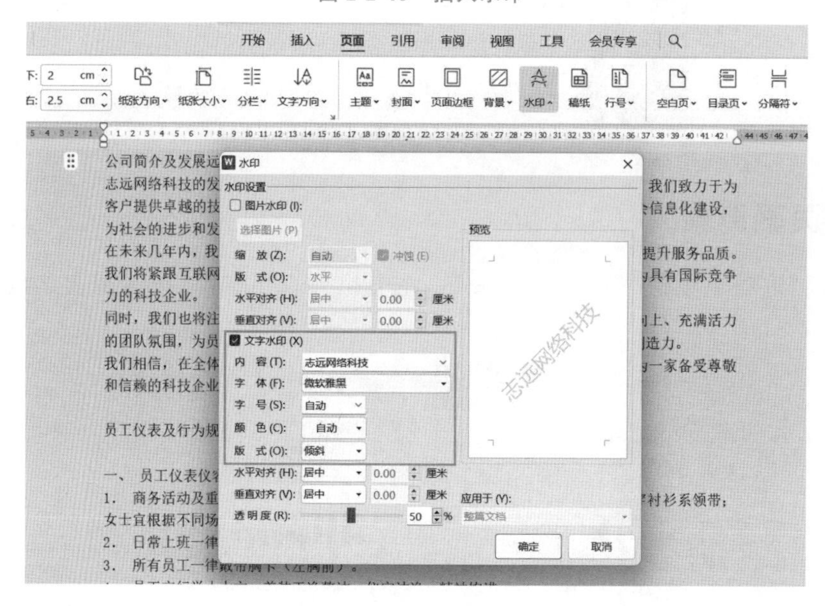

图 2-2-41　自定义水印文字

五、建立目录

1. 进入大纲视图

在“视图”选项卡中单击“大纲”按钮，进入大纲视图(图 2-2-42)。选中要设置为目录的文本，在“大纲”选项卡中单击“正文文本”下拉按钮，在下拉列表中选择“1 级”(图 2-2-43)。

图 2-2-42 进入大纲视图

图 2-2-43 设置文本级别

如果要进行多级别的目录设置，继续选中要设置为目录的文本，将设置文本级别设置为“2 级”，依此类推。

2. 打开导航窗格

在大纲视图中单击“关闭”按钮，切换到页面视图中。在“视图”选项卡中单击“导航窗格”按钮，在左侧打开“导航窗格”，从中可以看到目录(图 2-2-44)。

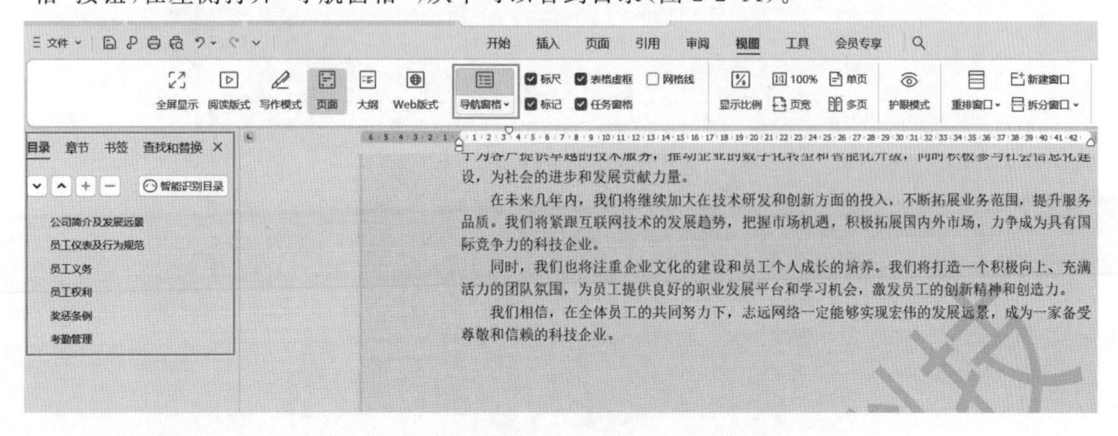

图 2-2-44 导航窗格

3. 提取目录

将光标定位到目录页，在“引用”选项卡中单击“目录”下拉按钮，在下拉列表中单击目录级别样式，即可在光标定位处插入目录(图 2-2-45)。

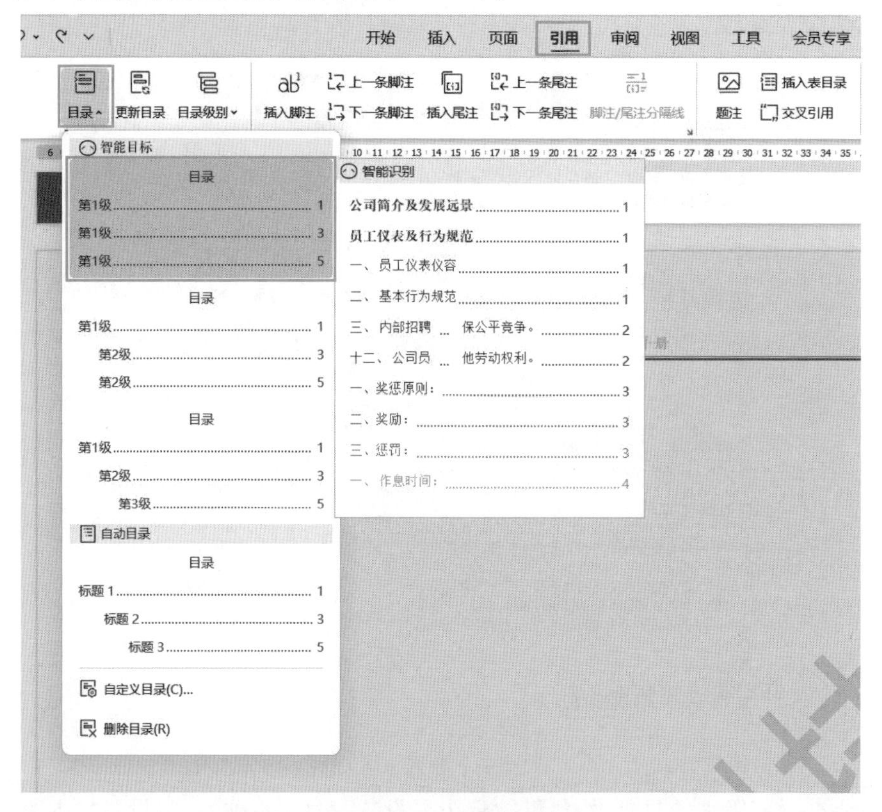

图 2-2-45 引用目录

选中目录，可以对目录的文字格式进行重新设置(图 2-2-46)。

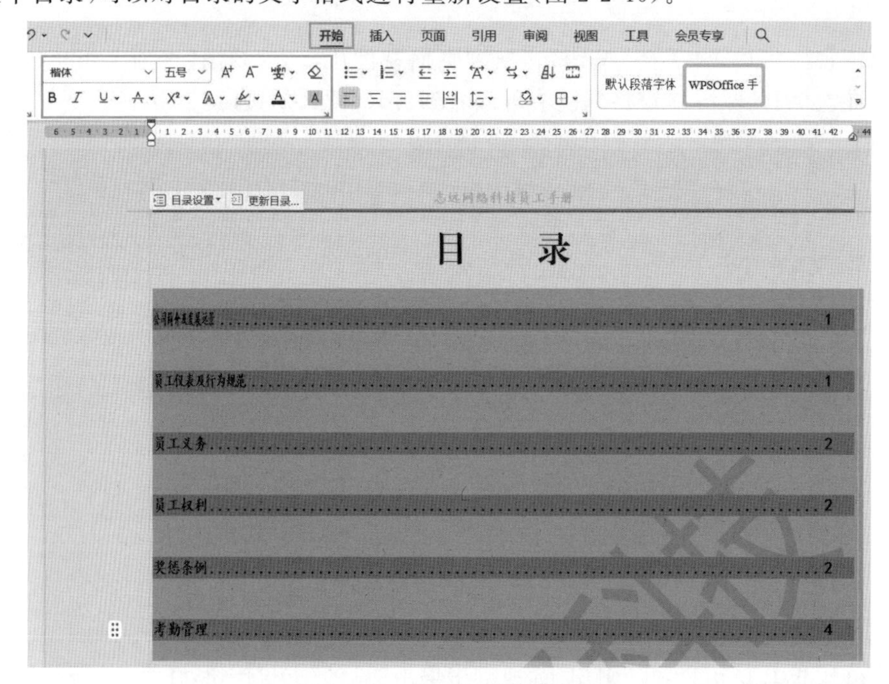

图 2-2-46 目录文字格式设置

任务实训

公司文化建设策划案

操作要求：

1. 目标

● 学会在文本中进行边框、底纹、背景、封面、水印的设置。

● 学会文档的页面、页眉、页脚的设置。

● 学会对文本进行中文版式、首字下沉、分栏等的设置。

● 学会为文档创建目录。

2. 步骤

(1)文档结构设置

● 新建文档：打开 WPS 软件，新建一个空白文档。

● 设置标题：输入文档的标题，如“×××公司文化建设策划案”，并选择合适的标题样式进行格式化。

● 创建目录：在文档的开始部分，预留出目录的位置。后续完成内容后，可以使用 WPS 的自动目录功能生成目录。

(2)内容要求

● 编写正文：按照策划案的逻辑结构，依次编写引言、目标设定、方案设计、实施与推广等部分的内容。

● 格式调整：根据内容需要，调整段落格式、字体样式和大小，确保文档整体风格统一。

(3)页面设置

● 单击“页面”选项卡中的“页面设置”按钮。

● 设置纸张大小、页边距和方向。

(4)边框设置

● 选择需要添加边框的文本或段落。

● 在“页面”选项卡中，单击“页面边框”下拉按钮。

● 在下拉列表中，进行合适的边框和底纹设置。

(5)背景设置

● 单击“页面”选项卡中的“背景”下拉按钮。

● 在下拉列表中，选择“填充效果”或“图片”作为背景。

● 根据需要调整背景的颜色、渐变效果或图片大小。

(6)封面设置

- 单击“页面”选项卡中的“封面”下拉按钮。
- 在下拉列表中选择合适的封面样式，或自定义封面内容。
- 在封面中填写策划案的标题、作者、日期等信息。

(7)水印设置

- 单击“页面”选项卡中的“水印”下拉按钮。
- 在下拉列表中选择“自定义水印”或预设的水印样式。
- 根据需要调整水印的文字、图片和位置。

(8)页眉和页脚设置

- 双击页面顶部或底部区域，进入页眉或页脚编辑模式。
- 在编辑模式中，插入文本、图像或页码等元素。
- 调整页眉和页脚的格式，如字体、大小和位置。

(9)中文版式设置

- 选择需要设置中文板式的文本。
- 在“开始”选项卡中，单击“中文版式”下拉按钮。
- 在下拉列表中，进行合并字符、双行合一、字符缩放等的设置。

(10)首字下沉和分栏设置

- 选择需要设置首字下沉和分栏的段落。
- 在“插入”选项卡中，单击“首字下沉”下拉按钮，选择合适的下沉样式和下沉行数。
- 在“页面”选项卡中，单击“分栏”下拉按钮，选择合适的分栏数量和分隔线样式。

(11)保存

- 保存文档，并选择合适的保存格式(如.doc或.docx)。
- 对文档进行安全保护。
- 可以选择将文档转换为PDF格式，方便分享和传阅。

任务2.3 制作团建宣传海报

任务目标

- 在文档中插入需要的图片,并能根据需要调整和编辑图片。
- 在文档中绘制需要的形状,并能对形状的填充效果、轮廓效果等进行设置。
- 在文档中插入需要的艺术字,使文档标题或重点内容更加醒目。
- 在文档中绘制和编辑文本框,并利用文本框进行灵活排版。
- 根据实际需要制作二维码,并将其插入文档。

任务要求

1. 内容要求

- 活动主题:海报应明确展示团建活动的主题,如“团队协作挑战”“户外探险之旅”等。
- 活动时间:清楚标注活动的日期和时间,确保参与者能够了解何时参加。
- 活动地点:详细说明活动地点,包括地址和如何到达。
- 活动流程:简要介绍活动的流程或日程安排,让参与者对活动有一个基本的了解。
- 参与人员:列出参与团建的团队或部门,以及参与人员的基本要求。
- 活动亮点:强调活动的特色和亮点,如特色游戏、团队建设的意义等。
- 联系方式:提供组织者的联系方式,供有意参与的人员咨询和报名。

2. 格式要求

- 尺寸:选择合适的海报尺寸,如A3或A2,确保内容清晰可读。
- 字体:使用清晰、易读的字体,如微软雅黑、宋体等,标题可使用大号字体以吸引注意。
- 颜色:使用与活动主题相符的颜色方案,保持整体设计的协调性。
- 图像:插入高质量的图片或图标,如团队合作的照片、户外活动的场景图等。
- 布局:合理布局文本和图像,确保海报内容的逻辑性和视觉吸引力。

3. 功能性要求

- 可读性:确保海报上的信息即使在远处也能清晰阅读。
- 吸引力:设计应具有吸引力,能够激发员工的兴趣和参与意愿。
- 信息传达:海报应能够快速传达活动的核心信息和价值。
- 互动性:如果可能,提供二维码或链接,供扫描获取更多活动信息或在线报名。

4. 安全性与保密性要求

- 隐私保护:不泄露参与人员的个人信息,如身份证号、家庭住址等。
- 版权合规:使用版权合法的图片和素材,避免侵犯他人版权。
- 内容审查:确保海报内容不含有不当言论或敏感信息。
- 发布渠道:选择合适的发布渠道,如公司内部公告板、员工邮件等,确保信息的安全传播。

任务实施

工单 2.3.1 创建团建宣传海报文档

工单 2.3.1 内容见表 2-3-1。

表 2-3-1 **工单 2.3.1 内容**

<table>
<tr><td>名称</td><td>创建团建宣传海报文档</td><td>实施日期</td><td></td></tr>
<tr><td>实施人员名单</td><td></td><td>实施地点</td><td></td></tr>
<tr><td>实施人员分工</td><td colspan="3">组织：　　　　记录：　　　　宣讲：</td></tr>
<tr><td colspan="4">请在互联网上查询相关信息，回答下面的问题；结合本节课堂的内容，完成操作演练。
1. WPS 图文混排的使用场景有哪些？
□ 制作课件和讲义
□ 设计宣传册、广告海报、社交媒体帖
□ 制作个人简历和作品集
2. 创建 WPS 图文混排的文档的注意事项有哪些？
□ 在开始设计之前，明确文档的目的和目标受众，选择合适的设计风格和内容布局
□ 合理规划文档的版面布局，确保图文元素的排列有序、均衡，避免过度拥挤或留白过多
□ 选择与文档主题相关的高质量图片和图形。确保图片版权合法，避免侵犯版权问题
□ 选择清晰易读的字体和合适的字号，确保文本在任何背景下都具有良好的可读性
□ 选择协调的颜色方案，避免使用过于鲜艳或冲突的颜色组合
□ 尽量使用统一的样式和主题，包括字体、颜色、图形样式等，以保持文档的整体一致性
3. 请描述在 WPS 文档中设置背景图片的步骤，并说明如何确保图片作为背景时不影响文本的可读性？

4. 操作演练：请按要求完成单位团建宣传海报的创建。</td></tr>
<tr><td colspan="4">学习效果评价分数（0～100 分）</td></tr>
<tr><td>自评分</td><td></td><td>组评分</td><td></td></tr>
</table>

工单参考效果如图 2-3-1 所示。

图 2-3-1　团建宣传海报空白文档参考效果

一、新建文档

新建一个名为“团建宣传海报 V1.0”的文档。

二、页面设置

1. 设置纸张大小

在“页面”选项卡中，单击“纸张大小”下拉按钮，在下拉列表中选择“A4”(图 2-3-2)。

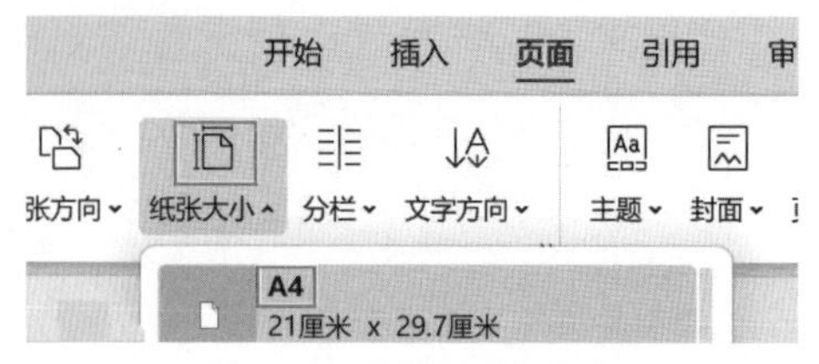

图 2-3-2 设置纸张大小

2. 设置页边距

在“页面”选项卡的“页边距”组中，设置上、下页边距为 2.5 cm，左、右页边距为 3.2 cm，如图 2-3-3 所示。

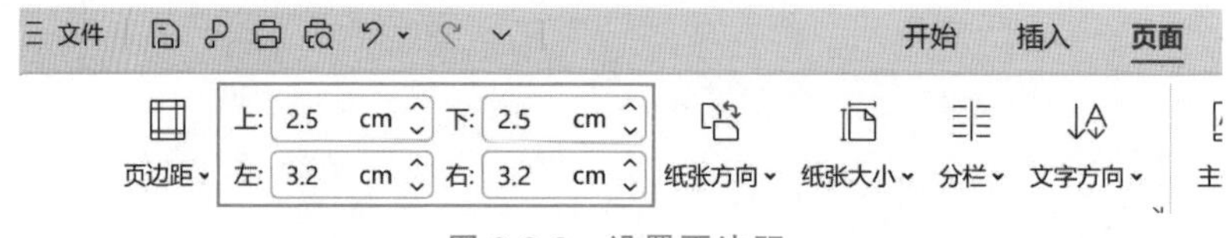

图 2-3-3 设置页边距

三、插入背景图片

1. 插入图片

在“插入”选项卡中单击“图片”下拉按钮，在下拉列表中根据自己的需要选择“本地图片”、“扫描仪”或“手机传图”，此处我们选择“本地图片”。打开“插入图片”对话框，选中需要的图片后，单击“打开”按钮，图片就会被插入文档(图 2-3-4)。

图 2-3-4 插入图片

2. 设置图片为背景图片

选中图片，单击右侧的“布局选项”按钮，选择文字环绕方式为“衬于文字下方”

(图 2-3-5),这一步可以将图片设置为背景图片。

图 2-3-5 设置图片为背景图片

3. 调整背景图片大小

选中背景图片,拖动图片四周的控制点(图 2-3-6),调整背景图片到合适大小。本案例的背景图片大小为整个页面的大小。

图 2-3-6 调整背景图片的大小

4. 设置背景图片效果

选中背景图片，在“图片工具”选项卡中单击“色彩”下拉按钮，在下拉列表中选择“冲蚀”(图 2-3-7)。最终，背景图片格式如图 2-3-8 所示。

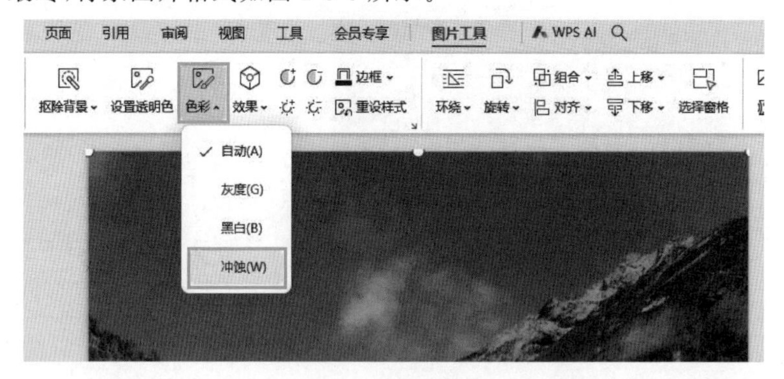

图 2-3-7 设置图片效果

图 2-3-8 背景图片效果

工单 2.3.2 美化团建宣传海报

工单 2.3.2 内容见表 2-3-2。

表 2-3-2 **工单 2.3.2 内容**

<table>
<tr><td>名称</td><td>美化团建宣传海报</td><td>实施日期</td><td></td></tr>
<tr><td>实施人员名单</td><td></td><td>实施地点</td><td></td></tr>
<tr><td>实施人员分工</td><td colspan="3">组织：　　　　记录：　　　　宣讲：</td></tr>
<tr><td colspan="4">请在互联网上查询相关信息，回答下面的问题；结合本节课堂的内容，完成操作演练。
1. 在 WPS 文字中进行图文混排时，哪些操作可以帮助用户优化文档的视觉效果？
□ 调整图片大小以适应文本内容
□ 使用制表符来对齐文本和图片
□ 应用不同的字体样式和大小以区分标题和正文
□ 插入图表和图形以辅助说明
□ 使用文本框来固定图片和文本的位置关系
2. 在 WPS 文字中，如何快速调整图片与文本的相对位置以实现图文混排？

3. 在 WPS 文字中，如何设置图片的对齐方式以确保图文混排时的整洁和美观？

4. 操作演练：请按要求完成单位团建宣传海报的美化。</td></tr>
<tr><td colspan="4">学习效果评价分数（0～100 分）</td></tr>
<tr><td>自评分</td><td></td><td>组评分</td><td></td></tr>
</table>

工单参考效果如图 2-3-9 所示。

图 2-3-9　团建宣传海报美化效果

一、插入艺术字

在"插入"选项卡中单击"艺术字"下拉按钮，在下拉列表中选择"渐变填充-浅绿色，轮廓-着色 4"的艺术字样式[图 2-3-10(a)]。在编辑区将出现艺术字输入框，在其中输入文本"毕棚沟休闲一日游"，并设置字体为幼圆、小初，左对齐[图 2-3-10(b)]。

(a)插入艺术字　　(b)输入艺术字内容

图 2-3-10 插入艺术字

二、插入文本框

在“插入”选项卡中单击“文本框”下拉按钮，在下拉列表中选择“横向”，插入横向文本框(图 2-3-11)。输入文本“行程安排”，设置文字格式为微软雅黑、二号，设置字体颜色为“浅绿，着色 4”。

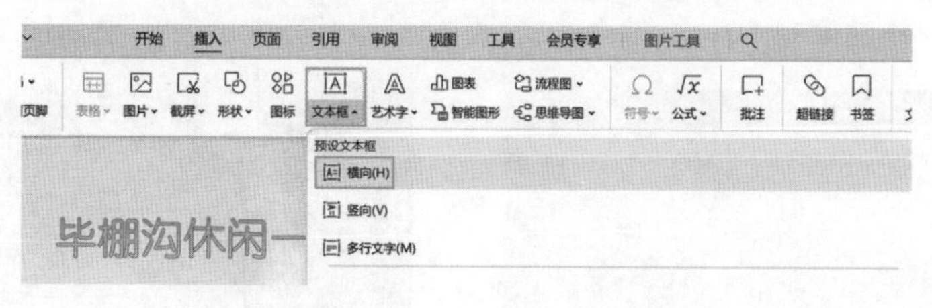

图 2-3-11 插入文本框

三、插入形状

在“插入”选项卡中单击“形状”下拉按钮，在下拉列表中选择“直线”(图 2-3-12)，将其插入文档“行程安排”文字下方，调整线条格式为“虚线”，颜色为“浅绿，着色 4，浅色 60%”。

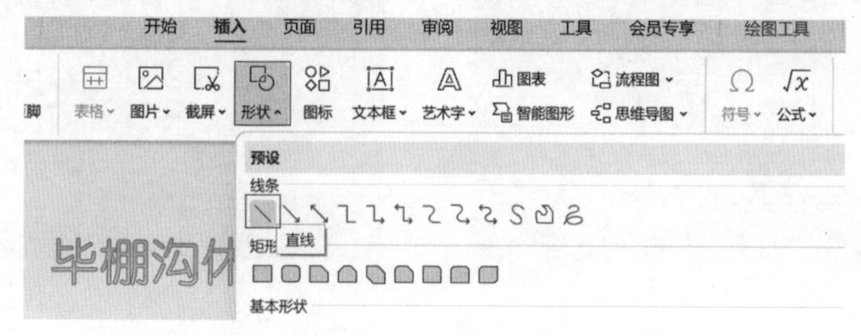

图 2-3-12 插入形状

四、输入文本

用前文学习的方法插入横向文本框，在文本框中输入具体行程安排，调整相应的文本格式(图 2-3-13)。

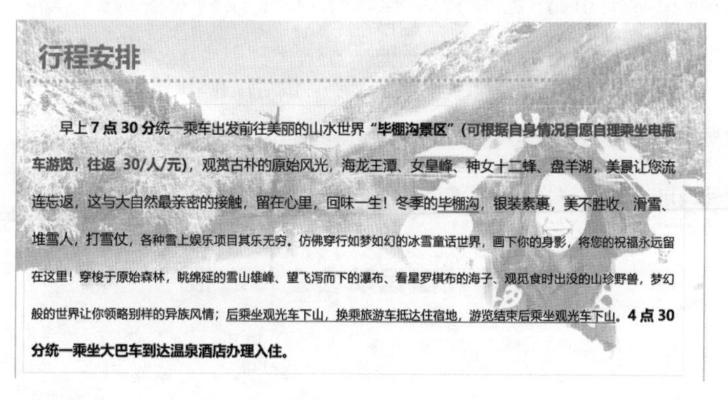

图 2-3-13 插入文案

五、插入风景图片

用前面学习的方法插入 4 张毕棚沟风景图片。将图片的文字环绕方式设置为“四周型环绕”，在出现的“图形工具”选项卡中取消“锁定纵横比”的勾选，调整图片大小为 5 厘米×9 厘米，并为图片添加简单边框的图片样式，设置图片对齐方式。效果如图 2-3-14 所示。

图 2-3-14 插入和编辑图片

六、插入二维码图片

1. 插入报名二维码图片，将文字环绕方式改为“浮于文字上方”，手动修改大小后放置到页面右上角。

2. 在“插入”选项卡中单击“艺术字”下拉按钮，在下拉列表中选择艺术字预设样式为“填充-浅绿，着色 4，软边缘”，将艺术字输入框拖动到二维码图片下方，输入“扫码报名”。在出现的“文本工具”选项卡中，单击艺术字“效果”下拉按钮，在下拉列表中选择“转换”，在其子列表中选择“陀螺形”。效果如图 2-3-15 所示。整体效果如图 2-3-9 所示。

任务实训

设计校园运动会宣传海报

操作要求：

1. 目标

- 学会使用 WPS 文字进行图文混排。
- 掌握基本的设计原则和技巧，如色彩搭配、版式布局等。
- 学会如何将文本、图片和图形元素有效地结合在一起，制作出专业的宣传海报。

图 2-3-15　插入和编辑报名二维码

2. 步骤

(1)确定海报主题和风格

- 确定运动会的主题，比如“健康、活力、竞技”等。
- 根据主题选择合适的设计风格，如现代、简约、活力等。

(2)创建新文档

- 打开 WPS 文字。
- 选择适合海报大小的页面布局，如 A3 或 A4，并设置合适的页边距。

(3)设计背景

- 选择与运动会主题相符合的背景颜色或图片。
- 可以添加渐变、纹理等效果，使背景更加丰富和吸引人。

(4)编辑文本内容

- 确定海报的主要文本内容，如运动会的时间、地点、项目等。
- 使用不同的字体、大小和颜色来区分标题、副标题和正文。
- 利用文本框功能，将文本内容放置在合适的位置。

(5)插入和编辑图片

- 收集与运动会相关的图片，如运动员、运动项目、校徽等。
- 将图片插入文档，并调整大小和位置，使其与文本和整体设计风格协调。
- 可以对图片进行裁剪、调整亮度和对比度等操作，以达到更好的视觉效果。

(6)添加图形元素

- 使用 WPS 文字的图形工具，添加如星星、奖杯、旗帜等与运动会相关的图形元素。
- 通过改变图形的颜色、大小和排列方式，增加海报的视觉效果和吸引力。

任务 2.4 制作新员工入职培训计划表

任务目标

- 在 WPS 文档中插入表格,并能对表格内容、表格样式进行灵活设置。
- 对 WPS 文档中的表格进行编辑和美化操作。

任务要求

1. 内容要求

- 培训主题:明确列出培训的主题或课程名称。
- 培训日期:详细标注培训的日期,包括开始和结束日期。
- 培训时间:具体到每天的培训时间段,包括上午、下午和晚上的安排。
- 培训目标:简要描述培训的目的和预期达成的目标。

2. 格式要求

- 表格布局:使用 WPS 表格制作清晰的日程表格,合理分配行和列。
- 字体和大小:选择易于阅读的字体,如宋体或微软雅黑,标题可以使用加粗或更大字号。
- 颜色编码:可以使用不同的颜色来区分不同类型的培训或重要级别。
- 标题和表头:表格顶部应有明确的标题,表头应包含所有必要的列标题。
- 打印友好:设计时考虑到打印的需求,确保表格在 A4 纸张上打印时清晰完整。

3. 功能性要求

- 易于更新:表格应便于更新和修改,以适应培训计划的变动。
- 排序和筛选:利用 WPS 表格的排序和筛选功能,方便查找特定信息。

4. 安全性与保密要求

- 访问控制:确保只有授权人员可以访问和修改培训日程表格。
- 敏感信息:避免在表格中包含敏感信息,如员工的个人联系方式等。
- 数据备份:定期备份表格数据,防止意外丢失或损坏。
- 发布渠道:通过公司内部网络、邮件或指定的平台发布培训日程,确保信息的安全传播。

任务实施

工单 2.4.1 创建与操作表格

工单 2.4.1 内容见表 2-4-1。

表 2-4-1　　工单 2.4.1 内容

名称	创建与操作表格	实施日期	
实施人员名单		实施地点	
实施人员分工	组织：　　记录：　　宣讲：		
请在互联网上查询相关信息，回答下面的问题；结合本节课堂的内容，完成操作演练。 1. 在使用 WPS 文档编辑表格时，哪些功能可以帮助提高工作效率？ ☐ 使用“插入”选项卡下的“表格”功能快速创建表格 ☐ 利用“表格样式”选项卡中的“绘制表格”工具自定义表格大小 ☐ 通过“数据”选项卡进行表格数据的排序和筛选 ☐ 使用“页面”选项卡调整表格在文档中的布局位置 2. 在 WPS 文档中编辑表格时，哪些操作是可行的？ ☐ 调整表格的行高和列宽 ☐ 合并或拆分单元格 ☐ 应用表格样式以美化表格 ☐ 直接在表格中插入视频文件 3. 请简述如何在 WPS 文档中调整表格的行高和列宽。 4. 描述如何在 WPS 文档中合并单元格。 5. 操作演练：请按要求完成新员工入职培训表的创建。			
学习效果评价分数(0～100 分)			
自评分		组评分	

工单参考效果如图 2-4-1 所示。

新员工入职培训计划表

阶段	上午活动	时间	下午活动	时间
第一天	欢迎仪式	9：00~9：20	公司导览	14：00~14：30
	人事部门介绍	9：20~9：50	岗位介绍	14：30~15：00
	公司文化介绍	10：00~10：30	同事互动	15：10~15：30
	安全教育	10：30~11：00	入职手册发放	15：30~16：00
第二天	业务流程培训	9：00~9：50	操作演练	14：00~15：30
	专业知识培训	10：10~11：00	技能培训	15：50~17：00
			问题解答	17：20~18：00
第三天	团队协作培训	9：00~9：50	实际演练	14：00~14：50
	沟通培训	10：10~11：00	反馈评估	15：00~15：30
第四天	公司制度学习	9：00~9：50	案例分析	14：00~14：50
	法律法规培训	10：10~11：00	知识测试	15：00~16：00
第五天	培训总结	9：00~9：50	反馈交流	14：00~14：50
	目标设计	10：10~11：00	结业点礼	15：00~16：00
注意事项	(1) 期待获得针对个人职业发展和岗位需求的定制化培训。 (2) 希望培训过程中能有更多互动和参与机会，以提高学习兴趣和效果。 (3) 需要在培训后得到持续的支持和反馈，以促进个人成长和适应工作环境。			

图 2-4-1 创建表格参考效果

一、新建文档

(1)新建一个名为“新员工入职培训计划表 V1.0”的文档。

(2)在“页面”选项卡的“页边距”组中，设置上、下页边距为 2.5 cm，左、右页边距为 1.5 cm，在“纸张大小”下拉列表中，将纸张大小设置为 A4(21 厘米×29.7 厘米)，如图 2-4-2 所示。

图 2-4-2 设置页面样式

二、创建表格

1. 输入表格标题

输入标题行文本“新员工入职培训计划表”并选中，如图 2-4-3 所示。切换到“开始”选项卡，在“字体”组中，将选中文本的字体设置为微软雅黑、加粗、一号，在“段落”组中，单击“居中对齐”按钮，将文本的对齐方式设置为居中对齐。

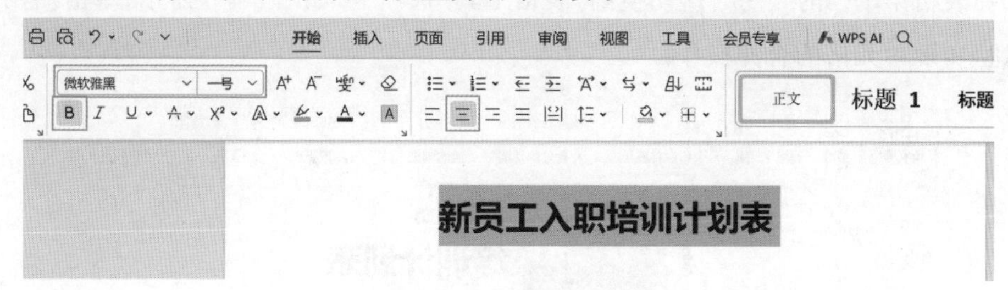

图 2-4-3 设置文字样式

2. 插入表格

在“插入”选项卡中单击“表格”下拉按钮，在展开的表格列表中拖动鼠标框选出 5 行×5 列的表格，如图 2-4-4 所示。将光标定位到表格任意一个单元格中，移动鼠标到表格右下角的表格大小控制点上，按住左键不放，向下拖动，调整表格高度。

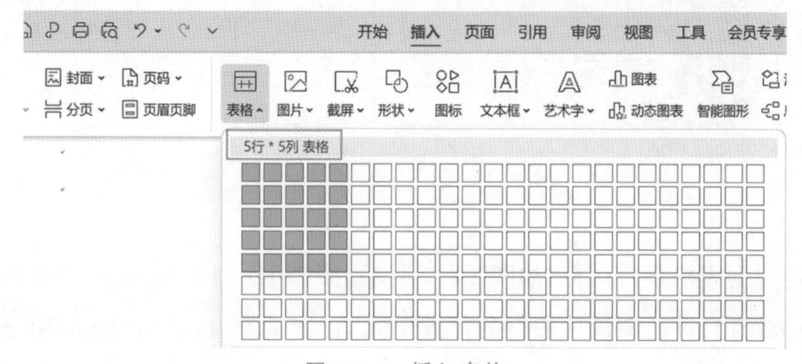

图 2-4-4 插入表格

三、设置单元格样式

1. 设置单元格大小

将鼠标移动到第一列的上方，当鼠标变成黑色实心向下箭头时，单击鼠标左键，选中第 1 列，如图 2-4-5 所示。切换到“表格工具”选项卡，在“单元格大小”组中设置“宽度”为“2.00 厘米”。之后分别选中表格第 2～5 列，设置其宽度为“4.00 厘米”。

图 2-4-5 设置单元格大小

2. 合并或拆分单元格

选择表格第1列的2～5行，切换到“表格工具”选项卡，如图2-4-6所示，单击“合并单元格”按钮，实现单元格的合并操作。

图 2-4-6　合并单元格

3. 增加表格行

将光标定位到表格最后一行，如图2-4-7所示，按Enter键增加一行，按照相同的方法连续增加10行，或者右键选中最后一行的任意单元格（图2-4-8），单击“插入”下拉按钮，在下拉列表中选择“在下方插入行”，完成单元格行的插入操作。

图 2-4-7　增加表格行(1)

图 2-4-8　增加表格行(2)

通过以上方法，合并和增加单元格：分别选中第 1 列的 6～8 行、9～10 行、11～12 行、13～14 行进行合并，选中表格最后一行的第 2～5 列进行列合并，实现最终表格格式，如图 2-4-9 所示。

新员工入职培训计划表

<table>
<tr><td></td><td></td><td></td><td></td><td></td></tr>
<tr><td rowspan="4"></td><td></td><td></td><td></td><td></td></tr>
<tr><td></td><td></td><td></td><td></td></tr>
<tr><td></td><td></td><td></td><td></td></tr>
<tr><td></td><td></td><td></td><td></td></tr>
<tr><td rowspan="3"></td><td></td><td></td><td></td><td></td></tr>
<tr><td></td><td></td><td></td><td></td></tr>
<tr><td></td><td></td><td></td><td></td></tr>
<tr><td rowspan="2"></td><td></td><td></td><td></td><td></td></tr>
<tr><td></td><td></td><td></td><td></td></tr>
<tr><td rowspan="2"></td><td></td><td></td><td></td><td></td></tr>
<tr><td></td><td></td><td></td><td></td></tr>
<tr><td rowspan="2"></td><td></td><td></td><td></td><td></td></tr>
<tr><td></td><td></td><td></td><td></td></tr>
<tr><td></td><td colspan="4"></td></tr>
</table>

图 2-4-9 新员工入职培训计划表框架

四、输入与编辑表格内容

1. 输入表格内容

单击表格左上角的表格移动控制点符号，选中整个表格，切换到“开始”选项卡，设置字体格式为“微软雅黑、五号”，在表格的各单元格中输入文本内容。切换到“表格工具”选项卡，单击“水平居中”按钮，设置文字对齐方式为水平居中。将光标移动到最后一行第 2 列单元格，切换到“开始”选项卡，单击“左对齐”按钮，实现文字左对齐，如图 2-4-10 所示。

2. 编辑表格内容

选择“注意事项”右侧单元格中的所有内容，如图 2-4-11 所示，切换到“开始”选项卡，单击“段落”组中的“编号”按钮，为其添加编号。再单击“段落”组中的“行距”下拉按钮，设置文本内容的行间距为 1.5 倍。

新员工入职培训计划表

阶段	上午活动	时间	下午活动	时间
第一天	欢迎仪式	9：00~9：20	公司导览	14：00~14：30
	人事部门介绍	9：20~9：50	岗位介绍	14：30~15：00
	公司文化介绍	10：00~10：30	同事互动	15：10~15：30
	安全教育	10：30~11：00	入职手册发放	15：30~16：00
第二天	业务流程培训	9：00~9：50	操作演练	14：00~15：30
	专业知识培训	10：10~11：00	技能培训	15：50~17：00
			问题解答	17：20~18：00
第三天	团队协作培训	9：00~9：50	实际演练	14：00~14：50
	沟通培训	10：10~11：00	反馈评估	15：00~15：30
第四天	公司制度学习	9：00~9：50	案例分析	14：00~14：50
	法律法规培训	10：10~11：00	知识测试	15：00~16：00
第五天	培训总结	9：00~9：50	反馈交流	14：00~14：50
	目标设计	10：10~11：00	结业点礼	15：00~16：00
注意事项	期待获得针对个人职业发展和岗位需求的定制化培训。 希望培训过程中能有更多互动和参与机会，以提高学习兴趣和效果。 需要在培训后得到持续的支持和反馈，以促进个人成长和适应工作环境。			

图 2-4-10　在表格中插入文本内容

新员工入职培训计划表

阶段	上午活动	时间	下午活动	时间
第一天	欢迎仪式	9：00~9：20	公司导览	14：00~14：30
	人事部门介绍	9：20~9：50	岗位介绍	14：30~15：00
	公司文化介绍	10：00~10：30	同事互动	15：10~15：30
	安全教育	10：30~11：00	入职手册发放	15：30~16：00
第二天	业务流程培训	9：00~9：50	操作演练	14：00~15：30
	专业知识培训	10：10~11：00	技能培训	15：50~17：00
			问题解答	17：20~18：00
第三天	团队协作培训	9：00~9：50	实际演练	14：00~14：50
	沟通培训	10：10~11：00	反馈评估	15：00~15：30
第四天	公司制度学习	9：00~9：50	案例分析	14：00~14：50
	法律法规培训	10：10~11：00	知识测试	15：00~16：00
第五天	培训总结	9：00~9：50	反馈交流	14：00~14：50
	目标设计	10：10~11：00	结业点礼	15：00~16：00
注意事项	(1) 期待获得针对个人职业发展和岗位需求的定制化培训。 (2) 希望培训过程中能有更多互动和参与机会，以提高学习兴趣和效果。 (3) 需要在培训后得到持续的支持和反馈，以促进个人成长和适应工作环境。			

图 2-4-11　设置表格文本内容

工单 2.4.2 美化表格

工单 2.4.2 内容见表 2-4-2。

表 2-4-2　　工单 2.4.2 内容

<table>
<tr><td>名称</td><td>美化表格</td><td>实施日期</td><td></td></tr>
<tr><td>实施人员名单</td><td></td><td>实施地点</td><td></td></tr>
<tr><td>实施人员分工</td><td colspan="3">组织：　　记录：　　宣讲：</td></tr>
<tr><td colspan="4">请在互联网上查询相关信息，回答下面的问题；结合本节课堂的内容，完成操作演练。
1. 在 WPS 文字中，使用表格内置样式进行美化时，可以采取哪些措施？
□ 选择预设的表格样式模板来快速应用
□ 通过调整表格的字体和颜色来匹配文档主题
□ 应用不同的底纹样式给表格添加背景色
□ 调整单元格的边框样式来增强视觉效果
2. 在 WPS 文字中设置表格边框和底纹时，应考虑哪些因素？
□ 边框的粗细和颜色，以区分不同的表格区域
□ 底纹的图案和颜色，以增强单元格的可读性
□ 边框和底纹的一致性，以保持表格的整体美观
□ 根据表格内容的重要性选择合适的边框和底纹样式
3. 请简述如何在 WPS 文字中应用表格内置样式来美化表格。

4. 描述如何在 WPS 文字中设置表格的边框和底纹。

5. 操作演练：请按要求对新员工入职培训表进行美化。</td></tr>
<tr><td colspan="4">学习效果评价分数(0～100 分)</td></tr>
<tr><td>自评分</td><td></td><td>组评分</td><td></td></tr>
</table>

工单参考效果如图 2-4-12 所示。

新员工入职培训计划表

阶段	上午活动	时间	下午活动	时间
第一天	欢迎仪式	9: 00~9: 20	公司导览	14: 00~14: 30
	人事部门介绍	9: 20~9: 50	岗位介绍	14: 30~15: 00
	公司文化介绍	10: 00~10: 30	同事互动	15: 10~15: 30
	安全教育	10: 30~11: 00	入职手册发放	15: 30~16: 00
第二天	业务流程培训	9: 00~9: 50	操作演练	14: 00~15: 30
	专业知识培训	10: 10~11: 00	技能培训	15: 50~17: 00
			问题解答	17: 20~18: 00
第三天	团队协作培训	9: 00~9: 50	实际演练	14: 00~14: 50
	沟通培训	10: 10~11: 00	反馈评估	15: 00~15: 30
第四天	公司制度学习	9: 00~9: 50	案例分析	14: 00~14: 50
	法律法规培训	10: 10~11: 00	知识测试	15: 00~16: 00
第五天	培训总结	9: 00~9: 50	反馈交流	14: 00~14: 50
	目标设计	10: 10~11: 00	结业点礼	15: 00~16: 00
注意事项	(1) 期待获得针对个人职业发展和岗位需求的定制化培训。 (2) 希望培训过程中能有更多互动和参与机会，以提高学习兴趣和效果。 (3) 需要在培训后得到持续的支持和反馈，以促进个人成长和适应工作环境。			

图 2-4-12　表格美化参考效果

一、设置表格外框线

单击表格左上角的表格移动控制点符号，选中整个表格，切换到“表格工具”选项卡，单击“边框”下拉按钮，在下拉列表中选择“边框和底纹”，打开“边框和底纹”对话框。在“边框”选项卡中，选择“设置”中的“方框”，选择“线型”为“双线”，“宽度”为“0.75 磅”，单击“确定”按钮，完成整个表格外框线设置，如图 2-4-13 所示。

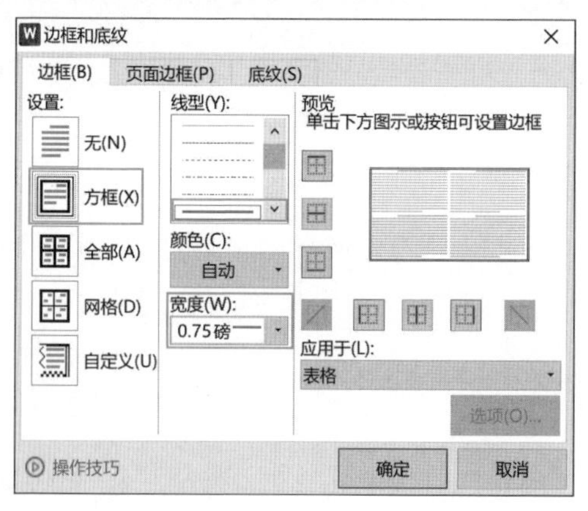

图 2-4-13　设置表格外框线

二、设置各模块的下边框效果

(1)选中第一行,在弹出的快捷工具栏中单击“边框”下拉按钮,在下拉列表中选择“下框线”,将此行的下边框设置为“双线”,宽度设置成“0.75 榜”,与其他栏目分开,如图 2-4-14 所示。

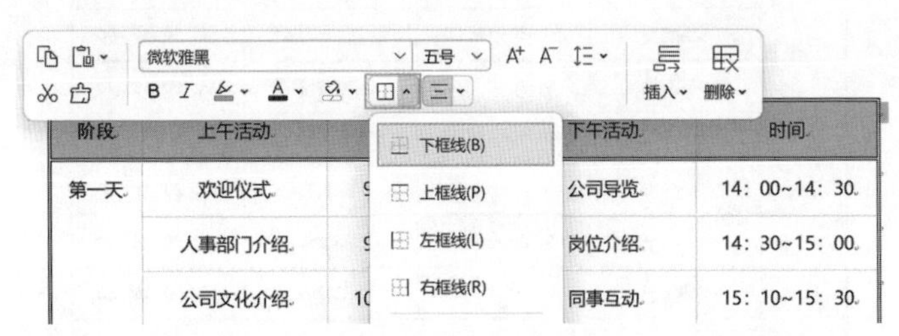

图 2-4-14 设置下框线

(2)按照上述方法,分别选中“第一天”“第二天”“第三天”“第四天”“第五天”各模块,为各模块设置下框线,如图 2-4-15 所示。

新员工入职培训计划表

阶段	上午活动	时间	下午活动	时间
第一天	欢迎仪式	9：00~9：20	公司导览	14：00~14：30
	人事部门介绍	9：20~9：50	岗位介绍	14：30~15：00
	公司文化介绍	10：00~10：30	同事互动	15：10~15：30
	安全教育	10：30~11：00	入职手册发放	15：30~16：00
第二天	业务流程培训	9：00~9：50	操作演练	14：00~15：30
	专业知识培训	10：10~11：00	技能培训	15：50~17：00
			问题解答	17：20~18：00
第三天	团队协作培训	9：00~9：50	实际演练	14：00~14：50
	沟通培训	10：10~11：00	反馈评估	15：00~15：30
第四天	公司制度学习	9：00~9：50	案例分析	14：00~14：50
	法律法规培训	10：10~11：00	知识测试	15：00~16：00
第五天	培训总结	9：00~9：50	反馈交流	14：00~14：50
	目标设计	10：10~11：00	结业点礼	15：00~16：00
注意事项	(1) 期待获得针对个人职业发展和岗位需求的定制化培训。			
	(2) 希望培训过程中能有更多互动和参与机会，以提高学习兴趣和效果。			
	(3) 需要在培训后得到持续的支持和反馈，以促进个人成长和适应工作环境。			

图 2-4-15 为各模块设置下框线

三、设置内部框线

分别选中各模块,用相同的方法,设置表格中的内部框线为“0.5 磅、单实线”边框,如图 2-4-16 所示。

新员工入职培训计划表

阶段	上午活动	时间	下午活动	时间
第一天	欢迎仪式	9：00~9：20	公司导览	14：00~14：30
	人事部门介绍	9：20~9：50	岗位介绍	14：30~15：00
	公司文化介绍	10：00~10：30	同事互动	15：10~15：30
	安全教育	10：30~11：00	入职手册发放	15：30~16：00
第二天	业务流程培训	9：00~9：50	操作演练	14：00~15：30
	专业知识培训	10：10~11：00	技能培训	15：50~17：00
			问题解答	17：20~18：00
第三天	团队协作培训	9：00~9：50	实际演练	14：00~14：50
	沟通培训	10：10~11：00	反馈评估	15：00~15：30
第四天	公司制度学习	9：00~9：50	案例分析	14：00~14：50
	法律法规培训	10：10~11：00	知识测试	15：00~16：00
第五天	培训总结	9：00~9：50	反馈交流	14：00~14：50
	目标设计	10：10~11：00	结业点礼	15：00~16：00
注意事项	(1) 期待获得针对个人职业发展和岗位需求的定制化培训。 (2) 希望培训过程中能有更多互动和参与机会，以提高学习兴趣和效果。 (3) 需要在培训后得到持续的支持和反馈，以促进个人成长和适应工作环境。			

图 2-4-16　设置各模块内部框线样式

四、设置第 1 行的样式

选中第 1 行，在弹出的快捷工具栏中单击“底纹”下拉按钮，在下拉列表中选择“白色，背景 1，深色 15%”，为此行添加底纹样式。再单击快捷工具栏中的“加粗”按钮，在对齐方式下拉列表中选择“居中对齐”，为第 1 行文本设置加粗和居中效果，如图 2-4-17 所示。

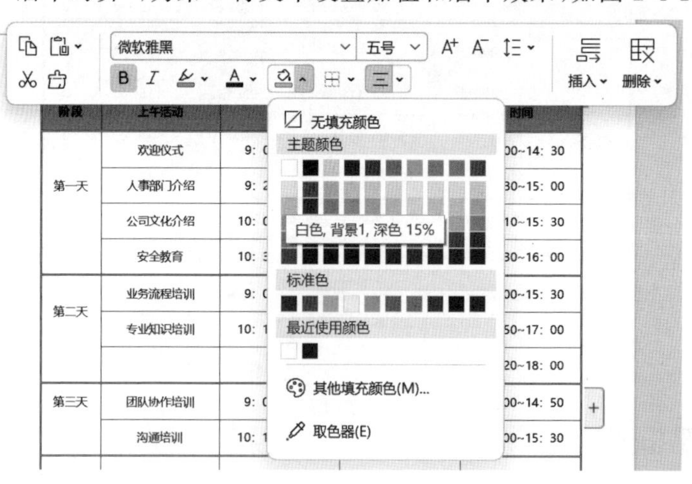

图 2-4-17　第 1 行设置效果

五、设置第 1 列的样式

将鼠标移动到第 1 列的最上方，当鼠标变成向下黑色箭头时，单击选中第 1 列，用同样的方法为表格第 1 列添加“白色，背景 1，深色 15%”的底纹效果，如图 2-4-18 所示。

新员工入职培训计划表

时间	上午活动	时间	下午活动	时间
第一天	欢迎仪式	9: 00~9: 20	公司导览	14: 00~14: 30
	人事部门介绍	9: 20~9: 50	岗位介绍	14: 30~15: 00
	公司文化介绍	10: 00~10: 30	同事互动	15: 10~15: 30
	安全教育	10: 30~11: 00	入职手册发放	15: 30~16: 00
第二天	业务流程培训	9: 00~9: 50	操作演练	14: 00~15: 30
	专业知识培训	10: 10~11: 00	技能培训	15: 50~17: 00
			问题解答	17: 20~18: 00
第三天	团队协作培训	9: 00~9: 50	实际演练	14: 00~14: 50
	沟通培训	10: 10~11: 00	反馈评估	15: 00~15: 30
第四天	公司制度学习	9: 00~9: 50	案例分析	14: 00~14: 50
	法律法规培训	10: 10~11: 00	知识测试	15: 00~16: 00
第五天	培训总结	9: 00~9: 50	反馈交流	14: 00~14: 50
	目标设计	10: 10~11: 00	结业点礼	15: 00~16: 00
注意事项	(1) 期待获得针对个人职业发展和岗位需求的定制化培训。			
	(2) 希望培训过程中能有更多互动和参与机会，以提高学习兴趣和效果。			
	(3) 需要在培训后得到持续的支持和反馈，以促进个人成长和适应工作环境。			

图 2-4-18 第 1 列设置效果

六、设置表格其他单元格的样式

按住鼠标左键，选中表格其他单元格，用同样的方法为剩下的单元格统一添加“灰色-25%，背景 2”的底纹效果。最终效果如图 2-4-12 所示。

任务实训

创建和管理个人记账表格

操作要求：

1. 目标

- 学会使用 WPS 文字创建表格。
- 掌握基本的表格操作技巧，如插入行/列、格式化单元格、使用公式等。
- 学会如何通过表格记录和管理个人日常收支情况。

2. 步骤

(1)创建新文档和表格

- 打开 WPS 文字。
- 单击“新建”按钮,选择空白文档。
- 在文档中插入一个表格,建议至少有 5 行和 8 列,以满足基本的记账需求。

(2)设置表格标题和表头

- 在表格的第一行输入标题,例如“2024 年 3 月个人收支记录”。
- 在第一列输入表头,包括“日期”“类别”“收入”“支出”“余额”等。

(3)输入初始数据

- 从表格的第二行开始输入每天的收支数据。
- 确保每一笔记录都包含日期、类别、金额等信息。

(4)格式化表格

- 为表格选择合适的字体和大小,确保内容清晰易读。
- 使用不同的颜色或图案来区分不同类型的收支记录,如使用绿色表示收入,红色表示支出。
- 调整行高和列宽,使表格看起来更加整洁。

(5)使用公式计算

- 在表格的最后一行或最后一列添加总计行或列,使用 WPS 文字的求和公式计算每个月的总收入和总支出。
- 使用公式计算每月的净收入(收入－支出)和月末余额。

项目 3 企业员工人事信息统计及工资分析

项目概况

江江进入某企业实习，需要整理员工个人信息、企业招聘信息以及企业员工工资信息，要求如下：

◆ 搜集企业员工信息，并将其整理到 WPS 表格中，数据包括编号、姓名、性别、年龄、身份证号、职位、部门、入职日期、联系方式等。

◆ 搜集企业招聘信息，按要求对招聘信息表进行排序、筛选、分类汇总等。

◆ 搜集企业员工工资信息，利用公式和函数对表格中的数据进行计算、统计和分析等。

◆ 使用图表功能制作各种图表直观展示分析结果。

项目目标

◆ 掌握 WPS 表格软件的基本操作，包括创建、编辑、保存和打印电子表格等。

◆ 掌握使用公式和函数进行复杂数据处理和分析的技巧。

◆ 掌握利用 WPS 表格制作各种图表的方法。

◆ 掌握数据管理与组织技巧，包括排序、筛选、分类汇总等。

素质目标

◆ 问题解决能力：面对数据处理和分析中的挑战，能够独立思考并灵活应用所学技能解决问题，确保项目顺利进行。

◆ 团队协作与沟通：在项目执行过程中，具备良好的团队协作精神和沟通能力，与团队成员有效协作，共同达成项目目标。

◆ 持续学习：保持对新技术和新方法的敏感度，不断学习 WPS 表格软件的新功能及数据分析领域的最新知识，提升个人专业能力。

实施准备

我们将采用 WPS 表格软件来完成本项目。

WPS 表格软件是一款功能全面的电子表格处理工具，它具备创建、编辑、管理和分析电子表格的能力。用户可以轻松创建各种类型的表格，如统计表、财务报表、时间表等，并通过公式和函数进行复杂的数据计算。WPS 表格还支持多种数据类型，如数字、文本、日期等，并提供了排序、筛选、汇总等丰富的数据管理功能。此外，它还支持图表制作，帮助用户将数据可视化，并提供了多种样式和格式设置选项，使表格更加美观和易读。

WPS 表格软件不仅功能强大，而且操作简便。同时，WPS 表格还具备高度的兼容性，能够打开和保存 Microsoft Excel 的文件格式，方便用户在不同平台之间进行文件交换。此外，WPS 表格还支持多人在线编辑和共享，方便团队协作，提高工作效率。无论是个人用户还是企业团队，WPS 表格软件都能够帮助用户高效地完成数据处理和分析任务。

项目任务分解

任务	工单	主要知识点
任务 3.1 制作员工信息表	工单 3.1.1 新建工作簿及工作表	工作簿基本操作、工作簿窗口组成、工作表基本操作
	工单 3.1.2 录入数据	数据录入、字段匹配、格式规范、数据校验
	工单 3.1.3 美化表格	字体、字号、边框、底纹、行高、列宽、页面布局、条件格式、窗格冻结
	工单 3.1.4 设置表格权限	密码保护
任务 3.2 招聘信息分析与比较	工单 3.2.1 招聘信息排序	排序依据、排序方式、多条件排序、自定义排序
	工单 3.2.2 招聘信息筛选	筛选条件设置、单条件筛选、多条件筛选、高级筛选
	工单 3.2.3 招聘信息分类汇总	单级分类汇总、多级分类汇总
任务 3.3 管理企业员工工资	工单 3.3.1 制作工资一览表	公式的书写及引用，基本函数 SUM、MAX、IF、MIN、AVERAGE、RANK、COUNT、COUNTIF(S)的运用
	工单 3.3.2 跨工作表工资汇总	VLOOKUP、IF、ISERROR 等函数的结合使用、多层函数嵌套
任务 3.4 工资表数据可视化	工单 3.4.1 工资表图表展示	图表创建、图表元素、图表样式
	工单 3.4.2 工资表数据透视图展示	数据源、字段布局、数据汇总与计算、筛选、样式与格式化

任务 3.1 制作员工信息表

任务目标

- 创建工作簿及工作表。
- 认识 WPS 表格工作界面。
- 工作表基本操作。
- 数据录入与工作表美化。
- 工作表权限设置。

任务要求

1. 内容要求

- 表格应包含编号、姓名、性别、年龄、身份证号、职位、部门、入职日期、联系方式等。
- 对于年龄字段,可以设置数据验证,只允许输入 18～60 的整数。
- 对于入职日期字段,应使用统一日期格式进行输入。

2. 格式要求

- 表格应清晰、整洁,具有适当的边框和背景色。表头应使用加粗字体,并居中显示。
- 数据部分应使用统一的字体和字号,确保可读性。

3. 功能性要求

使用条件格式化功能,为年龄字段设置颜色规则,例如:年龄小于 30 的浅红填充色深红色文本,30～40 的显示为黄填充色深黄色文本,大于 40 的显示为绿填充色深绿色文本。

4. 安全性与保密性要求

保存表格文件并设置适当的权限,确保只有授权人员可以访问和修改。

任务参考效果如图 3-1-1 所示。

	A	B	C	D	E	F	G	H	I
1	某某公司员工信息表								
2	编号	姓名	性别	年龄	身份证号	职位	部门	入职日期	联系方式
3	001	江江	男	18	510106********4123	实习生	人力	2023年9月12日	180****3231
4	002	李兰	女	41	610201********3255	员工	市场	2018年3月18日	170****1567
5	003	张运昆	男	38	130104********1111	总经理	行政	2008年8月8日	188****1234
6	004	王昊	男	32	513106********1234	员工	生产	2016年6月8日	138****6674
7	005	李家鑫	男	29	310106********4227	组长	人力	2019年1月11日	139****8235
8	006	张伟豪	男	36	231106********0113	员工	生产	2019年7月18日	136****3143
9	007	刘刚	男	38	440206********2229	员工	生产	2010年6月5日	135****4337
10	008	王晓丽	女	40	410206********1130	员工	生产	2019年7月18日	152****7766
11	009	尹潇	女	29	650201********1234	组长	生产	2020年1月5日	180****4667
12	010	郝林	男	26	510106********1314	员工	人力	2020年8月18日	135****1188
13	011	吴晓云	女	42	520166********0250	副总经理	行政	2008年8月8日	136****3589
14	012	吴佳俊	男	33	630211********113X	员工	人力	2022年8月20日	180****3242
15	013	康新宇	男	41	511817********2135	员工	行政	2018年8月18日	180****3243
16	014	李梅	女	19	512225********4116	实习生	市场	2023年7月21日	180****3244
17	015	廖莎莎	女	43	513206********3125	员工	市场	2009年12月12日	180****3245
18	016	李帆	男	29	610207********4213	员工	生产	2016年11月11日	180****3246
19	017	张海柱	男	39	510106********2528	副总经理	行政	2008年8月8日	180****3247
20	018	李玉杰	男	35	510105********6121	员工	生产	2011年8月18日	180****3248

图 3-1-1　员工信息表效果

任务实施

工单 3.1.1 新建工作簿及工作表

工单 3.1.1 内容见表 3-1-1。

表 3-1-1 工单 3.1.1 内容

<table>
<tr><td>名称</td><td>新建工作簿及工作表</td><td>实施日期</td><td></td></tr>
<tr><td>实施人员名单</td><td></td><td>实施地点</td><td></td></tr>
<tr><td>实施人员分工</td><td colspan="3">组织：　　　　　　记录：　　　　　　宣讲：</td></tr>
<tr><td colspan="4">请在互联网上查询相关信息，回答下面的问题；结合本节课堂的内容，完成操作演练。
1. WPS 工作簿的作用有哪些？
□ 用户可以在这些表格中输入、编辑和管理各种类型的数据
□ 用户可以将不同类型或不同来源的数据分开存储和管理，方便后续的数据分析和处理
□ 工作簿支持同时打开和编辑多个工作表，用户可以在不同的工作表之间快速切换，从而提高工作效率
□ WPS 表格还提供了多种快捷键和自定义设置，进一步提高了操作效率
□ 工作簿支持多人同时编辑和共享，方便团队成员之间的协作
□ 工作簿提供了数据保护功能，可以设置密码、隐藏工作表或单元格等，以保护数据的安全性和隐私性
□ 数据整合和展示
□ 其他
2. WPS 表格的使用场景有哪些？
□ 制作财务报表，如资产负债表、利润表和现金流量表等
□ 帮助用户对数据进行整理、排序、筛选和分类
□ 制作销售报告，记录和分析销售数据
□ 用于库存管理，记录商品的入库、出库和库存数量
□ 制作课程表，安排课程时间和地点
□ 个人或企业可以制作预算表，规划和管理财务支出
□ 其他
3. 你认为工作簿与工作表的区别是什么？

4. 简要描述 WPS 表格与 Excel 的联系与区别。

5. 操作演练：请按要求完成企业员工信息表工作簿和工作表的创建。</td></tr>
<tr><td colspan="4">学习效果评价分数（0～100 分）</td></tr>
<tr><td>自评分</td><td></td><td>组评分</td><td></td></tr>
</table>

一、新建工作簿

启动 WPS Office 软件，在首页左上角单击“新建”命令，系统将打开“新建”界面选项卡，如图 3-1-2 所示，选择“表格”选项，单击“空白表格”按钮，即可创建一个名为“工作簿 1”的工作簿。

图 3-1-2 新建工作簿

如果需要创建带有样式的表格，可以在模板列表中选中需要的样式并下载使用。

通常，一个新工作簿下默认生成一张名为“Sheet1”的工作表，界面如图 3-1-3 所示。一个工作簿中最多可以包含 255 张工作表。

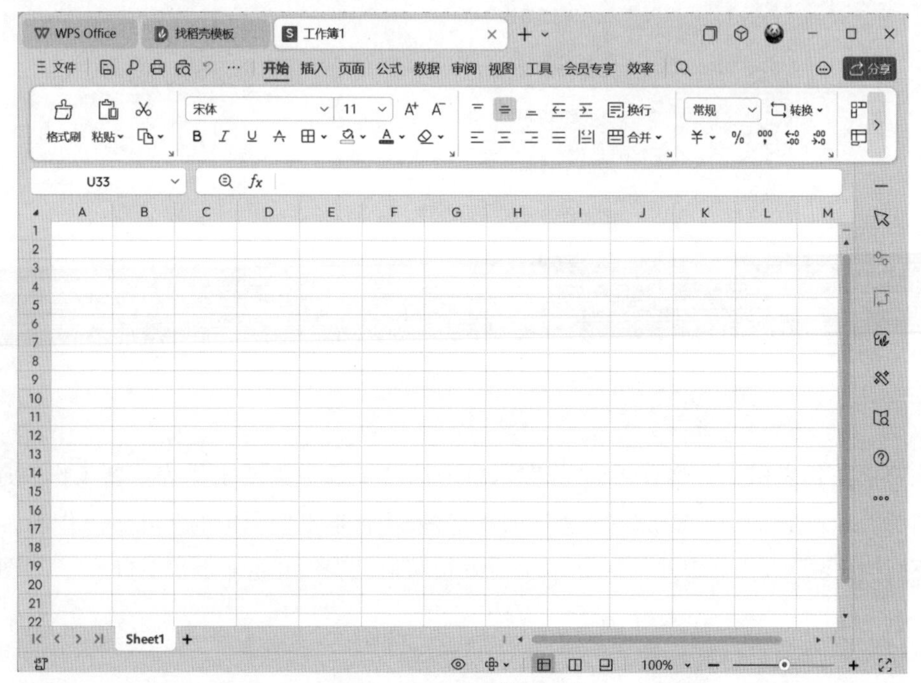

图 3-1-3 工作簿初始界面

- 选项卡：位于界面的最上方，包含了文件、开始、插入、页面、公式、数据、审阅、视图、工具等常用的操作选项。
- 快速访问工具栏：提供了一些常用的操作按钮，如保存、输出为 PDF、打印、打印预览等。
- 功能区：位于选项卡下方，提供了相应选项卡的具体功能按钮。
- 编辑栏：位于工具栏下方，用于输入或编辑单元格的内容。在编辑栏中，可以看到当前选中的单元格地址以及单元格的内容。
- 工作表区：这是表格的主要区域，用于显示和编辑数据。工作表内每个单元格都有一个唯一的地址，由列标（字母）加行号（阿拉伯数字）组成。
- 状态栏：位于界面的最下方，显示了当前的工作表信息，如当前选中的单元格地址、工作表名称等。同时，状态栏还提供了一些快捷操作按钮，如求和、平均值等。
- 滚动条：当工作表的内容超过当前显示区域时，可以通过滚动条来查看或编辑其他区域的内容。

二、工作表常规操作

1. 重命名工作表

在 WPS 表格中，可以在需要重命名的工作表标签上单击鼠标右键，在弹出的快捷菜单中选择“重命名”，然后输入新的名称，即可修改工作表的名称。下面将默认生成的工作表 Sheet1 名称修改为“企业员工信息表”，如图 3-1-4 所示。

图 3-1-4 工作表重命名

2. 插入新工作表

在当前工作表标签右侧有一个“+”号，单击即可生成一张新工作表。新工作表通常会被命名为“Sheet*X*”，其中 *X* 是一个递增的数字，表示它是工作簿中的第几个工作表。

下面插入两张新工作表并分别命名为“企业招聘信息表”和“企业员工工资表”。如图 3-1-5 所示。

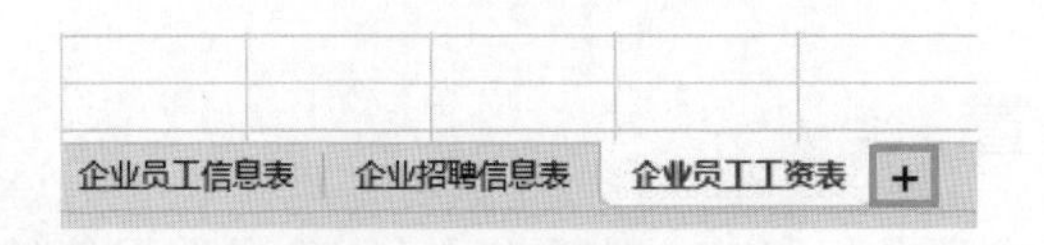

图 3-1-5 插入新工作表

3. 设置工作表标签颜色

在工作簿中，为了便于区分，我们常用不同颜色来标注工作表标签。在工作表标签上单击鼠标右键，在弹出的快捷菜单中选择“工作表标签”→“标签颜色”，在弹出的颜色选择器中选择喜欢的颜色，即可为工作表标签设置颜色，如图 3-1-6 所示。

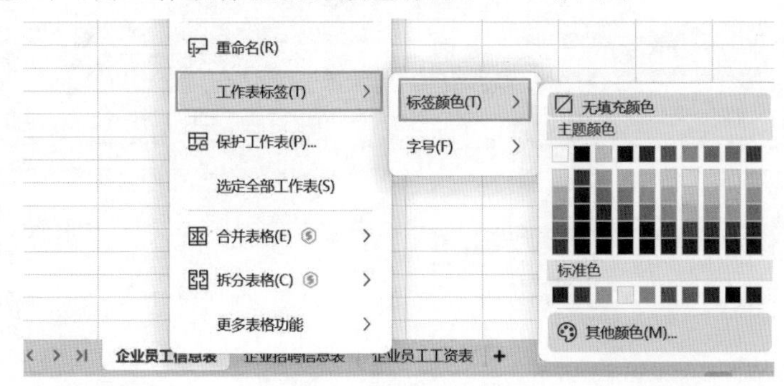

图 3-1-6 更改标签颜色

4. 移动或复制工作表

在需要移动或复制的工作表标签上单击鼠标右键，在弹出的快捷菜单中选择“移动或复制工作表”，在弹出的对话框中选择目标位置或新的工作簿，若需要复制工作表，可勾选“建立副本”复选框，然后单击“确定”按钮即可，如图 3-1-7 所示。

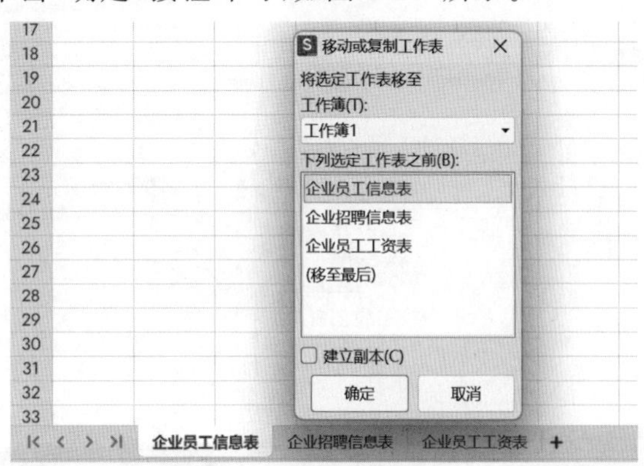

图 3-1-7 移动或复制工作表

5. 删除工作表

如果需要删除工作表，在需要删除的工作表标签上单击鼠标右键，在弹出的快捷菜单中选择“删除工作表”，在弹出的确认对话框中单击“确定”按钮即可。

6. 隐藏或显示工作表

在需要隐藏或显示的工作表标签上单击鼠标右键，在弹出的快捷菜单中选择“隐藏”或“取消隐藏”，即可隐藏或显示该工作表。隐藏工作表并不会删除该工作表或其中的数据，只是将其从界面上隐藏起来。在隐藏或显示工作表之前，最好先保存工作簿，以防意外情况导致数据丢失。

三、工作表页面设置

为了更好地控制工作表在打印时的外观和布局，确保数据能够以清晰、易读的方式呈现，通常要对页面进行格式设置。

1. 纸张及页边距设置

单击“页面”选项卡，根据需要对页面进行设置，如纸张大小、纸张方向、页边距等。本次任务设置纸张大小为 A4，上、下页边距为 2 cm，左边距为 2.5 cm，右边距为 2 cm，如图 3-1-8 和图 3-1-9 所示。

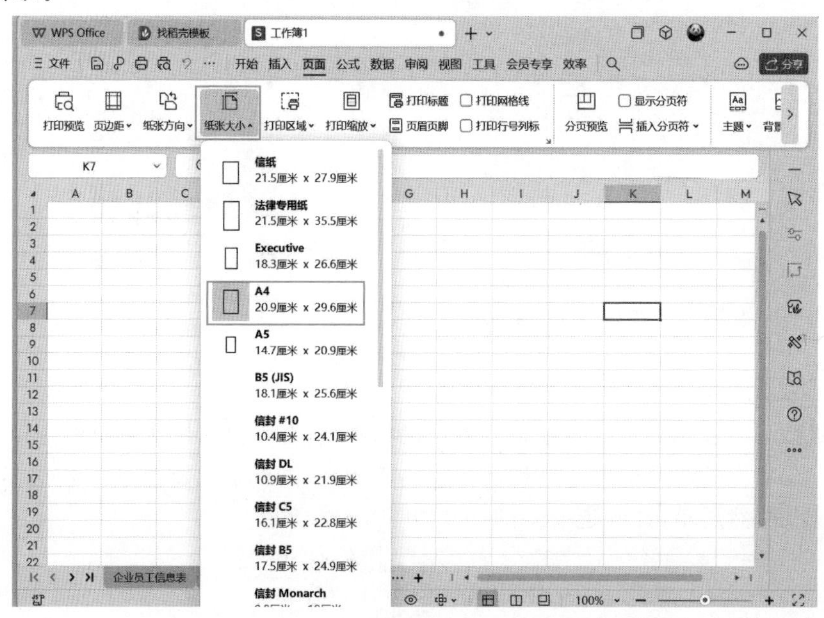

图 3-1-8 纸张大小设置

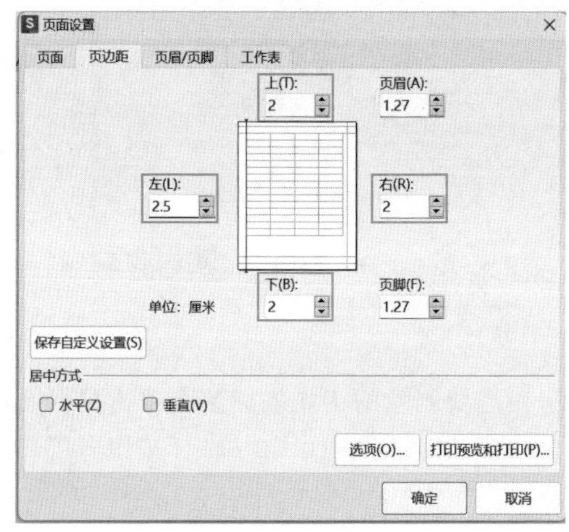

图 3-1-9 页边距设置

2. 页眉设置

页眉是工作表顶部的区域，可以用来显示工作表的附加信息，如标题、公司名称、日期等。这些信息对于读者来说非常有用，可以帮助他们快速了解文档的内容或来源。

本次任务设置页眉为当前日期。在“页面”选项卡下，单击“页眉页脚”按钮，在弹出的“页面设置”对话框的“页眉/页脚”选项卡中，单击“自定义页眉”按钮，弹出“页眉”对话框，将光标定位在“左”文本框中，单击“日期”按钮，再单击“确定”按钮即可，如图 3-1-10 所示。

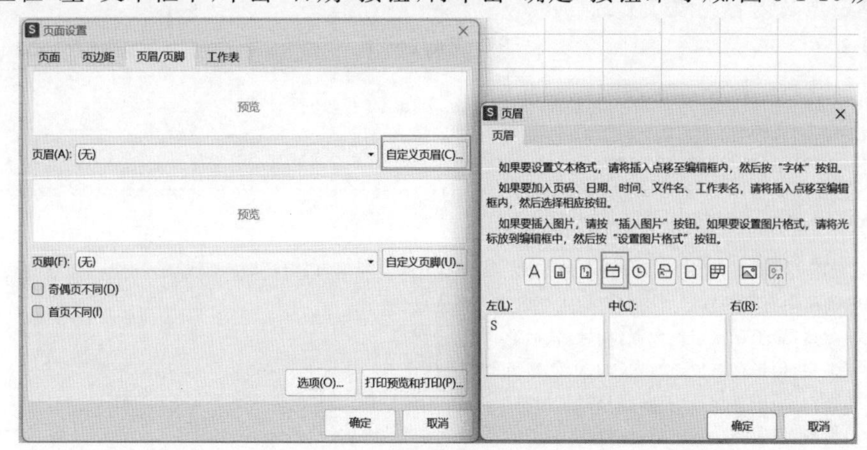

图 3-1-10　页眉设置

四、保存工作簿

单击快速访问工具栏中的“保存”按钮，由于是第一次保存，系统通常会打开“另存为”对话框，要求选择保存位置和输入文件名。确认所有设置无误后，单击“保存”按钮。此时，工作表就会被保存到指定的位置，并以输入的文件名命名。

第一次保存工作表时，务必确保选择了正确的保存位置和文件名，以免出现保存错误或数据丢失的情况。同时，建议定期保存工作表，确保数据的完整性和安全性。

本次任务要求将工作簿保存在桌面上的“素材”文件夹中，并命名为“WPS 表格任务 3.1”，“文件类型”为“Microsoft Excel 文件(* . xlsx)”，操作结果如图 3-1-11 所示。

图 3-1-11　保存工作簿

工作簿及工作表创建完成并保存后即可在员工信息表中录入相应数据。

工单 3.1.2 录入数据

工单 3.1.2 内容见表 3-1-2。

表 3-1-2　　工单 3.1.2 内容

名称	录入数据	实施日期	
实施人员名单		实施地点	
实施人员分工	组织：　　记录：　　宣讲：		

请在互联网上查询相关信息，回答下面的问题；结合本节课堂的内容，完成操作演练。

1. WPS 表格中有哪些数字类型？它们主要应用于哪些场合？

□ 文本类型：用于存储字符数据，如姓名、地址、电话号码等

□ 数字类型：用于存储数值数据，如金额、数量、身高、体重等

□ 日期类型：用于存储日期和时间数据，如出生日期、入职日期、会议时间等

□ 货币类型：用于存储货币值，如价格、工资、收支、利润等

□ 百分比类型：用于存储表示比例或百分比的数值，如折扣率、增长率、完成率等

□ 科学记数法类型：用于存储非常大或非常小的数值，它会将数字转换为科学记数法的格式

□ 会计专用类型：用于满足会计和财务工作中的需求，如制作财务报表、记录账务数据等与会计和财务相关的工作

□ 其他

2. WPS 表格中录入数据时需要遵循哪些准则以确保数据的准确性和一致性？

□ 清晰定义数据结构：在开始录入数据之前，首先要明确表格的结构，包括列标题、数据类型和预期的数据范围

□ 验证数据源：在录入数据之前，验证数据来源的可靠性

□ 准确选择数据类型：根据数据的内容和预期用途，选择正确的数据类型

□ 保持数据格式统一：对于同一类型的数据，应保持格式的统一性

□ 避免录入重复数据：在录入数据时要特别注意避免重复录入相同的数据。可以使用 WPS 表格的查找和去重功能来检查和清理重复数据

□ 遵循命名规范：对于表格中的列标题和行标题，应遵循清晰、简洁、具有描述性的命名规范

□ 其他

3. 在 WPS 表格中录入日期数据时，有哪些不同的格式可供选择？请列举至少三种，并说明它们各自的使用场景。

4. 在 WPS 表格中录入数字数据时，有时会遇到数值自动变为科学记数法显示的情况。请列举至少两种方法来解决这个问题，并说明它们的操作步骤。

5. 操作演练：请按要求完成企业员工信息表数据录入。

学习效果评价分数（0～100 分）			
自评分		组评分	

一、常见数据录入

WPS Office 提供了常规、数值、货币、日期、文本、分数等 12 种数字格式，我们也可以利用快捷键、数据有效性的设置、数据填充来快速生成重复数据、带选项数据、等比(差)序列、日期序列等。

1. 录入普通文本(如表头文字、姓名等)

单击要录入文本的单元格，在单元格或者编辑栏中直接录入文本即可。如果录入的文本长度超过了列宽，将自动遮盖右侧的单元格显示；如果右侧单元格有内容，则超出列宽的文本会自动隐藏，如图 3-1-12 和图 3-1-13 所示。

图 3-1-12 普通文本录入(1)

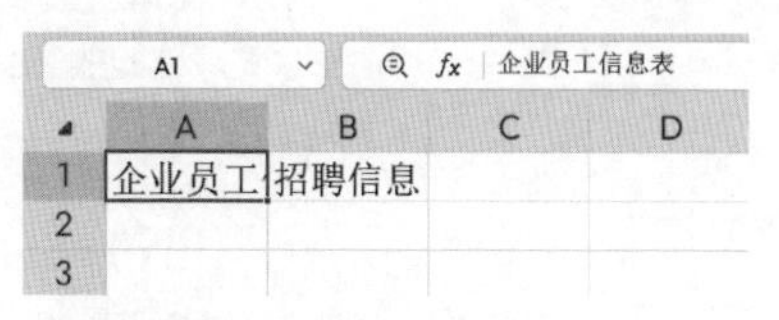

图 3-1-13 普通文本录入(2)

默认情况下，单元格中的文本不会自动换行。如果要多行显示，可以单击“换行”按钮，如图 3-1-14 所示。

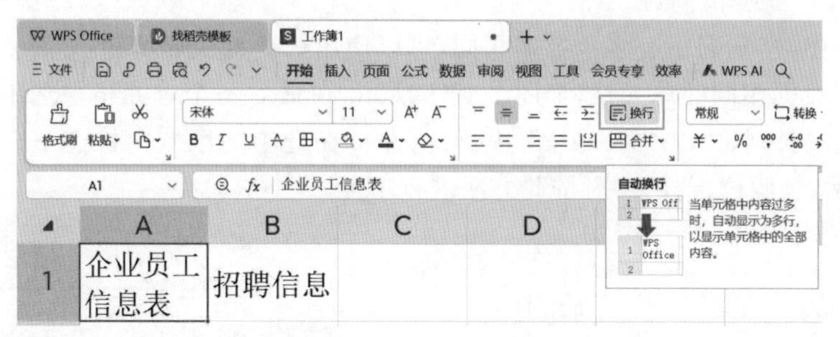

图 3-1-14 文本换行

在本次任务的员工信息表中，普通文字录入都是使用此方法。如图 3-1-15 所示。

某某公司员工信息表								
编号	姓名	性别	年龄	身份证号	职位	部门	入职日期	联系方式
	江江				实习生	人力		
	李兰				员工	市场		
	张运昆				总经理	行政		
	王昊				员工	生产		
	李家鑫				组长	人力		
	张伟豪				员工	生产		
	刘刚				员工	生产		
	王晓丽				员工	生产		
	尹潇				组长	生产		
	郝林				员工	人力		
	吴晓云				副总经理	行政		
	吴佳俊				员工	人力		
	康新宇				员工	行政		
	李梅				实习生	市场		
	廖莎莎				员工	市场		
	李帆				员工	生产		
	张海柱				副总经理	行政		
	李玉杰				员工	生产		

图 3-1-15 普通文字录入效果

如果在一个单元格内要录入多行文本，可以按“Alt+Enter”快捷键实现。

2. 录入首位为“0”的编号

本次任务中编号为首位是“0”的数据，WPS 会自动去除非零数字前的“0”，例如，输入“001”，会自动转换为“1”。如果要保留首位的“0”，只需将数据格式修改为“文本”，或在编号前输入英文状态的单引号。

编号为连续数据时，可以利用填充柄快速向下填充，如图 3-1-16 所示。

	A	B	C
1	某某公司员工信息表		
2	001		
3	002		
4	003		
5	004		
6	005		
7	006		
8			
9		复制单元格(C)	
10		以序列方式填充(S)	
11		仅填充格式(F)	
12		不带格式填充(O)	
13		智能填充(E)	

图 3-1-16　首位为“0”的编号录入

3. 快速录入多条相同数据

本次任务中，性别列中有多条数据相同，可以使用快捷键快速填充。

选中性别数据相同的单元格，如图 3-1-17 所示，在最后一个单元格被选中后，直接输入要填充的数据“男”，按“Ctrl＋Enter”快捷键，即可在选中的区域内快速填充相同内容，如图 3-1-18 所示。（职位、部门均可按此方法进行填充）

	A	B	C	D
1				
2	编号	姓名	性别	年龄
3	001	江江		
4	002	李兰		
5	003	张运昆		
6	004	王昊		
7	005	李家鑫		
8	006	张伟豪		
9	007	刘刚		
10	008	王晓丽		
11	009	尹潇		
12	010	郝林		
13	011	吴晓云		
14	012	吴佳俊		
15	013	康新宇		
16	014	李梅		
17	015	廖莎莎		
18	016	李帆		
19	017	张海柱		
20	018	李玉杰		

图 3-1-17　相同数据录入(1)

	A	B	C	D
1				
2	编号	姓名	性别	年龄
3	001	江江	男	
4	002	李兰		
5	003	张运昆	男	
6	004	王昊	男	
7	005	李家鑫	男	
8	006	张伟豪	男	
9	007	刘刚	男	
10	008	王晓丽		
11	009	尹潇		
12	010	郝林	男	
13	011	吴晓云		
14	012	吴佳俊	男	
15	013	康新宇	男	
16	014	李梅		
17	015	廖莎莎		
18	016	李帆	男	
19	017	张海柱	男	
20	018	李玉杰	男	

图 3-1-18　相同数据录入(2)

4. 录入长数据

在 WPS 中，当录入长度超过 11 位的数字并按 Enter 键时，WPS 会自动在数字前添加英文单引号，将其转换为文本类型以呈现原始数据，如图 3-1-19 所示；但如果这个数字是从其他地方复制而来，WPS 会将其修改为科学记数法格式。通过提前将所在列或单元格修改为“文本”格式或输入一个英文状态下的单引号即可解决此问题。

身份证号
'510106888806061111

图 3-1-19 身份证号录入

5. 录入日期、时间

WPS 提供了多种日期和时间的显示格式，日期通常用 YY-MM-DD 或 YY/MM/DD 格式输入，时间通常用“时：分：秒”格式输入。

无论哪种形式，最终都将转换为系统默认的日期格式进行显示。例如，在单元格中输入“2024-1-1”“24-1-1”“2024/1/1”“24-1/1”，最终都会显示为“2024 年 1 月 1 日”。

在本次任务中，入职日期一列要求格式为“×年×月×日”，输入的日期和时间数据可以通过设置单元格格式进行修改。选择设置格式的单元格，单击鼠标右键，在弹出的快捷菜单中选择“设置单元格格式”，弹出“单元格格式”对话框，在“分类”列表中选择“日期”，在类型中选择“2001 年 3 月 7 日”，单击“确定”按钮，如图 3-1-20 所示。

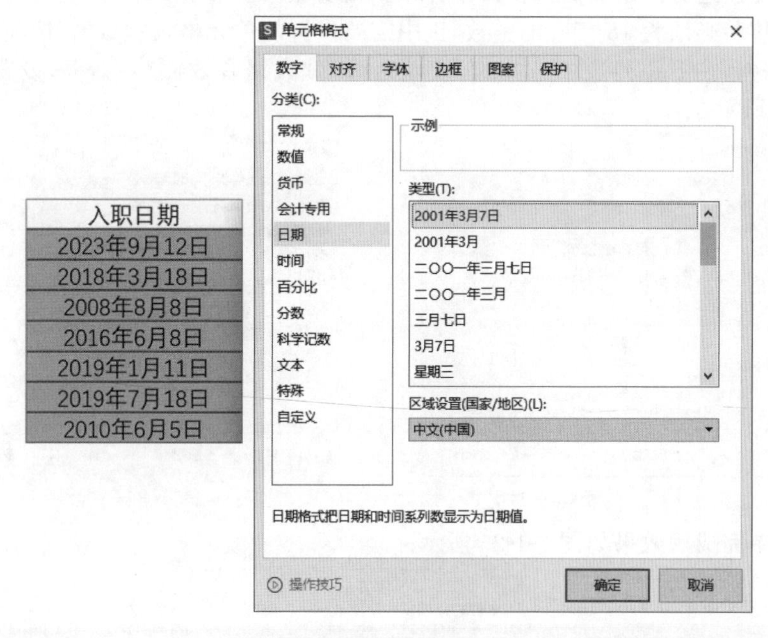

图 3-1-20 日期录入

按快捷键“Ctrl+；”可以快速输入当前日期。

按快捷键“Ctrl+Shift+；”可以快速输入当前时间。

二、特殊数据录入

1. 录入带步长值数据

在 WPS 表格中录入带步长值的数据，通常是指需要按照一定规律录入递增或递减的数据序列。这样的数据序列常见于制作序号、日期范围、价格梯度等场景。

首先输入序列的起始数据，使用 WPS 的填充功能，选择“序列”选项。在弹出的对话框中，设置序列产生的位置（列或行）和类型（等差或等比），并指定步长值（每个数字之间的增量或减量），表格将自动按照设定的步长值填充所选区域的数据序列。

如输入起始时间为 2024/1/1，步长为 3 个工作日，截止日期为 2024/2/1 的日期序列，操作如图 3-1-21 和图 3-1-22 所示。

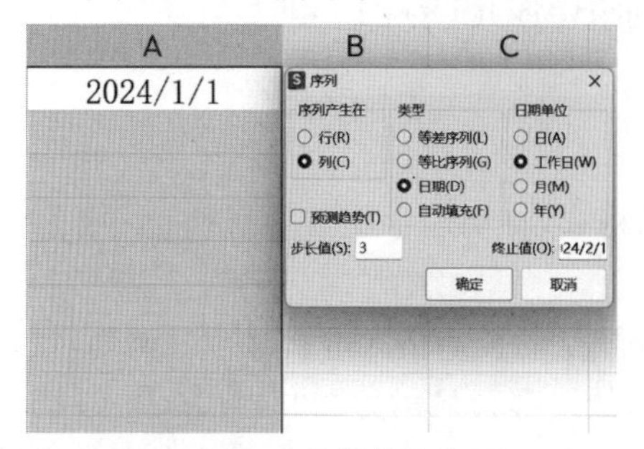

图 3-1-21　日期填充设置

A
2024/1/1
2024/1/4
2024/1/9
2024/1/12
2024/1/17
2024/1/22
2024/1/25
2024/1/30

图 3-1-22　日期填充效果

2. 录入带数据验证的数据

WPS 在需要确保数据准确性、限制输入范围或提供固定选项供用户选择时，需要使用数据验证功能。这有助于提高工作效率并减少错误输入。

如输入年龄必须为 18～60 的整数，选中需要设置的单元格，在“数据”选项卡中单击“有效性”下拉按钮，在下拉列表中选择“有效性”，弹出“数据有效性”对话框，设置如图 3-1-23 和图 3-1-24 所示。

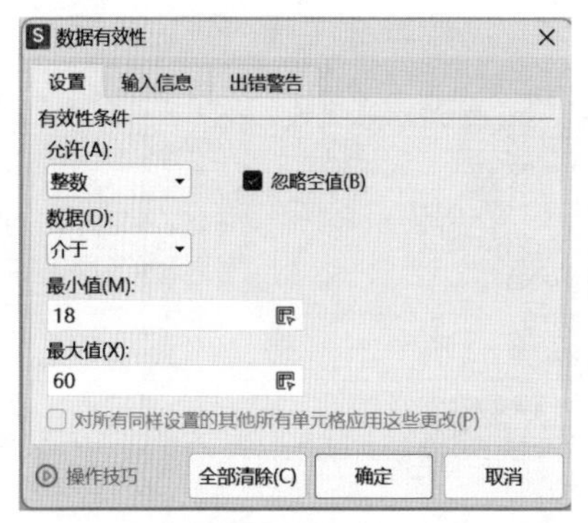

图 3-1-23　数据验证设置

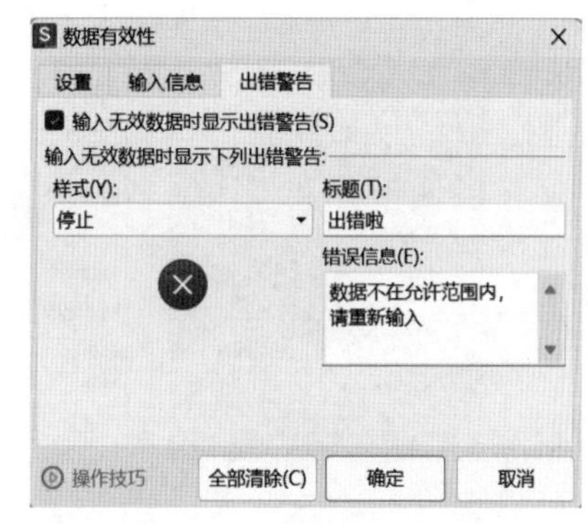

图 3-1-24　出错警告设置

本次工单完成后效果如图 3-1-25 所示。

某某公司员工信息表								
编号	姓名	性别	年龄	身份证号	职位	部门	入职日期	联系方式
001	江江	男	18	510106********4123	实习生	人力	2023年9月12日	180****3231
002	李兰	女	41	610201********3255	员工	市场	2018年3月18日	170****1567
003	张运昆	男	38	130104********1111	总经理	行政	2008年8月8日	188****1234
004	王昊	男	32	513106********1234	员工	生产	2016年6月8日	138****6674
005	李家鑫	男	29	310106********4227	组长	人力	2019年1月11日	139****8235
006	张伟豪	男	36	231106********0113	员工	生产	2019年7月18日	136****3143
007	刘刚	男	38	440206********2229	员工	生产	2010年6月5日	135****4337
008	王晓丽	女	40	410206********1130	员工	生产	2019年7月18日	152****7766
009	尹潇	女	29	650201********1234	组长	生产	2020年1月5日	180****4667
010	郝林	男	26	510106********1314	员工	人力	2020年8月18日	135****1188
011	吴晓云	女	42	520166********0250	副总经理	行政	2008年8月8日	136****3589
012	吴佳俊	男	33	630211********113X	员工	人力	2022年8月20日	180****3242
013	康新宇	男	41	511817********2135	员工	行政	2018年8月18日	180****3243
014	李梅	女	19	512225********4116	实习生	市场	2023年7月21日	180****3244
015	廖莎莎	女	43	513206********3125	员工	市场	2009年12月12日	180****3245
016	李帆	男	29	610207********4213	员工	生产	2016年11月11日	180****3246
017	张海柱	男	39	510106********2528	副总经理	行政	2008年8月8日	180****3247
018	李玉杰	男	35	510105********6121	员工	生产	2011年8月18日	180****3248

图 3-1-25　工单 3.1.2 效果图

工单 3.1.3 美化表格

工单 3.1.3 内容见表 3-1-3。

表 3-1-3　　　　工单 3.1.3 内容

名称	美化表格	实施日期	
实施人员名单		实施地点	
实施人员分工	组织：　　　　　记录：　　　　　宣讲：		

请在互联网上查询相关信息，回答下面的问题；结合本节课堂的内容，完成操作演练。

1. WPS 工作表美化包含哪些方面？

□ 字体设置：使用不同的字体、字号、字形、颜色等，来表现不同的文字效果，从而提升表格的美感

□ 格式设置：可以针对单元格、行、列设置不同的背景色、边框线、填充样式等，以营造出不同的表格风格和美感

□ 调整列宽和行高：如果表格中的列或行过长或过短，可以通过拖动列或行的边缘来调整其大小，以确保其易于阅读和理解

□ 布局设置：可以改变表格大小，合并单元格，分组行列，设置宽度与高度，以便表格内容更加清晰明了

□ 图形设置：可以使用图片、形状、流程图等插入图片，提升表格的美观性和信息的传达效果

□ 添加注释和说明：在表格中添加注释和说明可以帮助使用者理解数据的含义和背景

□ 其他

2. WPS 表格中单元格列宽不够有哪些解决方法？

□ 鼠标拖动调整：将鼠标放置在列标题的分隔线上，当鼠标变成双向箭头时，按住鼠标左键并拖动，以增加或减小列宽

□ 精确设置列宽：右键单击列标题，选择“列宽”选项，在弹出的对话框中输入具体的列宽数值，以精确控制列宽大小

□ 合并单元格：如果相邻的列中有一些单元格内容较少，可以考虑将这些单元格合并，以腾出更多的空间给需要的列

□ 自适应内容：右键单击列标题，选择“最适合的列宽”选项，WPS 将根据列中内容自动调整列宽，确保内容能够完全显示

□ 使用文本换行：如果单元格内的文本过长，可以考虑使用自动换行功能，让文本在单元格内自动换行显示，从而避免列宽不足的问题

□ 调整字体和字号：如果列宽不足是因为字体或字号过大，可以考虑减小字体或字号来适应列宽

□ 其他

3. 如何在单元格内设置单选框和复选框？

4. 假设你需要在 WPS 工作表中插入一个图片作为背景，请简述插入图片作为背景的操作步骤，并说明这样做的好处。

5. 操作演练：请按要求完成企业员工信息表的美化。

学习效果评价分数(0～100 分)			
自评分		组评分	

在工作表中录入数据后，通过设置字体大小、对齐方式、边框、底纹等操作，可以使表格更加清晰易懂、整齐有序，从而提高信息传达的效果，还可以让读者更加愉悦地浏览文档，同时展现出文档编制者的专业水平。下面以本任务为例介绍工作表的美化。

一、字体与样式设置

在 WPS 表格中，调整字体、字号、字形、颜色以及应用预设的表格样式或自定义样式，可以使表格内容更加清晰易读，同时也提升表格的美观性。

1. 设置字体

选中需要设置字体的单元格或文本内容，在“开始”选项卡中找到字体设置选项。这里可以选择字体类型、字号、字形（如加粗、倾斜等）、字体颜色等。如图 3-1-26 所示。

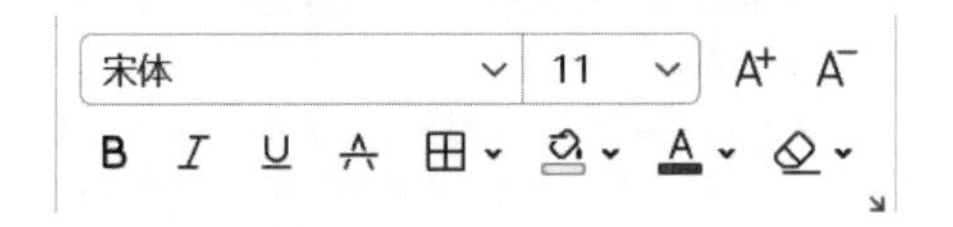

图 3-1-26 字体设置(1)

如果需要更详细的设置，可以单击“开始”选项卡“字体”组右下角的“对话框启动器”按钮，打开“单元格格式”对话框，在“字体”选项卡中进行更全面的设置。在对话框中，可以设置字体效果、下划线样式等，并可以预览所设字体效果，如图 3-1-27 所示。

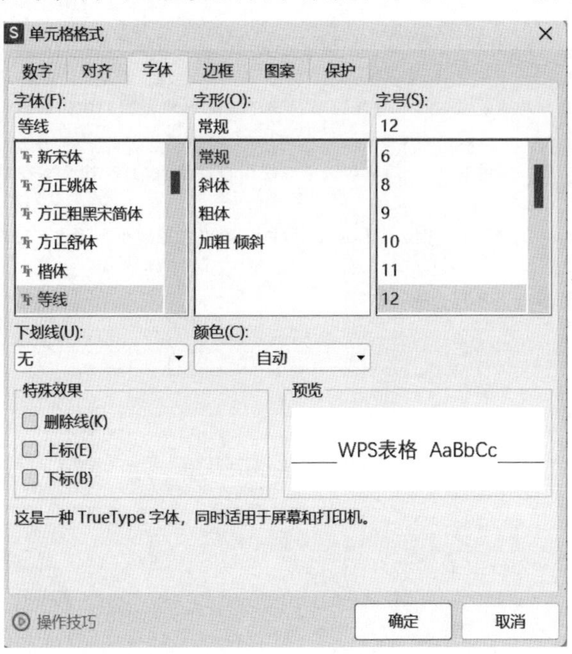

图 3-1-27 字体设置(2)

2. 应用表格样式

首先选中需要设置样式的单元格或整个表格，在“开始”选项卡中单击“套用表格样式”

下拉按钮，在下拉列表中选择预设样式并应用，也可以新建表格样式，如图 3-1-28 所示。

三 文件 开始 插入 页面 公式 数据 审阅 视图 工具 会员专享 效率
格式刷 粘贴 等线 12 换行 常规 转换 行和列 工作表 条件格式 填充 排序 冻结
B I U 合并 ￥ %
A1 某某公司员工信息表
预设样式
主题颜色
其他样式 更多
新建表格样式(N)...
新建数据透视表样式(P)...

某某公司员工信息表

编号	姓名	性别	年龄	身份证号	职位	部门	入职日期	联系方式
001	江江	男	18	510106********4123	实习生	人力	2023年9月12日	180****3231
002	李兰	女	41	610201********3255	员工	市场	2018年3月18日	170****1567
003	张运昆	男	38	130104********1111	总经理	行政	2008年8月8日	188****1234
004	王昊	男	32	513106********1234	员工	生产	2016年6月8日	138****6674
005	李家鑫	男	29	310106********4227	组长	人力	2019年1月11日	139****8235
006	张伟豪	男	36	231106********0113	员工	生产	2019年7月18日	136****3143
007	刘刚	男	38	440206********2229	员工	生产	2010年6月5日	135****4337
008	王晓丽	女	40	410206********1130	员工	生产	2019年7月18日	152****7766
009	尹潇	女	29	650201********1234	组长	生产	2020年1月5日	180****4667
010	郝林	男	26	510106********1314	员工	人力	2020年8月18日	135****1188
011	吴晓云	女	42	520166********0250	副总经理	行政	2008年8月8日	136****3589
012	吴佳俊	男	33	630211********113X	员工	人力	2022年8月20日	180****3242
013	康新宇	男	41	511817********2135	员工	行政	2018年8月18日	180****3243
014	李梅	女	19	512225********4116	实习生	市场	2023年7月21日	180****3244
015	廖莎莎	女	43	513206********3125	员工	市场	2009年12月12日	180****3245
016	李帆	男	29	610207********4213	员工	生产	2016年11月11日	180****3246
017	张海柱	男	39	510106********2528	副总经理	行政	2008年8月8日	180****3247
018	李玉杰	男	35	510105********6121	员工	生产	2011年8月18日	180****3248

图 3-1-28 应用表格样式

二、边框和底纹设置

选择需要设置边框和底纹的文本或表格，单击“开始”选项卡“字体”组右下角的“对话框启动器”按钮，打开“单元格格式”对话框，在“边框”和“图案”选项卡中分别对边框和底纹进行设置。可以设置边框的样式、线型、颜色和宽度；也可以选择底纹颜色填充和图案样式填充，然后应用到文本或表格中。如图 3-1-29 和图 3-1-30 所示。

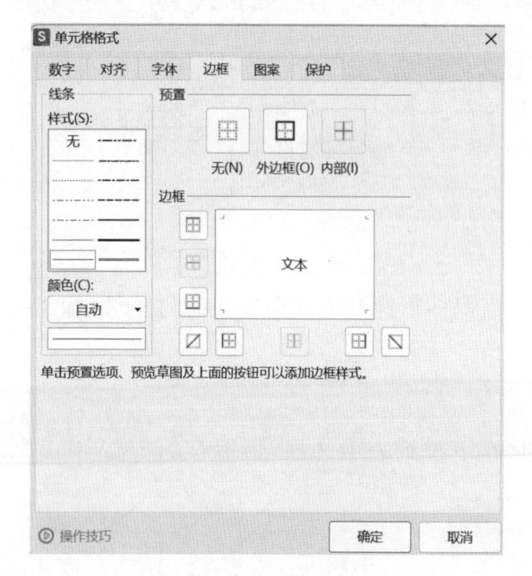

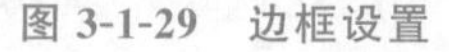

图 3-1-29 边框设置

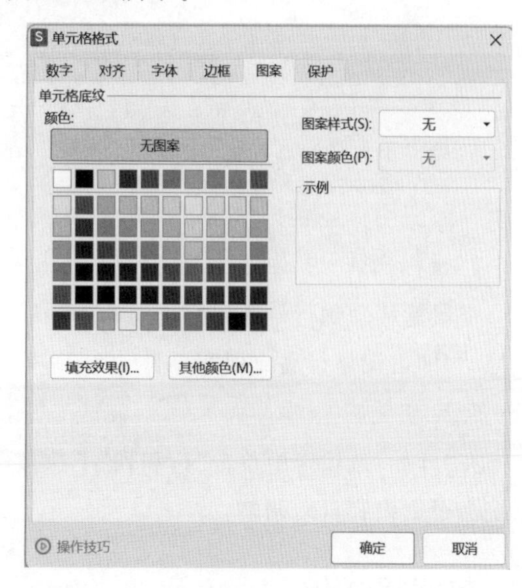

图 3-1-30 底纹设置

本次任务中，需要为表格添加“双线条、黑色”内、外边框，表头填充色为“白色，背景 1，深色 15%”，表格其余部分填充色为“钢蓝，着色 1，浅色 80%”，设置效果如图 3-1-31 所示。

	A	B	C	D	E	F	G	H	I
1	某某公司员工信息表								
2	编号	姓名	性别	年龄	身份证号	职位	部门	入职日期	联系方式
3	001	江江	男	18	510106********4123	实习生	人力	2023年9月12日	180****3231
4	002	李兰	女	41	610201********3255	员工	市场	2018年3月18日	170****1567
5	003	张运昆	男	38	130104********1111	总经理	行政	2008年8月8日	188****1234
6	004	王昊	男	32	513106********1234	员工	生产	2016年6月8日	138****6674
7	005	李家鑫	男	29	310106********4227	组长	人力	2019年1月11日	139****8235
8	006	张伟豪	男	36	231106********0113	员工	生产	2019年7月18日	136****3143
9	007	刘刚	男	38	440206********2229	员工	生产	2010年6月5日	135****4337
10	008	王晓丽	女	40	410206********1130	员工	生产	2019年7月18日	152****7766
11	009	尹潇	女	29	650201********1234	组长	生产	2020年1月5日	180****4667
12	010	郝林	男	26	510106********1314	员工	人力	2020年8月18日	135****1188
13	011	吴晓云	女	42	520166********0250	副总经理	行政	2008年8月8日	136****3589
14	012	吴佳俊	男	33	630211********113X	员工	人力	2022年8月20日	180****3242
15	013	康新宇	男	41	511817********2135	员工	行政	2018年8月18日	180****3243
16	014	李梅	女	19	512225********4116	实习生	市场	2023年7月21日	180****3244
17	015	廖莎莎	女	43	513206********3125	员工	市场	2009年12月12日	180****3245
18	016	李帆	男	29	610207********4213	员工	生产	2016年11月11日	180****3246
19	017	张海柱	男	39	510106********2528	副总经理	行政	2008年8月8日	180****3247
20	018	李玉杰	男	35	510105********6121	员工	生产	2011年8月18日	180****3248

图 3-1-31　边框及底纹设置效果

三、行高或列宽设置

1. 手动设置

在“开始”选项卡中单击“行和列”下拉按钮，在下拉列表中选择“行高”或“列宽”，然后在弹出的对话框中输入具体的数值，单击“确定”按钮即可，如图 3-1-32 所示。

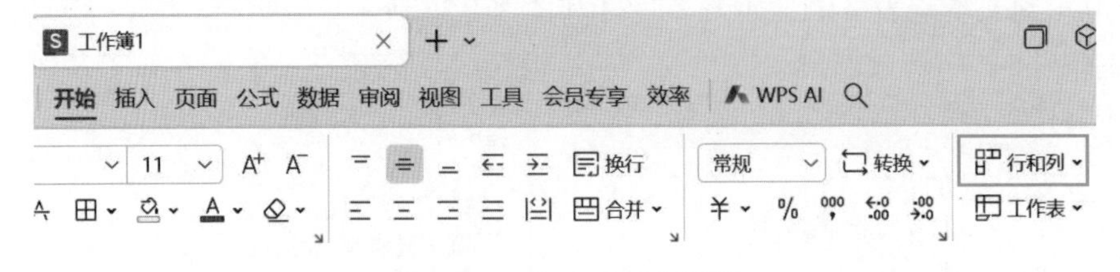

图 3-1-32　行高或列宽设置

2. 鼠标操作

将鼠标移动到行号或列标之间的分隔线上，当鼠标指针变为双向箭头时，按下鼠标左键并拖动，即可调整行高或列宽。

3. 自动适应

在“开始”选项卡中单击“行和列”下拉按钮，在下拉列表中选择“最适合的行高/列宽”，系统会根据内容自动调整。

四、数据格式化

1. 单元格合并

选中需要合并的单元格，在“开始”选项卡中单击“合并”下拉按钮，在下拉列表中选择合并方式并应用，如图 3-1-33 所示。

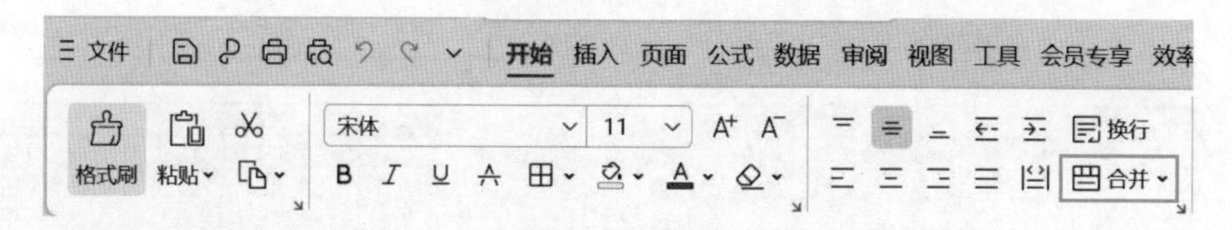

图 3-1-33 合并设置

本次任务中，需要将标题行文字“某某公司员工信息表”合并居中显示，选中 A1:I1 单元格区域，在“合并”下拉列表中选择“合并居中”，效果如图 3-1-34 所示。

图 3-1-34 合并居中设置

2. 对齐方式

WPS 提供了多种文本对齐方式，包括左对齐、居中对齐、右对齐、两端对齐和分散对齐。这些对齐方式可以通过功能区上的对齐按钮或快捷键来实现。如图 3-1-35 所示。

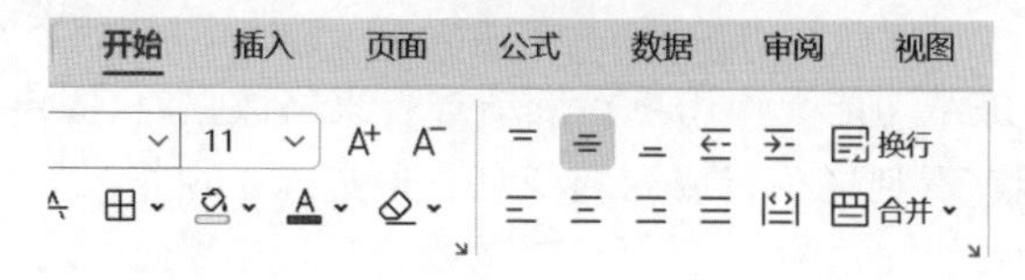

图 3-1-35 功能区上的对齐按钮

3. 条件格式应用

WPS 表格中的条件格式设置，能够根据特定条件自动改变单元格的显示样式，如颜色、字体等，从而更直观地展示数据变化和满足特定要求的数据高亮。

本次任务中，要求将年龄列小于 30 的单元格设置为浅红填充色深红色文本，30～40 的单元格设置为黄填充色深黄色文本，大于 40 的单元格设置为绿填充色深绿色文本。

选中需要设置的数据列，在“开始”选项卡中单击“条件格式”下拉按钮，在下拉列表中根据需要进行设置，如图 3-1-36 和图 3-1-37 所示。

某某公司员工信息表

编号	姓名	性别	年龄	身份证号	职位	部门	入职日期	联系方式
001	江江	男	18	510106********4123	实习生	人力	2023年9月12日	180****323
002	李兰	女	41	610201********3255	员工	市场	2018年3月18日	170****156
003	张运昆	男	38	130104********1111	总经理	行政	2008年8月8日	188****123
004	王昊	男	32	513106********1234	员工	生产	2016年6月8日	138****667
005	李家鑫	男	29	310106********4227	组长	人力	2019年1月11日	139****823
006	张伟豪	男	36	231106********0113	员工	生产	2019年7月18日	136****314
007	刘刚	男	38	440206********2229	员工	生产	2010年6月5日	135****433
008	王晓丽	女	40	410206********1130	员工	生产	2019年7月18日	152****776
009	尹潇	女	29	650201********1234	组长	生产	2020年1月5日	180****466
010	郝林	男	26	510106********1314	员工	人力	2020年8月18日	135****118
011	吴晓云	女	42	520166********0250	副总经理	行政	2008年8月8日	136****3589
012	吴佳俊	男	33	630211********113X	员工	人力	2022年8月20日	180****3242
013	康新宇	男	41	511817********2135	员工	行政	2018年8月18日	180****3243
014	李梅	女	19	512225********4116	实习生	市场	2023年7月21日	180****3244
015	廖莎莎	女	43	513206********3125	员工	市场	2009年12月12日	180****3245
016	李帆	男	29	610207********4213	员工	生产	2016年11月11日	180****3246
017	张海柱	男	39	510106********2528	副总经理	行政	2008年8月8日	180****3247
018	李玉杰	男	35	510105********6121	员工	生产	2011年8月18日	180****3248

图 3-1-36 “年龄”列条件格式设置

某某公司员工信息表								
编号	姓名	性别	年龄	身份证号	职位	部门	入职日期	联系方式
001	江江	男	18	510106********4123	实习生	人力	2023年9月12日	180****3231
002	李兰	女	41	610201********3255	员工	市场	2018年3月18日	170****1567
003	张运昆	男	38	130104********1111	总经理	行政	2008年8月8日	188****1234
004	王昊	男	32	513106********1234	员工	生产	2016年6月8日	138****6674
005	李家鑫	男	29	310106********4227	组长	人力	2019年1月11日	139****8235
006	张伟豪	男	36	231106********0113	员工	生产	2019年7月18日	136****3143
007	刘刚	男	38	440206********2229	员工	生产	2010年6月5日	135****4337
008	王晓丽	女	40	410206********1130	员工	生产	2019年7月18日	152****7766
009	尹潇	女	29	650201********1234	组长	生产	2020年1月5日	180****4667
010	郝林	男	26	510106********1314	员工	人力	2020年8月18日	135****1188
011	吴晓云	女	42	520166********0250	副总经理	行政	2008年8月8日	136****3589
012	吴佳俊	男	33	630211********113X	员工	人力	2022年8月20日	180****3242
013	康新宇	男	41	511817********2135	员工	行政	2018年8月18日	180****3243
014	李梅	女	19	512225********4116	实习生	市场	2023年7月21日	180****3244
015	廖莎莎	女	43	513206********3125	员工	市场	2009年12月12日	180****3245
016	李帆	男	29	610207********4213	员工	生产	2016年11月11日	180****3246
017	张海柱	男	39	510106********2528	副总经理	行政	2008年8月8日	180****3247
018	李玉杰	男	35	510105********6121	员工	生产	2011年8月18日	180****3248

图 3-1-37 年龄列条件格式效果

4. 窗格冻结

WPS 表格的窗格冻结功能允许用户在滚动查看表格数据时，固定指定的行或列在屏幕上的位置，以便始终能够看到这些行或列的信息。通过冻结窗格，用户可以更方便地对比和分析数据，提高工作效率。

本次任务中，要求冻结表格前两行。选中需要冻结的行，在“视图”选项卡中单击“冻结窗格”下拉按钮，在下拉列表中根据需要选择“冻结窗格”、“冻结首行”或“冻结首列”。如果选择“冻结窗格”，则选中的行或列及其上方的所有行或左侧的所有列都将被冻结。如图 3-1-38 所示。

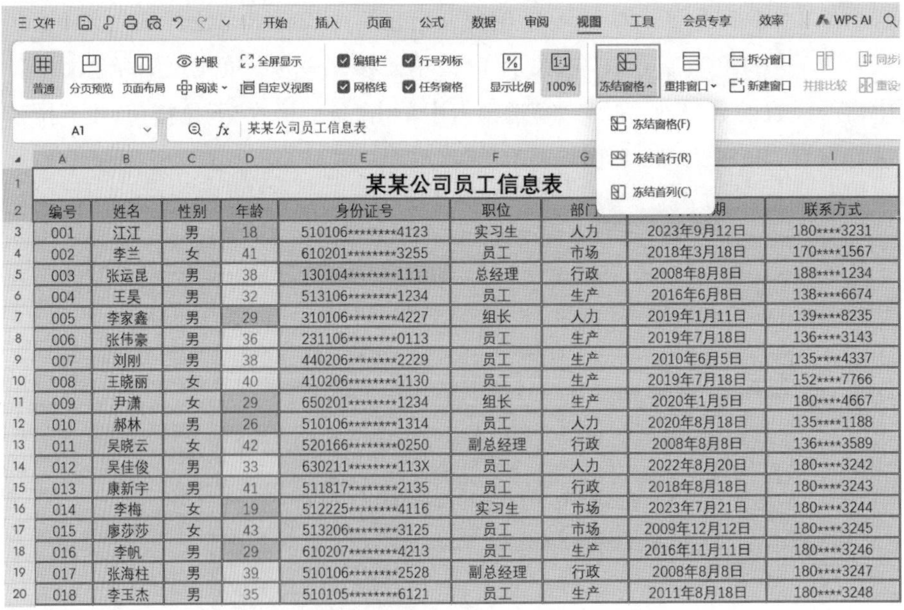

图 3-1-38 冻结窗格

完成设置后，可以通过滚动表格来查看冻结效果。被冻结的行或列将始终显示在屏幕的固定位置，不会随着滚动而移动。

工单 3.1.4 设置表格权限

工单 3.1.4 内容见表 3-1-4。

表 3-1-4　　工单 3.1.4 内容

名称	设置表格权限	实施日期	
实施人员名单		实施地点	
实施人员分工	组织：　　记录：　　宣讲：		

请在互联网上查询相关信息，回答下面的问题；结合本节课堂的内容，完成操作演练。

1. WPS 工作表保护与其他 Office 套件(如 Microsoft Excel)中的工作表保护有何异同？

□ 两者都提供了对工作表的保护功能，可以限制用户对单元格、行/列和整体工作表的编辑、删除等操作

□ 在设置工作表保护时，都需要输入密码以确认保护操作，确保只有知道密码的用户才能取消保护并进行编辑

□ 在设置保护时，都可以选择允许用户进行的特定操作，如插入行/列、筛选数据等

□ 虽然基本功能相似，但 WPS 和 Excel 的界面设计和操作流程可能有所不同，这取决于各自的软件版本和更新

□ Excel 作为更成熟的办公软件，可能在工作表保护方面提供更多的高级功能和选项，如更细粒度的权限控制、更复杂的密码策略等

□ 由于 WPS 和 Excel 是不同的软件产品，它们在工作表保护方面的实现可能存在细微的差异，这可能导致在某些特定情况下，一个软件的保护设置可能无法在另一个软件中完全兼容

□ 其他

2. 如果忘记了 WPS 工作表保护的密码，有哪些方法可以尝试找回或解除保护？

□ 通过“备份与恢复”功能来查找和恢复备份文件

□ 尝试联系 WPS 官方客服，寻求他们的帮助。可能需要提供相关证明和信息以验证身份和所有权

□ 寻求专业的数据恢复或密码破解服务

□ 其他

3. 如果只想保护工作表中的某些特定单元格或区域，应该如何操作？

4. 除了密码保护外，WPS 工作表还提供了哪些其他的安全保护措施？这些措施在实际应用中效果如何？

5. 操作演练：请按要求完成企业员工信息表密码设置。

学习效果评价分数(0～100 分)			
自评分		组评分	

WPS表格中信息众多,我们可以通过设置权限,控制用户对表格的修改、删除等操作,避免误操作导致数据丢失或损坏。对于包含敏感信息的表格,通过设置权限可以限制用户的访问和操作,防止信息泄露或被滥用。通过设置权限,可以指定不同用户的操作权限,使得团队成员在协作过程中能够各司其职,提高协作效率。

本任务介绍工作簿及工作表的权限设置。

一、工作簿权限设置

创建工作簿后,为了保护工作簿的结构不被更改,如对工作表进行插入、删除、移动、复制、重命名等操作,可以为工作簿设置密码保护。

在“审阅”选项卡中单击“保护工作簿”按钮,如图3-1-39所示。在弹出的对话框中输入密码,如图3-1-40所示。确认密码后单击“确定”按钮设置成功。

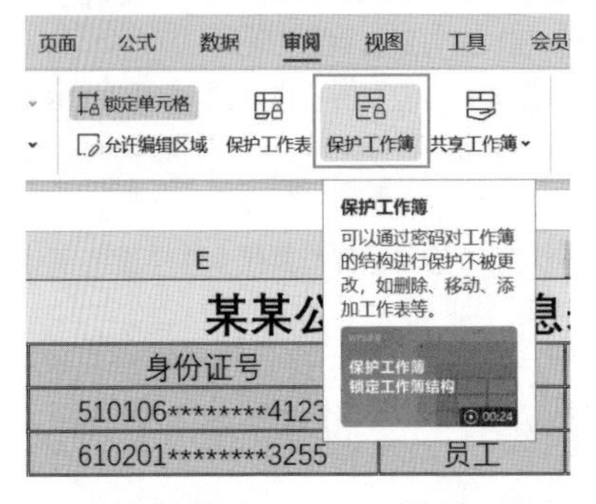

图 3-1-39 保护工作簿

图 3-1-40 设置保护工作簿密码

此时右键单击工作表标签,发现插入工作表、删除、移动、创建副本、隐藏、取消隐藏、重命名等命令呈灰色不可选状态,上述命令不能被执行,说明工作簿保护成功。如图3-1-41所示。

某某公司员工信息表

编号	姓名	性别	年龄	身份证号	职位	部门	入职日期	联系方式
001	江江	男	18	510106********4123	实习生	人力	2023年9月12日	180****3231
002	李兰	女	41	610201********3255	员工	市场	2018年3月18日	170****1567
003	张运昆	男	38	130104********1111	总经理	行政	2008年8月8日	188****1234
004	王昊	男	32	513106********1234	员工	生产	2016年6月8日	138****6674
005	李家鑫	男	29	310106********4227	组长	人力	2019年1月11日	139****8235
006	张伟			31106********0113	员工	生产	2019年7月18日	136****3143
007	刘刚			40206********2229	员工	生产	2010年6月5日	135****4337
008	王晓			10206********1130	员工	生产	2019年7月18日	152****7766
009	尹潇			50201********1234	组长	生产	2020年1月5日	180****4667
010	郝林			10106********1314	员工	人力	2020年8月18日	135****1188
011	吴晓			20166********0250	副总经理	行政	2008年8月8日	136****3589
012	吴佳			30211********113X	员工	人力	2022年8月20日	180****3242
013	康新			11817********2135	员工	行政	2018年8月18日	180****3243
014	李梅			12225********4116	实习生	市场	2023年7月21日	180****3244
015	廖莎			13206********3125	员工	市场	2009年12月12日	180****3245
016	李帆			10207********4213	员工	生产	2016年11月11日	180****3246
017	张海			10106********2528	副总经理	行政	2008年8月8日	180****3247
018	李玉			10105********6121	员工	生产	2011年8月18日	180****3248

插入工作表(I)...
删除(D)
移动(M)...
创建副本(W)
隐藏(H)
取消隐藏(U)...
重命名(R)
工作表标签(T)
保护工作表(P)...
选定全部工作表(S)
合并表格(E)
拆分表格(C)
更多表格功能
员工信息表
Sheet1

图 3-1-41 工作簿保护效果

如果要取消对工作簿的保护,可以单击“撤销工作簿保护”按钮,在弹出的对话框中输入密码,取消保护即可。如图 3-1-42 所示。

图 3-1-42 撤销工作簿保护

二、工作表权限设置

如果工作表中有重要数据,为了防止他人随意修改,可以为工作表设置密码保护。

在“审阅”选项卡中单击“保护工作表”按钮,如图 3-1-43 所示。弹出“保护工作表”对话框,在“允许此工作表的所有用户进行”列表框中,设置允许其他用户进行的操作,输入密码,单击“确定”按钮,再次输入密码后单击“确定”按钮即设置成功,如图 3-1-44 所示。

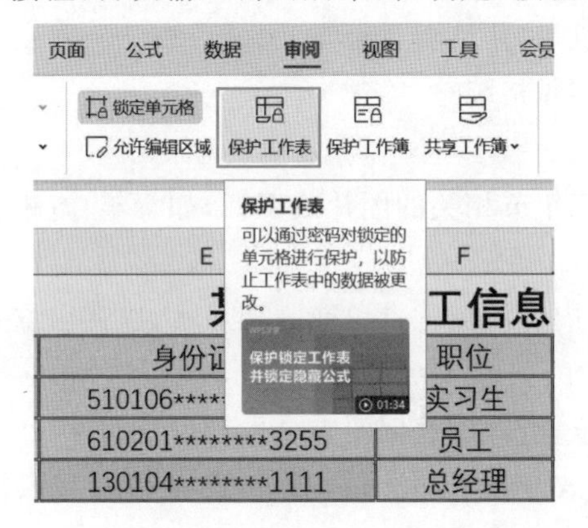

图 3-1-43 保护工作表

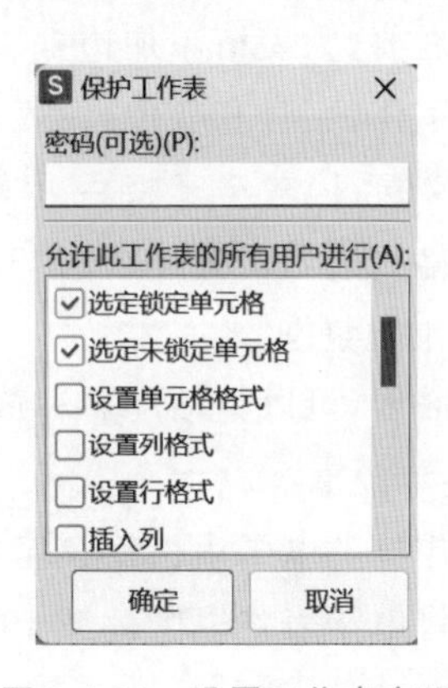

图 3-1-44 设置工作表密码

此时再更改工作表中数据,会弹出提示“被保护单元格不支持此功能”,说明工作表保护成功。如图 3-1-45 所示。

图 3-1-45 工作表保护效果

如果要取消对工作表的保护,可以单击“撤销工作表保护”按钮,在弹出的对话框中输入密码,取消保护即可。

任务实训

用 WPS 制作“五四”青年节活动安排表

操作要求:

1. 启动 WPS 并新建表格

- 打开 WPS 软件,新建一个电子表格文件。

● 为表格设置标题,例如:“五四”青年节活动安排表。

2. 设计表格结构

● 在第一行设计表头,包括“活动名称”“时间”“地点”“负责人”“参与人数”等列。

● 根据预计的活动数量,设置合适的行数。

3. 输入“五四”青年节活动信息

● 在“活动名称”列中,输入“五四”青年节相关的活动名称,如“主题演讲”“纳新团员宣誓”“青春运动会”等。

● 在“时间”列中,填写每项活动的具体日期和时间。

● 在“地点”列中,注明活动的举办地点。

● 在“负责人”列中,填写每项活动的负责人姓名或部门。

● 在“参与人数”列中,预估或记录每项活动的参与人数。

4. 表格美化与格式调整

● 调整表格的行高和列宽,确保内容清晰易读。

● 根据需要,为表格添加边框、填充色等,使其更具视觉效果。

● 设置字体、字号和颜色,使表格整体风格统一、美观。

5. 添加“五四”青年节特色元素

● 在表格的适当位置插入与“五四”青年节相关的图片或图标,如青年、旗帜、火炬等,以增强表格的主题氛围。

● 如果需要,可以为活动名称或特殊内容添加背景色或高亮显示,以突出重要信息。

6. 保存与分享

● 将制作好的电子表格保存至指定位置,确保数据的安全性和可访问性。

● 可以将电子表格以图片或 PDF 格式导出,方便在海报、宣传册或社交媒体上分享和展示。

通过完成这个操作题目,掌握使用 WPS 制作电子表格的基本技能,并将“五四”青年节的主题融入其中,制作出具有纪念意义的电子表格。

任务3.2 招聘信息分析与比较

任务目标

- 掌握根据数据特征进行升序、降序、自定义排序的技巧。
- 准确筛选符合特定条件的数据。
- 按类别对数据进行汇总统计。

任务要求

1. 内容要求

- 数据收集：招聘信息包括岗位编号、岗位名称、招聘数、岗位类别、平均工资、工作地点、学历要求等关键信息。
- 数据整理：对收集到的招聘信息进行统一整理，确保信息的准确性和完整性。

2. 格式要求

- 表格格式：使用 WPS 表格软件，确保数据清晰、易读。
- 数据格式：平均工资使用统一货币符号。
- 字体：表格内字体应统一使用易于阅读的字体。

3. 功能性要求

- 排序：

单列排序：按岗位名称对信息表进行升序排序。

多列排序：先按照工作地点进行升序排序，再按照招聘数进行降序排序。

自定义排序：按照自定义序列“南京、上海、成都、北京”进行排序。

- 筛选：

自动筛选：筛选出工作地点在上海且平均工资＞140000 的信息。

高级筛选：

(1)“与”条件：筛选出招聘数＞30 且工作地点在成都和招聘数＜22 且工作地点在上海的数据。将筛选结果放在 I7 开始的位置。

(2)“或”条件：筛选出招聘数＞40 或平均工资＜120000 的数据。将筛选结果放在 I18 开始的位置。

- 分类汇总：

单级分类汇总：按岗位类别统计平均工资的最大值。

多级分类汇总：按岗位类别统计平均工资的最大值并计数。

任务实施

工单 3.2.1 招聘信息排序

工单 3.2.1 内容见表 3-2-1。

表 3-2-1　　工单 3.2.1 内容

名称	招聘信息排序	实施日期	
实施人员名单		实施地点	
实施人员分工	组织：　　记录：　　宣讲：		

请在互联网上查询相关信息，回答下面的问题；结合本节课堂的内容，完成操作演练。

1. WPS 表格数据排序的作用有哪些？

□ 数据整理：排序可以将数据按照某一列或多列进行有序的排列，使得数据更加整齐和易于查看

□ 快速定位：通过排序，用户可以快速定位到需要查看或处理的数据，提高工作效率

□ 数据分析：排序后的数据更易于进行趋势分析、比较和预测。例如，按销售额从高到低排序后，可以更容易地识别出哪些产品表现较好

□ 辅助决策：在某些情况下，排序结果可以作为决策的依据。例如，根据员工业绩从高到低排序，可以更容易地确定哪些员工表现出色，从而进行奖励或晋升

□ 数据比较和对比：通过排序，用户可以比较不同数据项之间的差异和相似点。例如，在比较不同部门的销售额时，可以按照销售额从高到低排序，从而清晰地看到哪个部门的销售额最高，哪个部门的销售额最低

□ 其他

2. 在进行 WPS 表格数据排序时，有哪些使用技巧可以提高排序效率？

□ 使用快捷键：利用 WPS 表格的快捷键可以快速打开排序功能，如按“Alt＋E＋S＋A”快捷键进行升序排序，按“Alt＋E＋S＋D”快捷键进行降序排序

□ 自定义列表排序：对于经常使用的特定顺序列表，可以将其定义为自定义列表，以便在需要时快速应用该顺序进行排序

□ 先筛选后排序：在排序前先进行筛选操作，缩小数据范围，然后再对筛选后的数据进行排序，可以提高排序效率和准确性

□ 利用条件格式辅助排序：通过为特定条件的数据设置条件格式（如颜色填充），可以直观地标识出需要优先排序的数据行

□ 排序时保留原始数据副本：在进行排序操作前，建议保留一份原始数据的副本，以防排序过程中发生意外情况导致数据丢失或错乱

□ 其他

3. 在进行多列排序时，如何确定各列的排序优先级，以确保排序结果符合分析需求？请分享你的经验。

4. 有时，排序操作可能导致数据丢失或格式变化。请分析可能的原因并提出解决这些问题的建议。

5. 操作演练：请按要求完成招聘信息表的排序。

学习效果评价分数（0～100 分）			
自评分		组评分	

一、单列排序

在某些应用场景中，我们可能需要根据数据的特定顺序进行展示或分析。例如，按照销售额从高到低排序可以展示最佳销售产品；按照时间顺序排序可以了解事件的发展过程。简单排序可以满足这些特定的需求，使得数据更符合分析或展示的要求。

单列排序是 WPS 表格数据排序最常见的排序方式，即根据工作表中的某一列数据进行排序。可以根据数值大小、字母顺序、笔画顺序等进行排序，同时可以选择升序或降序排列。

本次任务中，要求将招聘信息表按照岗位名称进行升序排序，操作如下：

1. 单击“岗位名称”列任意位置，在“开始”选项卡或者“数据”选项卡中，都可以找到“排序”下拉按钮，如图 3-2-1 和图 3-2-2 所示。

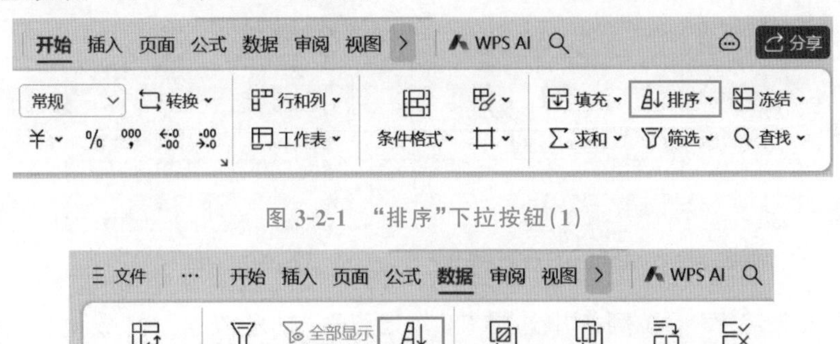

图 3-2-1 “排序”下拉按钮(1)

图 3-2-2 “排序”下拉按钮(2)

2. 单击“排序”下拉按钮，在下拉列表中选择“升序”，完成排序，如图 3-2-3 所示。

招聘信息表						
岗位编号	岗位名称	招聘数	岗位类别	平均工资	工作地点	学历要求
ZM01003	IT技术支持	40	3	￥135,000.00	北京	大专
XM01003	Java工程师	36	1	￥130,000.00	成都	本科
GM01006	Python开发	22	2	￥140,000.00	上海	大专
XM01002	Web前端工程师	45	3	￥115,000.00	上海	大专
XM01007	产品总监	6	1	￥165,000.00	北京	本科
XM01004	机器学习工程师	26	2	￥185,000.00	成都	本科
GM01005	全栈工程师	22	2	￥135,000.00	南京	本科
ZM01001	软件UI工程师	26	3	￥120,000.00	北京	大专
XM01001	软件测试员	45	2	￥125,000.00	北京	大专
ZM01005	三维建模工程师	30	3	￥160,000.00	成都	大专
ZM01007	售前支持	20	2	￥135,000.00	上海	大专
XM01005	数据分析师	36	2	￥135,000.00	上海	本科
GM01007	数据库管理员	32	1	￥135,001.00	成都	本科
ZM01006	网络工程师	22	2	￥130,000.00	南京	大专
ZM01002	系统管理员	22	1	￥135,000.00	南京	大专
ZM01007	系统架构师	22	3	￥150,001.00	南京	本科
XM01006	项目专员/助理	22	1	￥115,000.00	成都	大专
GM01004	小程序开发	26	1	￥155,000.00	成都	本科
GM01001	休闲游戏策划	26	1	￥150,000.00	成都	大专
GM01003	移动开发工程师（Android/iOS）	30	3	￥180,000.00	上海	本科
GM01002	云计算工程师	20	2	￥160,000.00	南京	大专
ZM01004	运维工程师	30	2	￥125,000.00	北京	本科

图 3-2-3 按“岗位名称”列升序排序

二、多列排序

在某些场景中，需要根据多个条件对数据进行排序时，单列排序可能无法满足我们的需求。例如，首先希望根据“部门”列进行排序，然后在每个部门内部再根据“姓名”或“业绩”等其他列进行排序。这种情况下，多列排序能够确保数据按照多个维度的组合进行有序排列。

通过多列排序，可以更灵活地控制数据的排序方式，确保数据按照期望的顺序进行排列。这有助于提高数据的可读性和可分析性，能够更容易地理解数据并做出决策。

本次任务中，要求将招聘信息表先按照“工作地点”进行升序排序，再按照“招聘数”进行降序排序，操作如下：

1. 选中数据区域任意单元格，在“数据”选项卡中单击“排序”下拉按钮，在下拉列表中选择“自定义排序”，弹出“排序”对话框，如图 3-2-4 所示。

图 3-2-4 “排序”对话框(1)

2. 在“主要关键字”下拉列表中选择“工作地点”，“排序依据”为“数值”，“次序”为“升序”，单击上方的“添加条件”按钮，设置“次要关键字”为“招聘数”，“排序依据”为“数值”，“次序”为“降序”，单击“确定”按钮即可。效果如图 3-2-5 所示。

招聘信息表

岗位编号	岗位名称	招聘数	岗位类别	平均工资	工作地点	学历要求
XM01001	软件测试员	45	2	¥125,000.00	北京	大专
ZM01003	IT技术支持	40	3	¥135,000.00	北京	大专
ZM01004	运维工程师	30	2	¥125,000.00	北京	本科
ZM01001	软件UI工程师	26	3	¥120,000.00	北京	大专
XM01007	产品总监	6	1	¥165,000.00	北京	本科
XM01003	Java工程师	36	1	¥130,000.00	成都	本科
GM01007	数据库管理员	32	1	¥135,001.00	成都	本科
ZM01005	三维建模工程师	30	3	¥160,000.00	成都	大专
GM01001	休闲游戏策划	26	1	¥150,000.00	成都	大专
GM01004	小程序开发	26	1	¥155,000.00	成都	本科
XM01004	机器学习工程师	26	2	¥185,000.00	成都	本科
XM01006	项目专员/助理	22	1	¥115,000.00	成都	大专
GM01005	全栈工程师	22	2	¥135,000.00	南京	本科
ZM01002	系统管理员	22	1	¥135,000.00	南京	大专
ZM01006	网络工程师	22	2	¥130,000.00	南京	大专
ZM01007	系统架构师	22	3	¥150,001.00	南京	本科
GM01002	云计算工程师	20	2	¥160,000.00	南京	大专
XM01002	Web前端工程师	45	3	¥115,000.00	上海	大专
XM01005	数据分析师	36	2	¥135,000.00	上海	本科
GM01003	移动开发工程师（Android/iOS）	30	3	¥180,000.00	上海	本科
GM01006	Python开发	22	2	¥140,000.00	上海	大专
ZM01007	售前支持	20	2	¥135,000.00	上海	大专

图 3-2-5 招聘信息表多列排序

三、自定义序列排序

在实际工作中，经常需要按照某些特定的、非标准的序列对数据进行排序。例如，领导姓名、部门名称、产品代码等，这些序列通常不是简单的数字或字母顺序，而是根据公司的组织结构、业务规则等自定义的。自定义序列排序能够满足这些特定的业务需求，使数据展示更符合实际工作情况。

自定义序列排序能够确保数据按照固定的、预定义的顺序进行排列，避免了因手动排序导致的错误和不一致性。

本次任务中，要求将招聘信息表按照自定义序列"南京、上海、成都、北京"排序，操作如下：

1. 选中数据区域任意单元格，在"开始"选项卡中单击"排序"下拉按钮，在下拉列表中选择"自定义排序"，弹出"排序"对话框。根据本次任务的自定义序列"南京、上海、成都、北京"确定主要关键字为"工作地点"，单击"次序"下拉按钮，在下拉列表中选择"自定义序列"，如图 3-2-6 所示。

图 3-2-6　自定义序列排序

2. 在弹出的"自定义序列"对话框右侧输入新序列，注意输入时需要逐行输入序列的每一项，每输入完一项后，按 Enter 键跳到下一行输入下一项，如图 3-2-7 所示。输入完整个序列后，单击右下角的"添加"按钮，新序列就添加到自定义序列列表中。如图 3-2-8 所示。

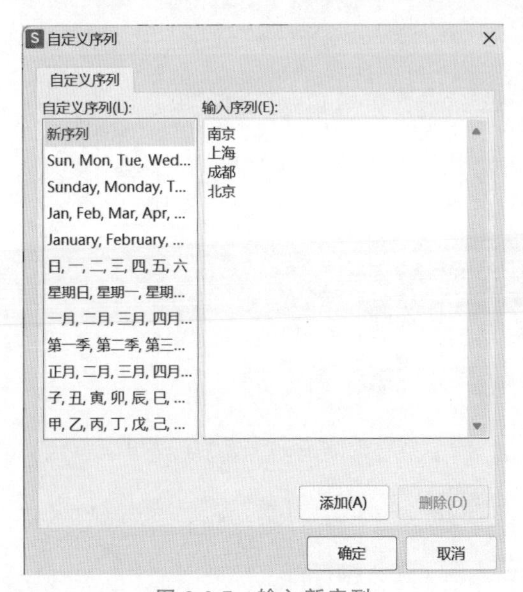

图 3-2-7　输入新序列

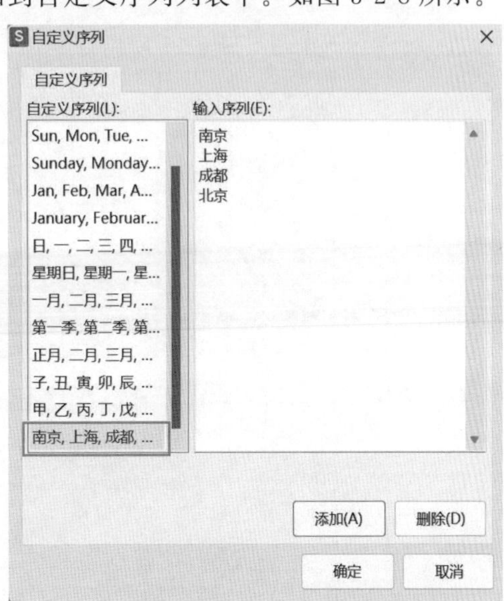

图 3-2-8　新序列示意

3. 单击“确定”按钮返回“排序”对话框，新建的序列已自动进入“次序”列表，如图 3-2-9 所示，单击“确定”按钮，数据按照自定义序列进行了重新排序，效果如图 3-2-10 所示。

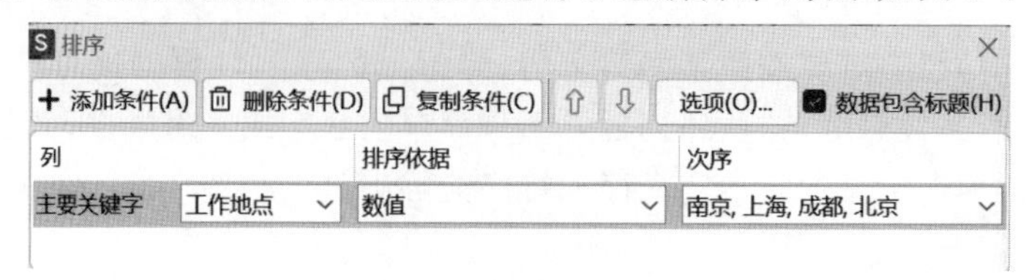

图 3-2-9 “排序”对话框(2)

招聘信息表						
岗位编号	岗位名称	招聘数	岗位类别	平均工资	工作地点	学历要求
GM01002	云计算工程师	20	2	¥160, 000. 00	南京	大专
GM01005	全栈工程师	22	2	¥135, 000. 00	南京	本科
ZM01002	系统管理员	22	1	¥135, 000. 00	南京	大专
ZM01006	网络工程师	22	2	¥130, 000. 00	南京	大专
ZM01007	系统架构师	22	3	¥150, 001. 00	南京	本科
GM01003	移动开发工程师（Android/iOS）	30	3	¥180, 000. 00	上海	本科
GM01006	Python开发	22	2	¥140, 000. 00	上海	大专
XM01002	Web前端工程师	45	3	¥115, 000. 00	上海	大专
XM01005	数据分析师	36	2	¥135, 000. 00	上海	本科
ZM01007	售前支持	20	2	¥135, 000. 00	上海	大专
GM01001	休闲游戏策划	26	1	¥150, 000. 00	成都	大专
GM01004	小程序开发	26	1	¥155, 000. 00	成都	本科
GM01007	数据库管理员	32	1	¥135, 001. 00	成都	本科
XM01003	Java工程师	36	1	¥130, 000. 00	成都	本科
XM01004	机器学习工程师	26	2	¥185, 000. 00	成都	本科
XM01006	项目专员/助理	22	1	¥115, 000. 00	成都	大专
ZM01005	三维建模工程师	30	3	¥160, 000. 00	成都	大专
XM01001	软件测试员	45	2	¥125, 000. 00	北京	大专
XM01007	产品总监	6	1	¥165, 000. 00	北京	本科
ZM01001	软件UI工程师	26	3	¥120, 000. 00	北京	大专
ZM01003	IT技术支持	40	3	¥135, 000. 00	北京	大专
ZM01004	运维工程师	30	2	¥125, 000. 00	北京	本科

图 3-2-10 自定义序列排序效果

工单 3.2.2 招聘信息筛选

工单 3.2.2 内容见表 3-2-2。

表 3-2-2 工单 3.2.2 内容

名称	招聘信息筛选	实施日期	
实施人员名单		实施地点	
实施人员分工	组织：　　记录：　　宣讲：		

请在互联网上查询相关信息，回答下面的问题；结合本节课堂的内容，完成操作演练。

1. WPS 表格数据筛选的作用有哪些？

☐ 快速定位数据：通过筛选功能，用户可以迅速定位到符合特定条件的数据行，避免手动查找的烦琐过程，节省时间

☐ 简化数据展示：筛选可以帮助用户只显示感兴趣的数据，隐藏无关信息，使数据展示更加简洁明了，便于分析和理解

☐ 辅助数据清洗：在数据预处理阶段，筛选功能可以帮助用户快速识别和去除重复、错误或无效的数据，提高数据质量

☐ 数据分类与汇总：通过筛选，用户可以将数据按照不同的分类进行分组，然后对每个分类进行汇总分析，得到更有针对性的结果

☐ 比较不同条件下的数据：用户可以设置多个筛选条件，比较不同条件下的数据差异，从而发现数据中的规律和趋势

☐ 辅助决策制定：筛选功能可以帮助用户从大量数据中提取出关键信息，为决策制定提供有力支持，确保决策基于准确、全面的数据

☐ 其他

2. WPS 数据的自动筛选和高级筛选在功能和应用上有哪些差异？

☐ 自动筛选适合处理简单的筛选条件，通常仅限于单个字段的筛选，且单个字段的条件数量有限。高级筛选能够处理更为复杂的筛选条件，不仅支持多个字段同时筛选，还能设置逻辑与、逻辑或等复杂条件

☐ 自动筛选的筛选结果会直接覆盖原数据区域，隐藏不符合条件的数据行。高级筛选可以将筛选结果复制到新的空白单元格中，原数据区域保持不变，便于对比和进一步分析

☐ 自动筛选无法直接处理重复记录，如果数据中存在重复项，它们会一并显示。高级筛选可以提供选项来排除重复记录，确保筛选结果中每个记录都是唯一的

☐ 自动筛选通常只能对连续的单元格区域进行筛选。高级筛选可以指定任意的数据区域作为筛选范围，甚至可以从不同的工作表或文件中选择数据

☐ 自动筛选由于是筛选结果直接覆盖原数据，对筛选结果进行进一步处理（如计算、汇总等）时可能会受到影响。高级筛选由于筛选结果可以独立于原数据存在，因此在新的数据表上进行计算等处理时不会受到隐藏数据的影响

☐ 其他

3. 在 WPS 表格中，如何根据不同的数据类型（如文本、数字、日期等）设置合适的筛选条件？请举例说明。

4. 操作演练：请按要求完成招聘信息表数据筛选。

学习效果评价分数（0～100 分）			
自评分		组评分	

一、自动筛选

在某些应用场景中，我们可能需要根据数据的特定顺序进行展示或分析。例如，在一份员工信息表中可能包含员工的姓名、年龄、性别、部门、职位、薪资等信息。当你想找出某个部门或某个职位的员工时，就可以使用自动筛选功能。

WPS 表格的自动筛选功能是一种强大的数据处理工具，它允许用户根据特定的条件快速筛选出表格中的数据子集。这一功能在数据分析和处理中非常实用，能够大大提高工作效率。

本次任务中，要求在招聘信息表中筛选出工作地点在上海且平均工资＞140000 的数据，操作如下：

1. 单击数据区域任意位置，在“开始”选项卡或者“数据”选项卡中，都可以找到“筛选”下拉按钮，如图 3-2-11 和图 3-2-12 所示。

图 3-2-11 “筛选”下拉按钮(1)

图 3-2-12 “筛选”下拉按钮(2)

2. 单击“筛选”按钮，筛选功能被激活，数据区域的首行单元格旁将出现倒三角图标，单击这些图标，就可以打开筛选菜单。在筛选菜单中，可以进行“内容筛选”、“颜色筛选”以及“文本筛选”。

以本次任务为例，在“内容筛选”中选中“上海”，即可筛选出工作地点在上海的所有数据，如图 3-2-13 所示。

3. 若该列内容为数字格式，则图 3-2-13 中的“文本筛选”自动变为“数字筛选”。在数字筛选中，可以看到一系列与数字相关的筛选选项，如“等于”“不等于”“大于”“小于”“介于”等。这些选项允许根据数字的大小或特定值来筛选数据。

以本次任务为例，单击“平均工资”列的倒三角图标打开筛选菜单，在“数字筛选”中选择“大于”，弹出“自定义自动筛选方式”对话框，在对话框中设置“大于 140000”，单击“确定”按钮，如图 3-2-14 所示。

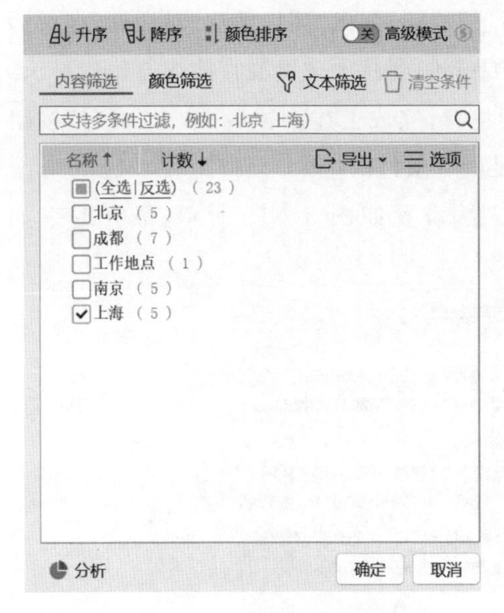

图 3-2-13 自动筛选界面

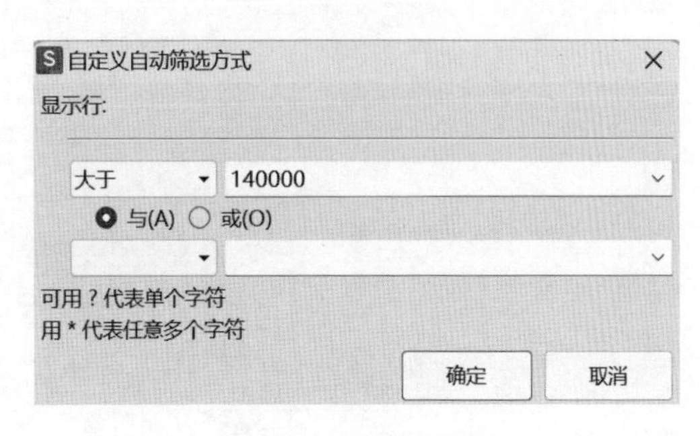

图 3-2-14 数字筛选

本次任务自动筛选效果如图 3-2-15 所示。

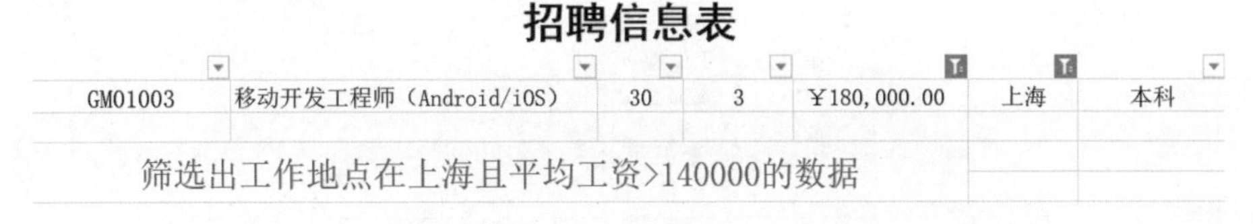

招聘信息表

GM01003	移动开发工程师（Android/iOS）	30	3	￥180,000.00	上海	本科

图 3-2-15 招聘信息表自动筛选结果

二、高级筛选

在某些应用场景中，通过高级筛选，可以实现各种复杂的筛选需求，如筛选出同时满足多个条件的记录、筛选出某个字段的值在特定范围内的记录等。这对于数据分析和处理非常有用，能够帮助我们快速定位到感兴趣的数据，提高工作效率。

在表格的高级筛选中，“与”和“或”是两种重要的条件组合方式，它们用于确定如何筛选数据以满足不同的需求。

1.“与”条件高级筛选

这种组合方式表示数据必须同时满足所有设定的条件。

(1)设置条件区域：在表格的某个空白区域，设置筛选条件。这通常包括列标题(与数据表中的列相对应)以及具体的筛选条件值。对于“与”条件，需要确保同时满足的所有条件都列在同一行上。

本次任务需要筛选出招聘数＞30 且工作地点在成都和招聘数＜22 且工作地点在上海的数据，条件区域设置如图 3-2-16 所示。

（2）执行筛选：在“数据”选项卡中单击“高级筛选”按钮，弹出“高级筛选”对话框，在对话框中首先确定筛选结果的显示位置，选择将筛选结果复制到其他位置或直接在原位置显示。再依次选择“列表区域”、“条件区域”和“复制到”的位置，完成上述设置后，单击“确定”按钮执行筛选，WPS将根据设置的“与”条件筛选出满足所有条件的记录。

本次任务要求将筛选结果放在I7开始的位置，设置如图3-2-17所示，最终效果如图3-2-18所示。

招聘数	工作地点
>30	成都
<22	上海

图3-2-16 条件区域设置

图3-2-17 高级筛选设置

I	J	K	L	M	N	O
		招聘数	工作地点			
		>30	成都			
		<22	上海			
岗位编号	岗位名称	招聘数	岗位类别	平均工资	工作地点	学历要求
GM01007	数据库管	32	1	￥135,001.00	成都	本科
XM01003	Java工程	36	1	￥130,000.00	成都	本科
ZM01007	售前支持	20	2	￥135,000.00	上海	大专

图3-2-18 “与”条件高级筛选结果

2.“或”条件高级筛选

这种组合方式表示数据满足任意一个条件即可。

（1）设置条件区域：在表格的某个空白区域，设置筛选条件。对于“或”条件，多个条件应该书写在不同行上。

本次任务需要筛选出招聘数＞40或者平均工资＜120000的数据，条件区域设置如图3-2-19所示。

招聘数	平均工资
>40	
	<120000

图3-2-19 “或”条件设置

(2)执行筛选：和“与条件”筛选类似，在“高级筛选”对话框中完成相应设置。本次任务要求将筛选结果放在 I18 开始的位置，最终效果如图 3-2-20 所示。

岗位编号	岗位名称	招聘数	岗位类别	平均工资	工作地点	学历要求
XM01001	软件测试	45	2	¥125,000.00	北京	大专
XM01002	Web前端工	45	3	¥115,000.00	上海	大专
XM01006	项目专员/	22	1	¥115,000.00	成都	大专

图 3-2-20 “或”条件高级筛选结果

工单 3.2.3 招聘信息分类汇总

工单 3.2.3 内容见表 3-2-3。

表 3-2-3　　工单 3.2.3 内容

名称	招聘信息分类汇总	实施日期	
实施人员名单		实施地点	
实施人员分工	组织：　　记录：　　宣讲：		

请在互联网上查询相关信息，回答下面的问题；结合本节课堂的内容，完成操作演练。

1. WPS 表格数据分类汇总的作用有哪些？

□ 快速汇总数据：自动对一组数据进行分类，并对每个分类进行求和、平均值等计算，从而快速得到各类别的汇总数据，大大提高了数据处理效率

□ 简化数据展示：分级显示数据清单，使得每个分类汇总的明细数据行可以显示或隐藏，从而简化了数据的展示方式，数据更加清晰易读

□ 便于数据分析：分类汇总功能可以帮助用户快速识别数据中的模式和趋势，从而进行更深入的数据分析

□ 提高数据准确性：通过自动化计算，分类汇总功能降低了手动计算错误的可能性，提高了数据的准确性

□ 支持多种汇总方式：WPS 表格的分类汇总功能支持多种汇总方式，如求和、平均值、计数等，用户可以根据具体需求选择合适的汇总方式

□ 其他

2. 请列举几个使用 WPS 表格分类汇总功能处理数据的实际场景？

□ 销售数据分析：快速统计出每个地区、每种产品类型的总销售额，以及每位销售人员的销售业绩，从而帮助公司制定更合理的销售策略

□ 库存管理：快速了解仓库中各类物资的库存总量、进货日期，以及不同供应商的供货情况，为库存调整和采购决策提供数据支持

□ 员工绩效统计：在公司的人力资源管理中，按照部门、职位等分类汇总员工的各项数据，为绩效评估和薪酬调整提供依据

□ 学生成绩分析：快速统计出每个班级、每个科目的平均分、最高分、最低分等数据，有助于教师制订针对性的教学计划

□ 财务报表编制：帮助财务人员快速生成各类财务报表，如收入明细表、支出汇总表等，便于公司管理层了解财务状况，做出决策

□ 项目成本分析：按照成本类型、成本来源等分类汇总项目成本数据，帮助项目经理了解项目成本的构成和分布情况，为成本控制和预算调整提供依据

□ 其他

3. 在使用 WPS 分类汇总功能时，如何选择合适的分类字段和汇总方式，以便得到最准确、最有价值的数据分析结果？请分享你的经验。

4. 当数据中存在重复项或不一致的数据时，WPS 分类汇总功能会如何处理？如何确保数据的准确性和完整性？

5. 操作演练：请按要求完成招聘信息表的排序。

学习效果评价分数(0～100 分)			
自评分		组评分	

WPS 分类汇总是一种强大的数据处理功能，它允许用户根据指定的字段对 WPS 表格中的数据进行分类，并对每一类数据进行汇总计算。这种功能在处理包含大量数据且需要按照特定条件进行统计和分析的表格时尤为有用。

分类汇总又分为单级分类汇总和多级分类汇总两种方式。

一、单级分类汇总

单级分类汇总指的是按照一个指定的字段或条件对数据进行分类，并对每一类数据进行汇总计算。这种方法适用于那些只需要按照一个维度进行分类的情况。

例如，在招聘信息表中，想要按照岗位类别来分类汇总平均工资。在这种情况下，你就可以使用单级分类汇总功能，选择“岗位类别”作为分类字段，然后选择适当的汇总方式（如求和、求最大值）来统计平均工资。

以本次任务为例，需要按岗位类别统计平均工资的最大值。

1. 对分类字段列进行排序

排序的目的是确保分类依据的类别处于连续的位置，之间不出现间隔。这样可以保证分类汇总的准确性。

单击“岗位类别”列任意单元格，在“数据”选项卡中单击“排序”下拉按钮，在下列表中选择“升序”或“降序”，将相同的岗位类别有序地整理在一起。如图 3-2-21 所示。

招聘信息表

岗位编号	岗位名称	招聘数	岗位类别	平均工资	工作地点	学历要求
GM01001	休闲游戏策划	26	1	￥150,000.00	成都	大专
GM01004	小程序开发	26	1	￥155,000.00	成都	本科
GM01007	数据库管理员	32	1	￥135,001.00	成都	本科
XM01003	Java工程师	36	1	￥130,000.00	成都	本科
XM01006	项目专员/助理	22	1	￥115,000.00	成都	大专
XM01007	产品总监	6	1	￥165,000.00	北京	本科
ZM01002	系统管理员	22	1	￥135,000.00	南京	大专
GM01002	云计算工程师	20	2	￥160,000.00	南京	大专
GM01005	全栈工程师	22	2	￥135,000.00	南京	本科
GM01006	Python开发	22	2	￥140,000.00	上海	大专
XM01001	软件测试员	45	2	￥125,000.00	北京	大专
XM01004	机器学习工程师	26	2	￥185,000.00	成都	本科
XM01005	数据分析师	36	2	￥135,000.00	上海	本科
ZM01004	运维工程师	30	2	￥125,000.00	北京	本科
ZM01006	网络工程师	22	2	￥130,000.00	南京	大专
ZM01007	售前支持	20	2	￥135,000.00	上海	大专
GM01003	移动开发工程师（Android/iOS）	30	3	￥180,000.00	上海	本科
XM01002	Web前端工程师	45	3	￥115,000.00	上海	大专
ZM01001	软件UI工程师	26	3	￥120,000.00	北京	大专
ZM01003	IT技术支持	40	3	￥135,000.00	北京	大专
ZM01005	三维建模工程师	30	3	￥160,000.00	成都	大专
ZM01007	系统架构师	22	3	￥150,001.00	南京	本科

图 3-2-21　按“岗位类别”排序

2. 分类汇总

在“数据”选项卡中单击“分类汇总”按钮，在弹出的“分类汇总”对话框中，将“分类字段”

设置为“岗位类别”，将“汇总方式”设置为“最大值”，“选定汇总项”为“平均工资”，如图 3-2-22 所示。单击“确定”按钮，即可对招聘信息表进行分类汇总，效果如图 3-2-23 所示。

图 3-2-22　单级分类汇总设置

	A	B	C	D	E	F	G
1	招聘信息表						
2	岗位编号	岗位名称	招聘数	岗位类别	平均工资	工作地点	学历要求
3	GM01001	休闲游戏策划	26	1	￥150,000.00	成都	大专
4	GM01004	小程序开发	26	1	￥155,000.00	成都	本科
5	GM01007	数据库管理员	32	1	￥135,001.00	成都	本科
6	XM01003	Java工程师	36	1	￥130,000.00	成都	本科
7	XM01006	项目专员/助理	22	1	￥115,000.00	成都	大专
8	XM01007	产品总监	6	1	￥165,000.00	北京	本科
9	ZM01002	系统管理员	22	1	￥135,000.00	南京	大专
10				1 最大值	￥165,000.00		
11	GM01002	云计算工程师	20	2	￥160,000.00	南京	大专
12	GM01005	全栈工程师	22	2	￥135,000.00	南京	本科
13	GM01006	Python开发	22	2	￥140,000.00	上海	大专
14	XM01001	软件测试员	45	2	￥125,000.00	北京	大专
15	XM01004	机器学习工程师	26	2	￥185,000.00	成都	本科
16	XM01005	数据分析师	36	2	￥135,000.00	上海	本科
17	ZM01004	运维工程师	30	2	￥125,000.00	北京	本科
18	ZM01006	网络工程师	22	2	￥130,000.00	南京	大专
19	ZM01007	售前支持	20	2	￥135,000.00	上海	大专
20				2 最大值	￥185,000.00		
21	GM01003	移动开发工程师（Android/iOS）	30	3	￥180,000.00	上海	本科
22	XM01002	Web前端工程师	45	3	￥115,000.00	上海	大专
23	ZM01001	软件UI工程师	26	3	￥120,000.00	北京	大专
24	ZM01003	IT技术支持	40	3	￥135,000.00	北京	大专
25	ZM01005	三维建模工程师	30	3	￥160,000.00	成都	大专
26	ZM01007	系统架构师	22	3	￥150,001.00	南京	本科
27				3 最大值	￥180,000.00		
28				总最大值	￥185,000.00		

图 3-2-23　单级分类汇总效果

二、多级分类汇总

多级分类汇总则是按照多个指定的字段或条件对数据进行层层分类，并在每一级分类下都进行汇总计算。这种方法适用于那些需要按照多个维度进行分类的情况，以便更深入地了解数据的分布和特征。

以同样的招聘信息表为例，除了按岗位类别分类外，你可能还想进一步按照工作地点进行分类汇总。这样，你就可以先按照岗位类别进行分类，然后在每个岗位类别下再按照工作地点进行分类，最后统计出数据。

1. 对分类字段列进行排序

在进行多级分类汇总的排序时，需要按照分类的优先级设置排序的关键字。目的是确保数据按照指定的多个字段进行有序排列，从而在进行多级分类汇总时能够正确地将数据归类到相应的层级中。

选中表格任意单元格，用之前学习的知识打开“排序”对话框，将“主要关键字”设置为“岗位类别”，并将“次序”设置为“升序”。添加次要关键字，将“次要关键字”设置为“工作地点”，“次序”同样设置为“升序”，设置如图 3-2-24 所示，设置效果如图 3-2-25 所示。

排序

+ 添加条件(A) 删除条件(D) 复制条件(C) 选项(O)... 数据包含标题(H)

列		排序依据	次序
主要关键字	岗位类别	数值	升序
次要关键字	工作地点	数值	升序

确定 取消

图 3-2-24 多级分类汇总排序设置

招聘信息表

岗位编号	岗位名称	招聘数	岗位类别	平均工资	工作地点	学历要求
XM01007	产品总监	6	1	¥165,000.00	北京	本科
GM01001	休闲游戏策划	26	1	¥150,000.00	成都	大专
GM01004	小程序开发	26	1	¥155,000.00	成都	本科
GM01007	数据库管理员	32	1	¥135,001.00	成都	本科
XM01003	Java工程师	36	1	¥130,000.00	成都	本科
XM01006	项目专员/助理	22	1	¥115,000.00	成都	大专
ZM01002	系统管理员	22	1	¥135,000.00	南京	大专
XM01001	软件测试员	45	2	¥125,000.00	北京	大专
ZM01004	运维工程师	30	2	¥125,000.00	北京	本科
XM01004	机器学习工程师	26	2	¥185,000.00	成都	本科
GM01002	云计算工程师	20	2	¥160,000.00	南京	大专
GM01005	全栈工程师	22	2	¥135,000.00	南京	本科
ZM01006	网络工程师	22	2	¥130,000.00	南京	大专
GM01006	Python开发	22	2	¥140,000.00	上海	大专
XM01005	数据分析师	36	2	¥135,000.00	上海	本科
ZM01007	售前支持	20	2	¥135,000.00	上海	大专
ZM01001	软件UI工程师	26	3	¥120,000.00	北京	大专
ZM01003	IT技术支持	40	3	¥135,000.00	北京	大专
ZM01005	三维建模工程师	30	3	¥160,000.00	成都	大专
ZM01007	系统架构师	22	3	¥150,001.00	南京	本科
GM01003	移动开发工程师（Android/iOS）	30	3	¥180,000.00	上海	本科
XM01002	Web前端工程师	45	3	¥115,000.00	上海	大专

图 3-2-25 多级分类汇总排序效果

2. 分类汇总

在“数据”选项卡中单击“分类汇总”按钮，在弹出的“分类汇总”对话框中，设置第一级“分类字段”为“岗位类别”，将“汇总方式”设置为“最大值”，“选定汇总项”为“平均工资”，如图 3-2-26 所示，设置后单击“确定”按钮。再次打开“分类汇总”对话框，设置第二级“分类字段”为“工作地点”，将“汇总方式”设置为“求和”，“选定汇总项”为“招聘数”，并取消勾选“替换当前分类汇总”复选框，如图 3-2-27 所示。

分类汇总
分类字段(A):
岗位类别
汇总方式(U):
最大值
选定汇总项(D):
岗位类别
平均工资
工作地点
学历要求
替换当前分类汇总(C)
每组数据分页(P)
汇总结果显示在数据下方(S)
全部删除(R) 确定 取消

图 3-2-26 设置第一级分类汇总

图 3-2-27 设置第二级分类汇总

最终效果如图 3-2-28 所示。

	A	B	C	D	E	F	G
1	招聘信息表						
2	岗位编号	岗位名称	招聘数	岗位类别	平均工资	工作地点	学历要求
3	XM01007	产品总监	6	1	¥165,000.00	北京	本科
4			6			北京 汇总	0
5	GM01001	休闲游戏策划	26	1	¥150,000.00	成都	大专
6	GM01004	小程序开发	26	1	¥155,000.00	成都	本科
7	GM01007	数据库管理员	32	1	¥135,001.00	成都	本科
8	XM01003	Java工程师	36	1	¥130,000.00	成都	本科
9	XM01006	项目专员/助理	22	1	¥115,000.00	成都	大专
10			142			成都 汇总	0
11	ZM01002	系统管理员	22	1	¥135,000.00	南京	大专
12			22			南京 汇总	0
13				1 最大值	¥165,000.00		
14	XM01001	软件测试员	45	2	¥125,000.00	北京	大专
15	ZM01004	运维工程师	30	2	¥125,000.00	北京	本科
16			75			北京 汇总	0
17	XM01004	机器学习工程师	26	2	¥185,000.00	成都	本科
18			26			成都 汇总	0
19	GM01002	云计算工程师	20	2	¥160,000.00	南京	大专
20	GM01005	全栈工程师	22	2	¥135,000.00	南京	本科
21	ZM01006	网络工程师	22	2	¥130,000.00	南京	大专
22			64			南京 汇总	0
23	GM01006	Python开发	22	2	¥140,000.00	上海	大专
24	XM01005	数据分析师	36	2	¥135,000.00	上海	本科
25	ZM01007	售前支持	20	2	¥135,000.00	上海	大专
26			78			上海 汇总	0
27				2 最大值	¥185,000.00		

图 3-2-28 多级分类汇总效果

在实际应用中，选择使用单级分类汇总还是多级分类汇总，主要取决于数据处理需求和分析目的。单级分类汇总更加简单直接，适用于单一维度的分类分析；而多级分类汇总则更加复杂和灵活，适用于需要从多个维度对数据进行深入分析的情况。

任务实训

用 WPS 制作“喜迎国庆”演讲活动统计表

效果如图 3-2-29 所示。

××学校“喜迎国庆”演讲比赛安排表

编号	姓名	学号	性别	所属学院	演讲主题	演讲时长	演讲时间
001	张薇	230401113	女	智能工程学院	《共筑中国梦，喜迎国庆佳节》	4	2024/9/23
002	程诺	230501214	女	商贸学院	《国庆盛典，见证祖国的辉煌成就》	3	2024/9/23
003	李艺伟	230601007	男	智能工程学院	《从国庆看祖国母亲的蜕变与崛起》	4	2024/9/25
004	张宇寒	230701216	男	商贸学院	《祖国，我为你自豪》	5	2024/9/26
005	张欢欢	230803332	女	体育学院	《国庆，回望历史，展望未来》	3	2024/9/23
006	陈莉	230901018	女	智能工程学院	《传承红色基因，续写时代华章》	4	2024/9/24
007	王晓楠	231000009	女	商贸学院	《国庆的钟声：奏响时代的强音》	3	2024/9/24
008	上官雨琪	231102336	女	体育学院	《国庆之光：照亮我们前行的路》	4	2024/9/25
009	李建安	231201145	男	体育学院	《为祖国点赞，为时代喝彩》	5	2024/9/26
010	王依霖	231302137	女	城市学院	《时代强音，奏响祖国赞歌》	3	2024/9/27
011	张虎	231401233	男	商贸学院	《砥砺前行，共话祖国明天》	3	2024/9/27
012	李小军	231505103	男	商贸学院	《盛世欢歌，为祖国骄傲自豪》	3	2024/9/28
013	单龙	231601245	男	城市学院	《为中华崛起而歌》	4	2024/9/27
014	赵云立	231702146	男	城市学院	《传承红色基因，共绘未来蓝图》	5	2024/9/28
015	赖涵	231803128	女	教育学院	《时代脉搏中的祖国颂歌》	5	2024/9/26
016	蒋佳芸	231901211	女	教育学院	《祖国，我心中的那片红》	3	2024/9/28
017	代江	232000225	男	商贸学院	《祖国山河，我为你歌唱》	4	2024/9/25
018	徐世文	232100417	男	教育学院	《中华崛起，梦想起航》	4	2024/9/24

图 3-2-29 “喜迎国庆”演讲活动统计表

操作要求：

1. 数据准备

打开 WPS 表格软件，录入一个包含国庆演讲活动数据的电子表格。确保表格中包含演讲者姓名、演讲时间、演讲时长、演讲主题、所属学院等字段，其他字段可依具体情况设置，如编号、学号、性别等。

2. 排序

根据需要，选择对“演讲时间”或“演讲时长”等字段进行排序。

在 WPS 表格的“数据”选项卡中，找到并单击“排序”按钮，选择合适的排序方式(升序或降序)。

应用排序，确保表格中的数据按照所选字段有序排列。

3. 筛选

选中整个包含国庆演讲活动数据的区域。

利用 WPS 表格的“筛选”功能，筛选出符合特定条件的演讲活动。例如，筛选出特定学院的演讲者。

4. 分类汇总

在筛选后的数据基础上，选择“所属学院”或“演讲主题”作为分类字段。

使用 WPS 表格的“分类汇总”功能，对每个分类的演讲活动数量或演讲总时长进行汇总。

应用分类汇总后，表格将按照所选字段进行分类，并显示每类的汇总数据。

5. 结果展示与分析

检查排序、筛选和分类汇总的结果，确保数据的准确性和完整性。

根据汇总数据，分析不同学院或不同主题的演讲活动情况，探讨其背后的原因和意义。可以使用 WPS 表格的图表功能，将分类汇总的结果以图表形式展示，更直观地了解“喜迎国庆”演讲活动的开展情况。

任务 3.3　管理企业员工工资

任务目标

- 了解 WPS 表格中公式的作用。
- 了解 WPS 表格中函数的作用。
- 掌握 WPS 表格中公式的书写方法。
- 能够区分单元格的三种引用方式并加以应用。
- 掌握常见函数的使用。

任务要求

1. 内容要求

工资明细包含基本工资、工龄工资、岗位津贴、扣款、实发工资等常见组成部分。

2. 格式要求

- 表格结构清晰：确保工资数据表格结构清晰、易于理解，列标题明确，数据对齐整齐。
- 数据格式统一：统一设置数字格式、日期格式等，避免格式混乱。
- 函数使用规范：在公式中使用函数时，应确保函数名称、参数和语法正确无误。

3. 功能性要求

- 制作工资一览表：

利用公式或 SUM 函数计算实发工资。

利用 AVERAGE 函数计算平均实发工资。

利用 MAX、MIN 函数计算最高、最低实发工资。

利用 RANK 函数对实发工资进行排名。

利用 IF 函数划分工资等级，要求如下：

实发工资≥6000，等级为 A；4000≤实发工资＜6000，等级为 B；实发工资＜4000，等级为 C。

对实发工资进行分段统计。

- 跨工作表工资汇总：

利用 VLOOKUP 函数调用数据完成基本工资、津贴、出勤等的调用。

结合使用 VLOOKUP、IF、ISERROR 函数完成工资表中提成列数据的调用。

利用 IF 函数对个人所得税进行多种情况分析。

任务实施

工单 3.3.1 制作工资一览表

工单 3.3.1 内容见表 3-3-1。

表 3-3-1　　工单 3.3.1 内容

<table>
<tr><td>名称</td><td>制作工资一览表</td><td>实施日期</td><td></td></tr>
<tr><td>实施人员名单</td><td></td><td>实施地点</td><td></td></tr>
<tr><td>实施人员分工</td><td colspan="3">组织：　　　　记录：　　　　宣讲：</td></tr>
<tr><td colspan="4">请在互联网上查询相关信息，回答下面的问题；结合本节课堂的内容，完成操作演练。
1. WPS 表格公式书写有哪些注意事项？
□ 公式输入的起始符号：在 WPS 表格中，每个公式都应以等号“=”开头。等号用于标识单元格中的内容是公式而非静态文本或数值
□ 单元格引用：在公式中使用单元格引用时，确保引用的单元格地址正确无误。WPS 表格支持相对引用、绝对引用和混合引用，根据需要选择合适的引用方式
□ 函数名称的正确性：使用函数时，确保函数名称拼写正确，且符合 WPS 表格支持的函数列表。函数名称不区分大小写，但建议使用大写字母以增强可读性
□ 括号的使用：大多数函数都需要使用括号来包含参数。确保每个函数都使用了正确的括号，并且括号的开闭成对出现
□ 参数分隔符：在函数中，不同参数之间应使用逗号分隔。确保每个参数之间只有一个逗号，且逗号前后没有多余的空格
□ 注意单元格格式：单元格的格式可能会影响公式的计算结果。例如，文本格式的单元格中的数字不会被 WPS 表格当作数值进行计算。确保参与计算的单元格具有正确的格式
□ 避免循环引用：循环引用是指一个单元格的公式直接或间接地引用了它自己。这会导致 WPS 表格无法计算该单元格的值，并可能显示错误消息。在编写公式时，务必避免循环引用
□ 检查公式中的错误：在输入公式后，仔细检查是否有语法错误、拼写错误或逻辑错误。根据提示修改公式可以更快地解决问题
□ 其他
2. 请列举出至少五个在电子表格中常用的函数，并简述其应用场景。

3. 在一个 WPS 表格中，你有一列包含多个日期的数据。如何使用 MAX 函数和 MIN 函数找出这一列中的最早和最晚日期？

4. WPS 表格中三种单元格引用方式的区别是什么？

5. 操作演练：请按要求完成工资一览表的制作。</td></tr>
<tr><td colspan="4">学习效果评价分数(0～100 分)</td></tr>
<tr><td>自评分</td><td></td><td>组评分</td><td></td></tr>
</table>

WPS 表格函数是 WPS Office 办公软件中用于数据处理和分析的重要工具。这些函数允许用户根据特定条件对数据进行计算、统计、筛选和转换，从而快速得出所需的结果。

WPS 表格函数种类繁多，包括但不限于 SUM(求和)、AVERAGE(平均值)、MAX(最大值)、MIN(最小值)、IF(条件判断)、COUNT(计数)、VLOOKUP(查找)等。

一、认识函数

1. SUM 函数

功能：计算一组数值的总和。

语法格式：=SUM(number1, [number2], ...)

参数说明：number1, number2, ... 是要相加的数值或单元格引用。可以是数字、数组或引用，空白单元格、逻辑值、文本或错误值将被忽略。

由 SUM 函数拓展开，通常还有 SUMIF、SUMIFS 函数。

SUMIF 函数用于对满足单个条件的单元格进行求和。

SUMIFS 函数用于对满足多个条件的单元格进行求和。

2. AVERAGE 函数

功能：计算一组数值的平均值。

语法格式：=AVERAGE(number1, [number2], ...)

参数说明：number1, number2, ... 是要求平均值的数值或单元格引用。非数值型参数将被忽略，但包含零值的单元格将被计算在内。

3. MAX 函数

功能：返回一组数值中的最大值。

语法格式：=MAX(number1, [number2], ...)

参数说明：number1, number2, ... 是要从中找出最大值的数值或单元格引用。

4. MIN 函数

功能：返回一组数值中的最小值。

语法格式：=MIN(number1, [number2], ...)

参数说明：number1, number2, ... 是要从中找出最小值的数值或单元格引用。

5. IF 函数

功能：根据指定的条件进行逻辑判断，返回相应的值。

语法格式：=IF(logical_test, [value_if_true], [value_if_false])

参数说明：logical_test 是要测试的条件；value_if_true 是当条件为真时返回的值；value_if_false 是当条件为假时返回的值(可选)。

6. RANK 函数

功能：返回一个数值在一组数值中的排名。

语法格式：=RANK(number, ref, [order])

参数说明：number 是要排名的数值；ref 是包含一组数值的数组或对数值列表的引用；order 是一个数字，用于指定排名的顺序（如果省略或为零，则按降序排列）。

7. COUNT 函数

功能：计算参数列表中非空单元格中数字的个数。

语法格式：=COUNT(value1, [value2], ...)

参数说明：value1, value2, ... 是要计算其中数字的个数的单元格引用或值。错误值、文字、逻辑值、空值将被忽略。

由 COUNT 函数拓展开，通常还有 COUNTIF、COUNTIFS 函数。

COUNTIF 用于基于单个条件计数，而 COUNTIFS 则用于基于多个条件计数。

了解了所需要函数，就可以利用这些函数进行工资一览表的制作了。

二、完成工资一览表的制作

1. 计算实发工资

本次任务首先需要计算出每名员工的实发工资，由于实发工资有收入项也有扣款项，可以先用 SUM 函数对收入项求和，再减去扣款项即可。

选中 J3 单元格，单击“f_x”按钮，在弹出的“插入函数”对话框中，选择 SUM 函数，单击“确定”按钮，弹出“函数参数”对话框，单击“数值 1”右侧的折叠按钮，用鼠标选中需要求和的区域“F3:H3”，单击“确定”按钮，如图 3-3-1 所示。

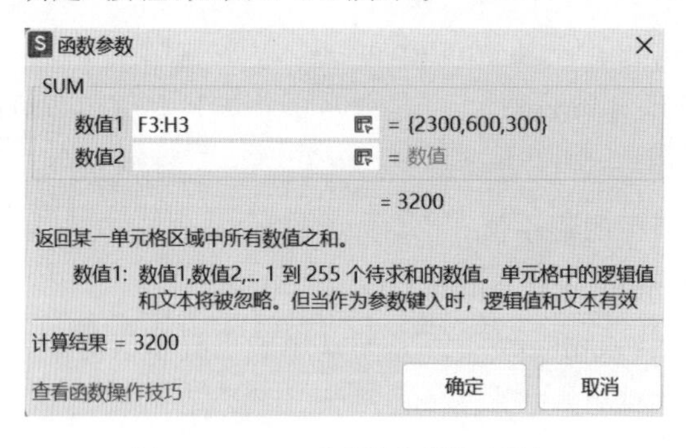

图 3-3-1 SUM“函数参数”对话框

在编辑栏显示的公式后面手动输入公式减去扣款项，如图 3-3-2 所示，就可以算出第一名员工的实发工资。

=SUM(F3:H3)-I3

图 3-3-2 实发工资公式

利用填充柄向下填充公式，计算出每名员工的实发工资。

2. 计算平均实发工资、最高实发工资及最低实发工资

计算平均实发工资、最高实发工资及最低实发工资,并将得出的结果保留两位小数。

选中 F23 单元格,单击“f_x”按钮,在弹出的“插入函数”对话框中,选择 AVERAGE 函数,单击“确定”按钮,弹出“函数参数”对话框,用鼠标选中需要求平均值的区域“J3:J20”,单击“确定”按钮即可。如图 3-3-3 所示。

函数参数
AVERAGE
数值1 J3:J20 = {3150;5135;9185;5650;6...
数值2 = 数值
= 5803.222
返回所有参数的平均值(算术平均值)。参数可以是数值、名称、数组、引用。
数值1: 数值1,数值2,... 用于计算平均值的 1 到 255 个数值参数
计算结果 = 5803.222
查看函数操作技巧 确定 取消

图 3-3-3 AVERAGE“函数参数”对话框

计算出数值后,选中单元格,单击“开始”选项卡中的“减少小数位数”按钮,保留两位小数即可。

用同样的方法,利用 MAX 和 MIN 函数分别计算出最高实发工资和最低实发工资。

3. 实发工资排名

选中 K3 单元格,单击“f_x”按钮,在弹出的“插入函数”对话框中,选择 RANK 函数,单击“确定”按钮,弹出“函数参数”对话框,“数值”处用鼠标选中需要排名的单元格“J3”,“引用”处选中需要排名的一组数“J3:J20”,“排位方式”为 0 或不填写。

此处需要注意,由于每一个需要排名的实发工资都是在相同的一组数内进行排名,因此,“J3:J20”需要使用单元格的绝对引用,以确保利用填充柄向下填充时,公式中的单元格引用不会因复制公式而改变。设置如图 3-3-4 所示。

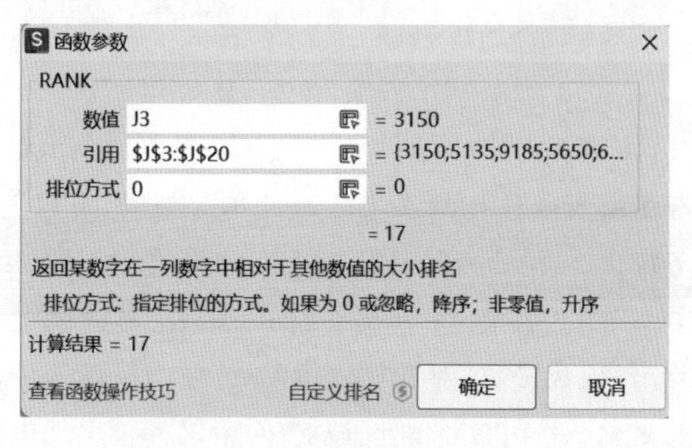

图 3-3-4 RANK“函数参数”对话框

分析出第一名员工工资排名后,利用填充柄向下进行公式填充,分析出每一名员工的工资排名。

4. 分析工资等级

本次任务中，工资分为三个等级，我们可以在一个 IF 函数内部嵌套 IF 函数，以根据多个条件返回不同的结果。

使用 IF 函数进行嵌套时，确保逻辑顺序是正确的，并且每个 IF 语句都正确地对应了一个条件和一个结果。过多的嵌套可能会使公式变得复杂，因此尽量保持逻辑清晰和简洁。注意 IF 函数最多嵌套 64 个。

本次任务选中 L3 单元格，公式如图 3-3-5 所示。

=IF(J3>=6000,"A",IF(J3>=4000,"B","C"))

图 3-3-5 IF 函数嵌套

完成第一名员工的工资等级分析后，利用填充柄向下进行公式填充，分析出每一名员工的工资等级。

5. 实发工资分段统计

按照工资等级划分，利用 COUNTIF、COUNTIFS 进行各等级人数统计。

选中 F26 单元格，单击“f_x”按钮，在弹出的“插入函数”对话框中，选择 COUNTIF 函数，单击“确定”按钮，弹出“函数参数”对话框，“区域”处用鼠标选中需要进行分段统计的区域“J3:J20”，“条件”处输入“＞＝6000”，单击“确定”按钮，统计出实发工资≥6000 的员工数，设置如图 3-3-6 所示。

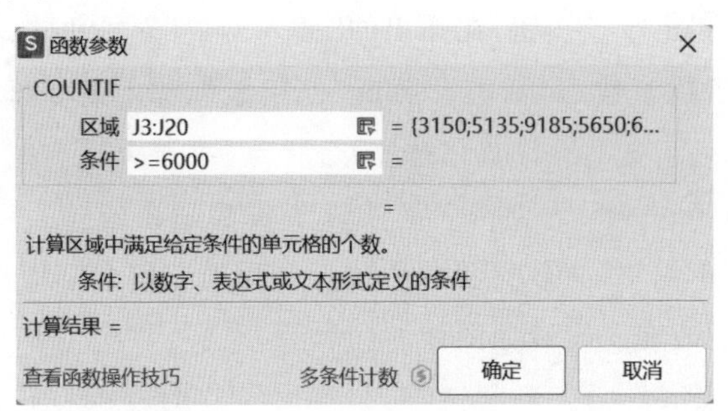

图 3-3-6 COUNTIF“函数参数”对话框

同样，利用 COUNTIF 函数还可以统计出实发工资＜4000 的人数。

当约束条件不止一组或者条件在跨多个区域的单元格时，可以使用 COUNTIFS 函数进行统计。如本次任务统计 4000≤实发工资＜6000 的人数。

选中 F27 单元格，单击“f_x”按钮，在弹出的“插入函数”对话框中，选择 COUNTIFS 函数，单击“确定”按钮，弹出“函数参数”对话框，“区域 1”处用鼠标选中需要进行分段统计的区域“J3:J20”，“条件 1”处输入“＜6000”，“区域 2”处用鼠标再次选中需要进行分段统计的区域“J3:J20”，“条件 2”处输入“＞＝4000”，单击“确定”按钮，统计出该工资段的员工数，设置如图 3-3-7 所示。

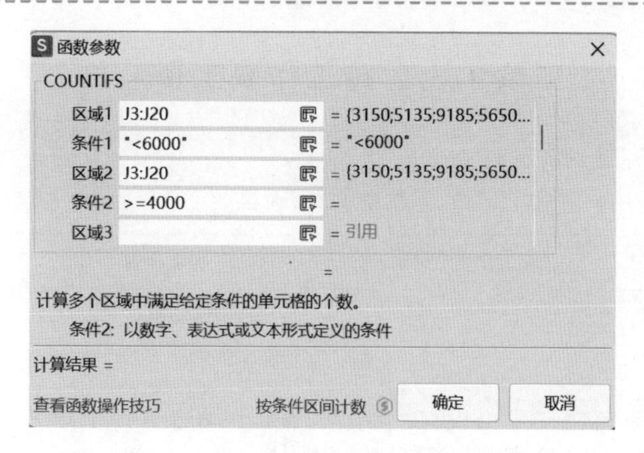

图 3-3-7 COUNTIFS“函数参数”对话框

工资一览表完成效果如图 3-3-8 所示。

某某公司员工工资一览表

职工号	姓名	性别	部门	基本工资	工龄工资	岗位津贴	扣款	实发工资	排名	工资等级
001	江江	男	人力	2300	600	300	50	3150	17	C
002	李兰	女	市场	3600	1200	600	265	5135	14	B
003	张运昆	男	行政	6500	2000	850	165	9185	2	A
004	王昊	男	生产	3800	1400	600	150	5650	9	B
005	李家鑫	男	人力	4500	1200	660	200	6160	4	A
006	张伟豪	男	生产	3580	1200	580	220	5140	13	B
007	刘刚	男	生产	3600	1400	520	20	5500	10	B
008	王晓丽	女	生产	3500	1200	480	100	5080	16	B
009	尹潇	女	生产	4500	1150	525	220	5955	5	B
010	郝林	男	人力	3800	1100	380	60	5220	12	B
011	吴晓云	女	行政	5500	2000	850	75	8275	3	A
012	吴佳俊	男	人力	3800	1000	400	112	5088	15	B
013	康新宇	男	行政	4000	1200	360	215	5345	11	B
014	李梅	女	市场	2300	600	300	160	3040	18	C
015	廖莎莎	女	市场	3650	1800	500	135	5815	6	B
016	李帆	男	生产	3520	1600	650	20	5750	8	B
017	张海柱	男	行政	6500	2000	850	160	9190	1	A
018	李玉杰	男	生产	3800	1650	480	150	5780	7	B

平均实发工资	5803.22
最高实发工资	9190
最低实发工资	3040
实发工资>=6000	4
6000>实发工资>=4000	12
实发工资<4000	2

图 3-3-8 工资一览表完成效果

工单 3.3.2 跨工作表工资汇总

工单 3.3.2 内容见表 3-3-2。

表 3-3-2 工单 3.3.2 内容

<table>
<tr><td>名称</td><td>跨工作表工资汇总</td><td>实施日期</td><td></td></tr>
<tr><td>实施人员名单</td><td></td><td>实施地点</td><td></td></tr>
<tr><td>实施人员分工</td><td colspan="3">组织：　　记录：　　宣讲：</td></tr>
<tr><td colspan="4">请在互联网上查询相关信息，回答下面的问题；结合本节课堂的内容，完成操作演练。
1. 在 WPS 电子表格中，跨工作表调用数据有哪些应用场景？
□ 合并多个工作表数据：在汇总多个部门的销售数据时，可以从每个部门的工作表中提取数据并合并到总表中
□ 创建动态报告：创建一个包含实时库存信息的报告，库存数据从库存工作表中调用
□ 数据对比与分析：比较两个不同时间段的销售数据，以分析销售趋势
□ 构建复杂模型：在构建财务模型、预测模型或其他复杂模型时，从多个工作表中提取数据进行计算
□ 实现数据联动：在某些情况下，一个工作表中的数据变化需要自动反映到另一个工作表中。通过跨工作表调用数据，可以实现这种数据联动，提高工作效率
□ 制作综合统计表：制作综合统计表展示多个工作表中数据的汇总情况
□ 数据验证与核对：在一个工作表中验证或核对另一个工作表中的数据
□ 创建数据透视表：从多个工作表中提取数据作为数据源制作数据透视表
□ 其他
2. 在 WPS 电子表格中，跨工作表调用数据有哪些常用方法？
□ 使用公式引用：通过在目标单元格中输入公式，引用源工作表中的单元格或区域
□ 使用链接功能：WPS 电子表格支持创建链接，通过链接可以直接引用另一个工作表中的数据
□ 使用 VLOOKUP 函数：当需要在目标工作表中根据某个键值查找并返回源工作表中的对应数据时，可以使用 VLOOKUP 函数
□ 使用数据透视表：数据透视表是一种强大的数据分析工具，它可以从多个工作表中提取数据并进行汇总、分析和展示
□ 使用跨工作表引用功能：WPS 电子表格提供了跨工作表引用的功能，可以直接在公式中引用其他工作表的名称和单元格地址
□ 其他
3. VLOOKUP 函数在查找数据时，对查找列的数据有什么特殊要求？

4. 如果查找的值在查找列中不存在，VLOOKUP 函数会返回什么结果？

5. 操作演练：请按要求完成跨工作表工资汇总。</td></tr>
<tr><td colspan="4">学习效果评价分数（0～100 分）</td></tr>
<tr><td>自评分</td><td></td><td>组评分</td><td></td></tr>
</table>

当需要在多个工作表之间整合数据时,使用 VLOOKUP 函数进行跨工作表调用数据是非常实用的方式。例如,可以在一个工作表中汇总来自不同工作表的销售数据、库存数据或客户信息,从而进行更全面的分析和报告。

在进行数据调用时,往往会将多个函数结合使用,以提高数据处理效率,增强数据处理准确性,实现复杂数据分析,简化数据处理流程,以及提高报表可读性。这些好处使得 WPS 表格在处理和分析大量数据时更加高效和便捷。

以本次任务为例,在对工资进行汇总时,需要调用员工的基本工资标准、考勤、提成、津贴等数据,将会使用 VLOOKUP、ISERROR、IF 等函数进行综合判断。

一、认识函数

1. VLOOKUP 函数

功能:在表格的首列查找一个值,并返回该行的其他单元格中的值的函数。

语法格式:VLOOKUP(查找值,数据表, 列序数, [匹配条件])

参数说明:

(1)查找值(必需),要在 table_array 的第一列中查找的值,可以是引用或值。

(2)数据表(必需),包含数据的单元格区域或数组。使用这个范围或数组的第一列中的值来查找 lookup_value,table_array 必须至少有两列。

(3)列序数(必需),一个数字,指定希望从 table_array 中返回的值的列的编号。

(4)匹配条件(可选),一个逻辑值,指定函数查找近似匹配值还是精确匹配值。

2. ISERROR 函数

功能:判断某个单元格或表达式中是否包含错误值。这些错误值包括但不限于#DIV/0!、#N/A、#NAME?、#value!、#REF!、#NUM!、#NULL! 等。当单元格或表达式中包含这些错误值时,ISERROR 函数会返回 TRUE;否则,返回 FALSE。

语法格式:ISERROR(value)

参数说明:value 是需要判断是否为错误值的值或表达式。

在实际应用中,ISERROR 函数经常与其他函数结合使用,例如 IF 函数,以在检测到错误时提供替代值或执行特定的操作。

二、完成跨工作表工资汇总

1. 调用基本工资信息

工资统计表中的基本工资、津贴等都需要在对应的工作表中提取,可以利用 VLOOKUP 函数完成数据调用。

以基本工资为例，基本工资由工资级别决定，在“工资统计表”中，选中 G3 单元格，单击“f_x”按钮，在弹出的“插入函数”对话框中，选择 VLOOKUP 函数，单击“确定”按钮，弹出“函数参数”对话框，依次输入四个参数，单击“确定”按钮，如图 3-3-9 所示。

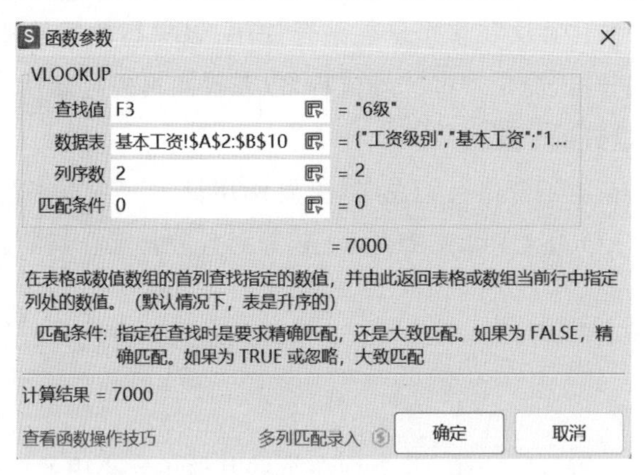

图 3-3-9 基本工资 VLOOKUP“函数参数”对话框

注意每一名员工的工资都在相同的数据表中查询，因此参数框中的数据表要在单元格地址前带上绝对引用符号 $，以确保在拖动或复制公式时，引用的单元格地址保持不变。

使用相同方法可以完成津贴数据的调用。

2. 调用提成工资信息

在本次任务中，员工提成由员工姓名决定，在“提成”工作表中，只有五名员工信息，因此直接使用 VLOOKUP 函数调用信息时会报错，我们可以采用与 ISERROR、IF 函数结合使用的方式来解决此问题。

在“工资统计表”中，选中 H3 单元格，按前面的方法打开弹出 VLOOKUP“函数参数”对话框，依次填入四个参数，如图 3-3-10 所示。

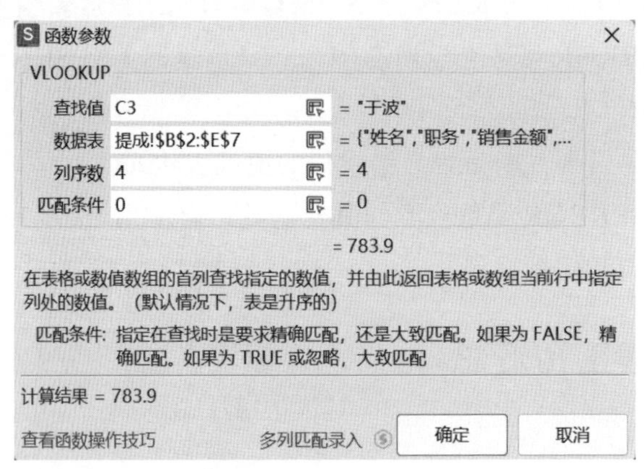

图 3-3-10 提成工资 VLOOKUP“函数参数”对话框

注意在数据表引用中，查找值应位于首列，因此在“提成”工作表中选取的范围为“B2:E7”。

单击“确定”按钮后，出现报错信息，如图 3-3-11 所示。

工号	部门	姓名	职务	性别	工资级别	基本工资	提成工资	津贴	应发工资	考勤扣款	代扣个人所得税	实发工资
0001	市场	于波	员工	男	6级	¥7,000	¥784					
0002	市场	李伟	员工	男	4级	¥8,000	¥278					
0003	市场	兰晓芸	员工	女	4级	¥8,000	¥476					
0004	生产	张鑫	员工	男	4级	¥8,000	#N/A					
0005	生产	王志雷	组长	男	4级	¥8,000	#N/A					
0006	行政	唐芳	总经理	女	1级	¥12,500	#N/A					
0007	行政	赵一鸣	副总经理	女	2级	¥11,000	#N/A					
0008	行政	刘武	员工	男	5级	¥7,500	#N/A					
0009	市场	曹勇	员工	男	4级	¥8,000	¥310					
0010	市场	王文娟	组长	女	4级	¥8,000	¥1,280					
0011	人力	白思琪	组长	女	3级	¥8,500	#N/A					
0012	人力	陈大龙	员工	男	6级	¥7,000	#N/A					

某某公司员工工资统计表

图 3-3-11 提成工资报错界面

结合 ISERROR 和 IF 函数解决报错,如图 3-3-12 所示。

=IF(ISERROR(VLOOKUP(C3,提成!$B$2:$E$7,4,0)),0,VLOOKUP(C3,提成!$B$2:$E$7,4,0))

图 3-3-12 提成工资完整公式

通过函数结合使用顺利提取出每一名员工的提成工资。

完成基本工资、提成工资、津贴信息的调用后,利用 SUM 函数统计出应发工资。

3. 调用考勤信息

同样利用 VLOOKUP 函数从"考勤"工作表中调用每一名员工的缺勤次数,每缺勤一次扣 50 元,完善后的 K3 单元格公式如图 3-3-13 所示。

=VLOOKUP(C3,考勤!$C$2:$D$14,2,0)*50

图 3-3-13 考勤扣款公式

4. 计算个人所得税及实发工资

在计算个人所得税时,由于扣税标准分五段,可以用 IF 函数的多重嵌套进行讨论。在上一工单已经有相应介绍,不再赘述,工资统计表完成效果如图 3-3-14 所示。

某某公司员工工资统计表

工号	部门	姓名	职务	性别	工资级别	基本工资	提成工资	津贴	应发工资	考勤扣款	代扣个人所得税	实发工资
0001	市场	于波	员工	男	6级	¥7,000	¥784	¥600	¥8,384	¥0	¥233.4	¥8,150.5
0002	市场	李伟	员工	男	4级	¥8,000	¥278	¥600	¥8,878	¥50	¥282.8	¥8,545.5
0003	市场	兰晓芸	员工	女	4级	¥8,000	¥476	¥600	¥9,076	¥100	¥302.6	¥8,673.4
0004	生产	张鑫	员工	男	4级	¥8,000	¥0	¥600	¥8,600	¥50	¥255.0	¥8,295.0
0005	生产	王志雷	组长	男	4级	¥8,000	¥0	¥700	¥8,700	¥0	¥265.0	¥8,435.0
0006	行政	唐芳	总经理	女	1级	¥12,500	¥0	¥1,000	¥13,500	¥0	¥1,145.0	¥12,355.0
0007	行政	赵一鸣	副总经理	女	2级	¥11,000	¥0	¥800	¥11,800	¥50	¥805.0	¥10,945.0
0008	行政	刘武	员工	男	5级	¥7,500	¥0	¥600	¥8,100	¥0	¥205.0	¥7,895.0
0009	市场	曹勇	员工	男	4级	¥8,000	¥310	¥600	¥8,910	¥0	¥286.0	¥8,624.0
0010	市场	王文娟	组长	女	4级	¥8,000	¥1,280	¥700	¥9,980	¥50	¥393.0	¥9,537.0
0011	人力	白思琪	组长	女	3级	¥8,500	¥0	¥700	¥9,200	¥0	¥315.0	¥8,885.0
0012	人力	陈大龙	员工	男	6级	¥7,000	¥0	¥600	¥7,600	¥0	¥78.0	¥7,522.0

图 3-3-14 工资统计表完成效果

任务实训

用 WPS 制作“第 31 届世界大学生夏季运动会奖牌榜(前 20 名)”

操作要求：

第 31 届世界大学生夏季运动会(31st Summer Universiade/31st FISU World University Games)，简称世界大学生夏季运动会，是中国第五次举办世界大学生运动会，也是中国西部第一次举办世界性综合运动会。该届赛事于 2023 年 7 月 28 日至 8 月 8 日在中国四川省成都市举行，于 2023 年 8 月 8 日结束。

中国队以 178 枚奖牌领先，日本队 93 枚位居第二，韩国以 58 枚奖牌排在第三；中国队成都大运会金牌数突破 100 枚——获得 103 枚，这是中国队参加历届大运会以来，所获金牌数的最高纪录，中国也因此成为大运会历史上第二个在一届大运会上金牌总数破百的国家。

按要求利用恰当的函数完善奖牌榜统计和奖牌查询系统，原始表格如图 3-3-15 所示。

第31届世界大学生夏季运动会奖牌榜（前20名）

序号	国家/地区	金牌	银牌	铜牌	总数	排名
001	中国	103	40	35		
002	日本	21	29	43		
003	韩国	17	18	23		
004	意大利	17	18	21		
005	中国台北	10	17	19		
006	波兰	15	16	12		
007	土耳其	11	12	12		
008	印度	11	5	10		
009	德国	4	8	12		
010	法国	5	8	10		
011	伊朗	5	6	12		
012	美国	1	9	13		
013	南非	2	11	7		
014	哈萨克斯坦	2	7	11		
015	匈牙利	3	8	6		
016	乌兹别克斯坦	0	8	6		
017	巴西	0	7	6		
018	立陶宛	6	4	2		
019	捷克	4	3	5		
020	中国香港	4	1	7		

奖牌总数≥50的国家/地区数	
20≤奖牌总数<50的国家/地区数	
奖牌总数<20的国家/地区数	
奖牌总数最大值	
奖牌总数最小值	

奖牌查询系统	
国家/地区	
金牌	
银牌	
铜牌	
奖牌总数	
排名	

图 3-3-15 实训原始表格

任务 3.4 工资表数据可视化

任务目标

- 掌握在 WPS 表格中创建不同类型图表(如柱形图、饼图、折线图等)的方法。
- 学会根据数据类型和分析需求选择合适的图表类型。
- 能够熟练地从 WPS 表格中选择和导入数据到图表中。
- 掌握如何设置图表的标题、坐标轴标签和图例,确保图表信息完整准确。
- 学会调整图表的大小、位置和颜色搭配,使图表美观且易于阅读。
- 能够添加数据标签、百分比标签,增强图表的信息传达能力。
- 掌握在 WPS 表格中创建数据透视图的方法。
- 学会运用数据透视图对工资数据进行深入分析。

任务要求

1. 内容要求

- 展示所有员工的实发工资数据,确保数据准确、完整。
- 展示各部门实发工资的占比情况,反映各部门在整体工资支出中的贡献。

2. 格式要求

- 图表应清晰易读,颜色搭配合理,避免使用过于刺眼或难以区分的颜色。
- 在创建图表时,注意选择合适的图表类型,以便有效地展示数据。
- 在调整图表大小和位置时,确保它们不会遮挡工资表中的数据,同时也不会显得过于拥挤或分散。
- 标题、图例、坐标轴等应放置在合适的位置,便于理解和阅读。

3. 功能性要求

- 工资表图表展示

创建一个柱形图,展示每个员工的总工资。

在柱形图上添加数据标签,显示每个员工的总工资数值。

创建一个饼图,展示各部门实发工资总和在总实发工资中的占比。

在饼图上添加百分比标签,显示各部门实发工资的占比。

- 工资表数据透视图

创建一个数据透视图,以便能够分析不同部门、不同职务的员工工资情况。

在数据透视表窗格的“字段列表”中,选择“部门”字段,并将其拖动到“行”区域。

选择“职务”字段,同样拖动到“行”区域下,作为“部门”字段的子级(形成多级数据透视表)。

选择“基本工资”字段,拖动到“值”区域。

选择“求平均值”来统计各部门平均实发工资。

通过展开和折叠部门或职务来查看不同层级的汇总数据。

任务实施

工单 3.4.1 工资表图表展示

工单 3.4.1 内容见表 3-4-1。

表 3-4-1 **工单 3.4.1 内容**

<table>
<tr><td>名称</td><td>工资表图表展示</td><td>实施日期</td><td></td></tr>
<tr><td>实施人员名单</td><td></td><td>实施地点</td><td></td></tr>
<tr><td>实施人员分工</td><td colspan="3">组织：　　　　　记录：　　　　　宣讲：</td></tr>
<tr><td colspan="4">请在互联网上查询相关信息，回答下面的问题；结合本节课堂的内容，完成操作演练。
1. WPS 图表制作中有哪些常用的图表类型？
☐ 柱形图：常用于表示数据的对比及比较，例如展示不同部门或产品的销售额对比
☐ 折线图：常用于观察数据随时间或其他连续变量的变化趋势，如股票价格、气温变化等
☐ 饼图：常用于表示数据的占比情况，如市场份额、费用分布等
☐ 条形图：常用于表示数据的排名情况，特别是当类别名称较长或需要突出排名时
☐ 面积图：常用于展示数据随时间变化的累计情况，强调总量趋势
☐ 散点图：常用于展示两个变量之间的关系，以及发现潜在的数据模式和趋势
☐ 雷达图：常用于展示多个变量的比较情况，适用于综合评价、多维度对比等场景
☐ 其他
2. 在 WPS 图表制作中，为了提高图表的可读性和美观性，可以采取哪些措施？
☐ 选择合适的图表类型：根据数据的性质和展示需求，选择最能直观表达信息的图表类型
☐ 简化图表元素：避免过多的图表元素干扰读者视线，只保留必要的信息
☐ 使用清晰的标题和标签：为图表添加明确的标题和坐标轴标签，方便读者理解图表内容
☐ 调整颜色和字体：使用对比明显的颜色和易读的字体，提高图表的辨识度
☐ 添加数据标签：在图表中添加数据标签，方便读者直接查看具体数值
☐ 利用图例说明：为图表添加图例，解释不同颜色或形状代表的含义
☐ 其他
3. 在制作 WPS 图表时，如何运用图表元素（如标题、图例、数据标签等）来增强图表的信息传达效果？请讨论这些元素的作用和设置方法，并举例说明它们在实际应用中的效果。

4. 操作演练：请按要求完成工资表图表展示。</td></tr>
<tr><td colspan="4">学习效果评价分数（0～100 分）</td></tr>
<tr><td>自评分</td><td></td><td>组评分</td><td></td></tr>
</table>

通过图表，工资数据能够以更直观、更易于理解的方式展现。相较于纯文本或数字表格，图表能够更快速地传达关键信息，能够清晰地展示不同员工或不同工资项目之间的对比关系，有助于快速识别差异和趋势。

一、员工总工资柱形图展示

柱形图起源于数学统计学科，也被称为条形统计图。它主要用于比较多个同类项之间的数据关系，如比较公司员工工资、各国人口数量、中国各省份的 GDP、不同产品的销售额等。通过柱形图，可以直观地展示数据的分布和差异，帮助我们快速识别数据中的关键信息和趋势。

在本次任务中，需要创建一个柱形图，展示每个员工的总工资。

1. 数据图表转换

在工资统计表中，选中“姓名”列和“实发工资”列数据，在“插入”选项卡中单击“图表”按钮，在弹出的“图表”对话框中，选择“柱形图”|“簇状柱形图”，如图 3-4-1 所示。生成的柱形图如图 3-4-2 所示。

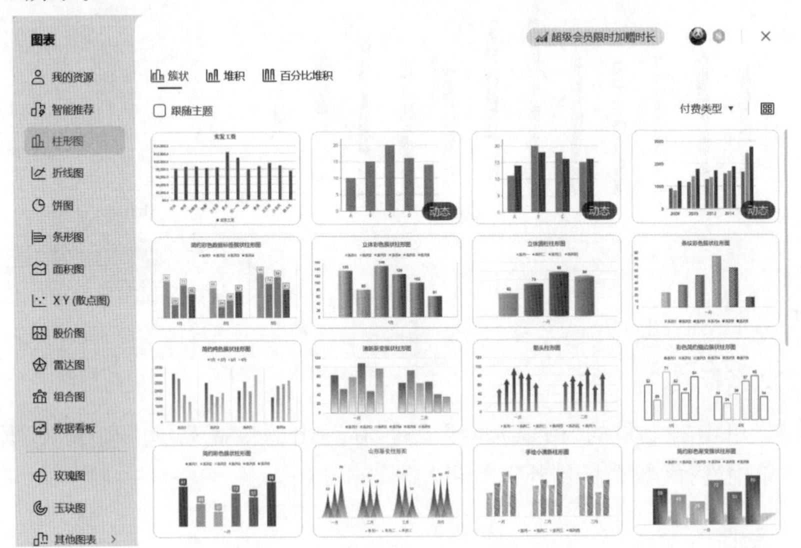

图 3-4-1 创建图表

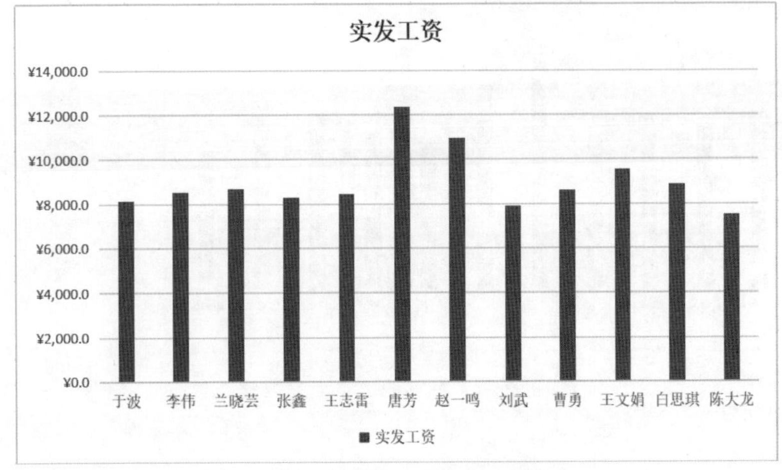

图 3-4-2 默认簇状柱形图

2. 图表元素添加及图表美化

WPS 表格中的图表元素非常丰富，包括坐标轴、图表标题、图例、网格线、数据标签、趋势线等。这些元素都可以通过简单的操作进行设置和调整，以满足不同的图表展示需求。

(1)设置图表标题

单击图表标题，修改文字为“实发工资”，并将字体设置为“微软雅黑”，字号为“20”，加粗。

我们也可以为图表标题区域设置填充色。双击标题，弹出“属性”窗格，单击“填充与线条”标签，选择“图片或纹理填充”，“纹理填充”选择“方格 2”，“透明度”设为 50%。效果如图 3-4-3 所示。

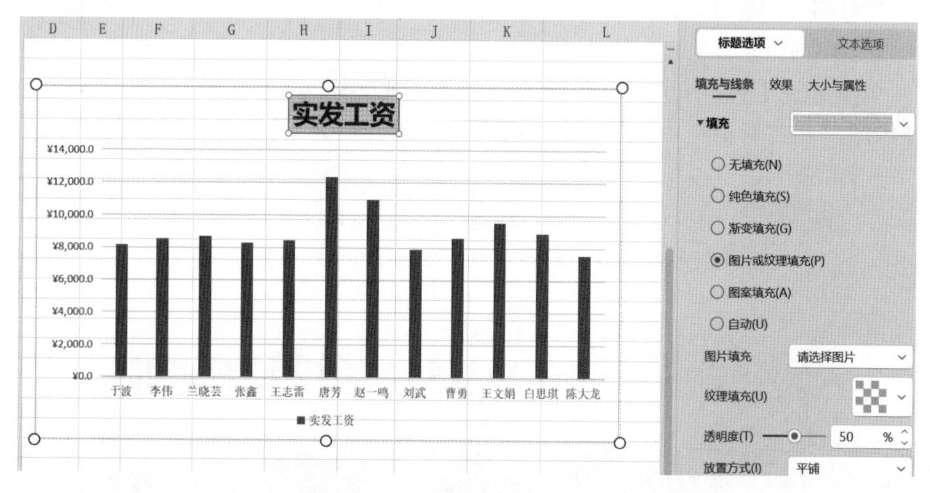

图 3-4-3 柱形图标题设置

(2)添加数据标签

选中图表，单击右上角的“图表元素”按钮，在弹出的快捷菜单中勾选“数据标签”复选框，在级联菜单中选择“数据标签外”，效果如图 3-4-4 所示。

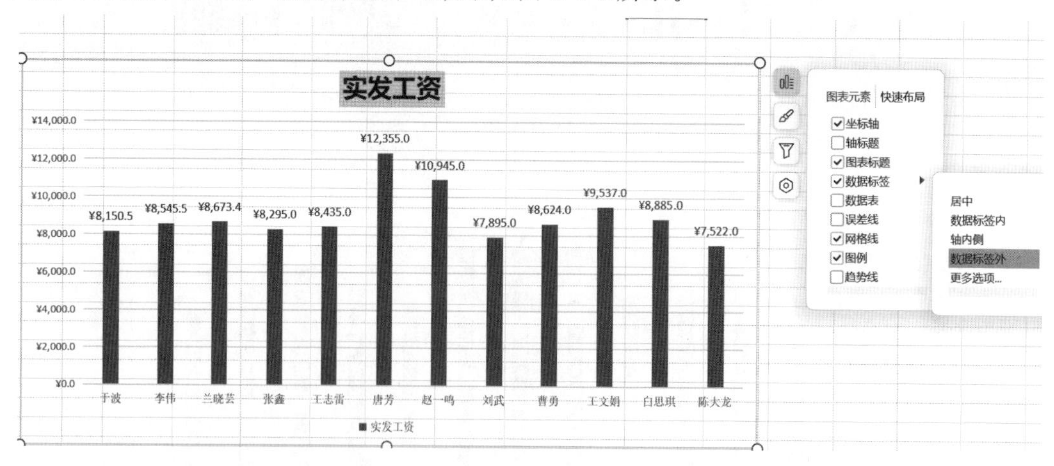

图 3-4-4 柱形图数据标签设置

(3)更改图表样式

WPS 电子表格内置了许多预定义的样式,可以直接应用于表格、单元格或整个工作表。

选中图表,单击右上角的“图表样式”按钮,在弹出的快捷菜单中首先选择“系列颜色”,使柱形颜色变为橙色,再选择“预设样式”中的“样式 3”并应用,效果如图 3-4-5 所示。

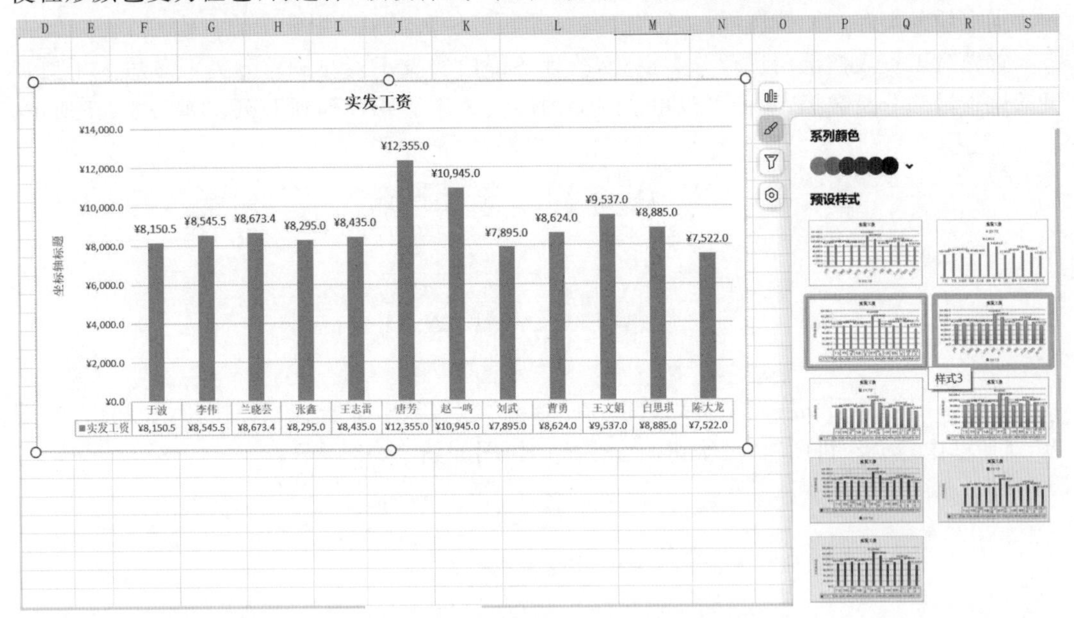

图 3-4-5 柱形图样式应用

(4)图表填充色设置

我们也可以为图表区域添加填充色,使图表更加生动和吸引人,看起来更加专业和精致。

单击并选中想要添加填充色的图表区域。这可以是整个图表区域,也可以是图表中的特定部分,如数据系列或数据点。单击右上角的“设置图表区域格式”按钮,在“属性”窗格的“图表选项”标签中设置填充色,效果如图 3-4-6 所示。

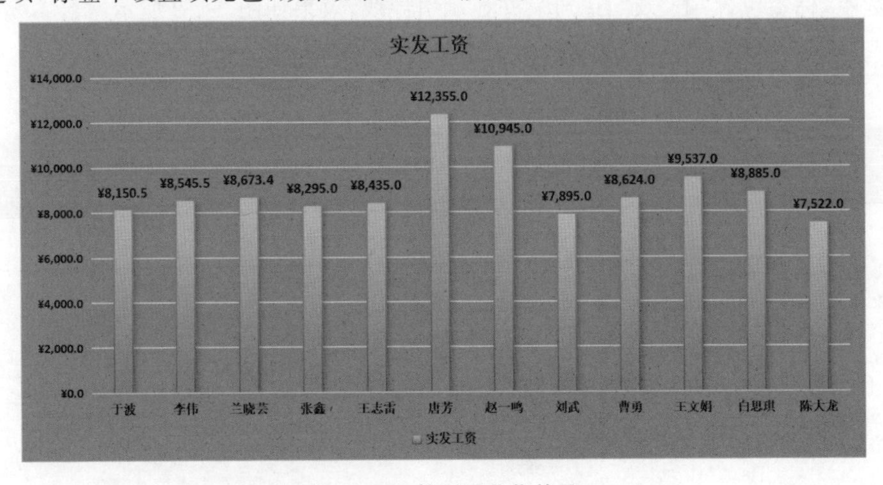

图 3-4-6 柱形图美化效果

二、部门实发工资占比饼图展示

WPS 表格中的饼图是一种用于展示数据占比的图表类型，它能够直观地显示各部分数据相对于整体的比例关系。

本次任务需要利用饼图展示各部门实发工资总和在总实发工资中的占比。

首先对工资表按部门进行分类汇总，统计各部门实发工资总和。分类汇总后为了更加灵活地查看和分析数据，我们可以单击左侧的层级 2 并隐藏 D 列到 L 列。如图 3-4-7 所示。

A	B	C	M
工号	部门	姓名	实发工资
人力 汇总			¥16,407.0
生产 汇总			¥16,730.0
市场 汇总			¥43,530.4
行政 汇总			¥31,195.0
	总计		¥107,862.4

图 3-4-7　工资表分类汇总

选中部门汇总列和实发工资列数据，在“插入”选项卡中单击“图表”按钮，在弹出的“图表”对话框中，选择“饼图”|“三维饼图”，生成的饼图如图 3-4-8 所示。

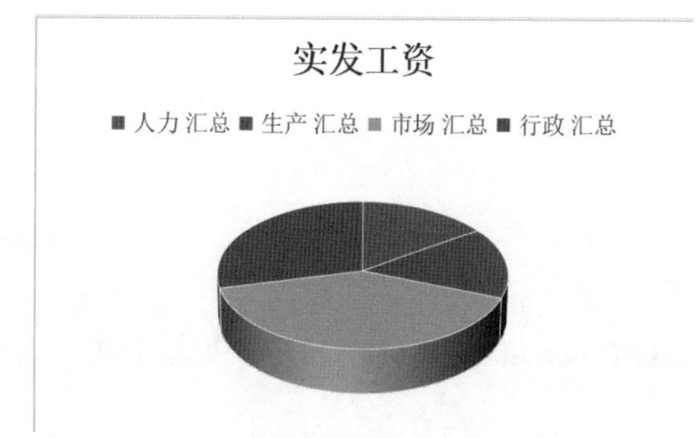

图 3-4-8　实发工资占比初始图

与柱形图类似，我们可以将饼图图表标题修改为“部门实发工资占比图”，并为饼图添加上数据标签，标签包含“值”及“百分比”并显示引导线，效果如图 3-4-9 所示。

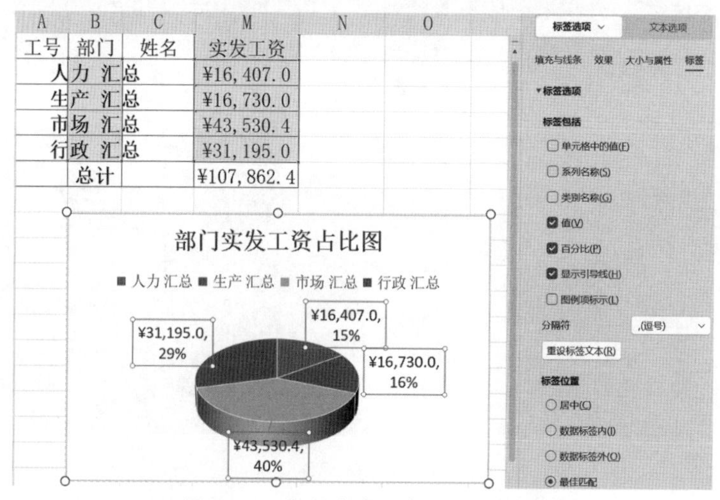

图 3-4-9　部门实发工资占比图效果

工单 3.4.2 工资表数据透视图展示

工单 3.4.2 内容见表 3-4-2。

表 3-4-2　　　　工单 3.4.2 内容

名称	工资表数据透视图展示	实施日期	
实施人员名单		实施地点	
实施人员分工	组织：　　记录：　　宣讲：		

请在互联网上查询相关信息，回答下面的问题；结合本节课堂的内容，完成操作演练。

1. WPS 表格数据透视图有什么作用？

□ 数据分类与汇总：透视图可以对数据进行分类和汇总，按照不同的维度（如产品、地区、时间等）对数据进行组织和展示

□ 数据筛选与条件变更：透视图具有灵活的筛选功能，用户可以根据自己的需求设定筛选条件，从海量数据中快速筛选出所需的信息

□ 深入的数据分析与趋势探索：用户可以通过透视图的数据分析功能对数据进行排序、计算百分比、对比分析等操作，以更好地理解数据背后的模式和趋势

□ 交互与可读性增强：透视图提供切片器、日程表等交互工具，可以实现数据透视表的动态交互

□ 跨部门协作与数据共享：数据透视图可以方便地将数据以可视化的形式呈现给不同部门的同事，促进部门之间的沟通和协作

□ 其他

2. WPS 表格数据透视图制作过程中需要注意什么？

□ 数据准备：确保数据源准确、完整，并提前对数据进行清洗和整理，以便在透视图中得到准确的分析结果

□ 字段选择：根据分析需求选择合适的字段添加到透视表中，确保分析的维度和指标符合实际需求

□ 布局设置：合理设置透视表的布局，如行标签、列标签、值字段等，使数据展示清晰易懂

□ 样式调整：根据需要对透视表的样式进行调整，如字体、颜色、边框等，提高数据展示的可读性和美观性

□ 交互功能应用：充分利用 WPS 表格数据透视图的交互功能，如切片器、日程表等，提高数据分析的灵活性和效率

□ 其他

3. WPS 表格数据透视表中的数据源应该满足哪些条件才能确保生成准确的分析结果？

4. 当处理大量数据时，WPS 表格数据透视表可能会出现哪些性能问题？如何优化数据透视表的性能？

5. 操作演练：请按要求完成工资表数据透视图。

学习效果评价分数（0～100 分）

自评分		组评分	

WPS数据透视图是一种强大的数据分析工具,它能够帮助用户快速、简便地分析大量数据,并发现数据中的规律和关系。

以工资表为例,用户可以通过WPS表格数据透视图轻松分析各部门、各职务的工资总额、平均工资等数据。通过调整字段和计算方式,还可以深入探究工资数据的分布规律、趋势以及不同部门或职位之间的薪酬差异。这不仅有助于企业更好地了解员工薪酬情况,还能为优化薪酬结构、提高员工满意度和激励效果提供有力支持。

一、工资表转换数据透视图

单击数据区域任意位置,在"插入"选项卡中单击"数据透视图"按钮,在弹出的"创建数据透视图"对话框中,选择单元格区域并将数据透视表存放在现有工作表中,如图3-4-10所示。

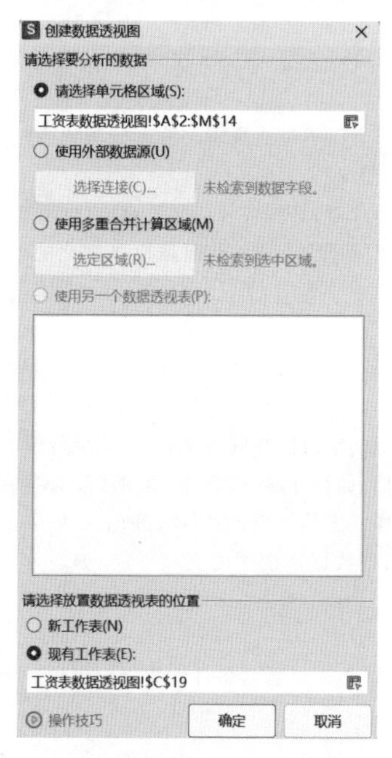

图3-4-10 "创建数据透视图"对话框

在右侧弹出的字段列表中选择"部门""职务""实发工资",并将部门和职务字段拖入轴(类别),值字段设置为"平均值",数据透视图初始效果如图3-4-11所示。

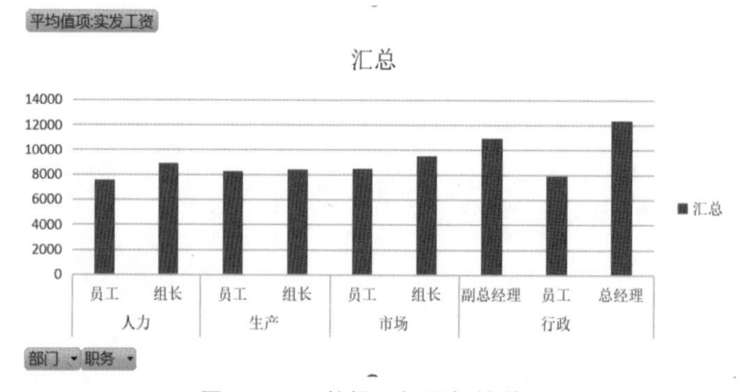

图3-4-11 数据透视图初始效果

二、数据透视图美化

与图表设计类似，将数据透视图的图表标题修改为“部门实发工资汇总图”，为图添加上数据标签，并应用内置样式。

在生成数据透视图的同时会自动生成数据透视表，效果如图 3-4-12 所示。

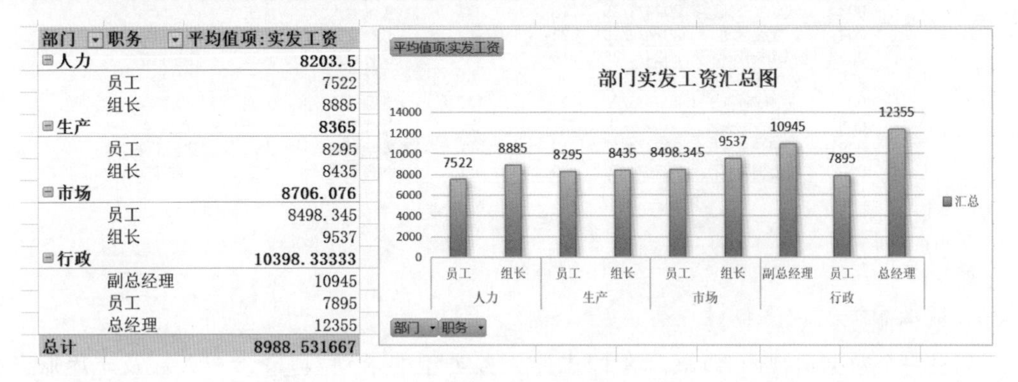

部门	职务	平均值项:实发工资
⊟人力		8203.5
	员工	7522
	组长	8885
⊟生产		8365
	员工	8295
	组长	8435
⊟市场		8706.076
	员工	8498.345
	组长	9537
⊟行政		10398.33333
	副总经理	10945
	员工	7895
	总经理	12355
总计		8988.531667

图 3-4-12 数据透视图美化效果

三、数据透视图应用

如果在数据透视图中只想查看各部门职务为员工的汇总数据，可以在透视图中进行数据筛选，在职务中勾选“员工”，效果如图 3-4-13 所示。

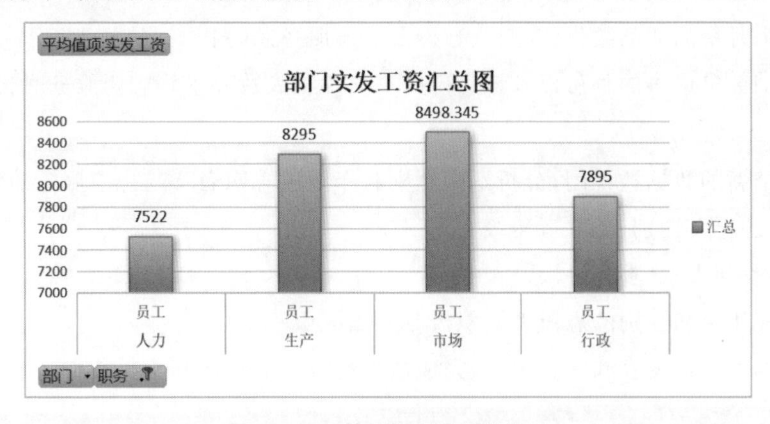

图 3-4-13 数据透视图筛选效果

任务实训

大学生志愿服务是指大学生以志愿者身份参与的，以提供服务为目的的非营利活动，包括社会公益活动、社区服务、文化教育、科技推广、医疗卫生等方面。大学生志愿服务具有自愿性、无偿性、服务性、组织性和教育性的特点，强调的是一种奉献精神，通过提供服务来满足社会需求，促进社会和谐发展。大学生志愿服务不仅有益于社会，也有益于个人成长。通过参与志愿服务，大学生能够培养奉献精神，提升社会责任感，同时也能够锻炼自身能力，积累实践经验。

图 3-4-14 所示为“大学生志愿服务记录”的表格示例，其中包含多条活动记录。

大学生志愿服务记录							
活动编号	活动名称	活动日期	参与人数	志愿服务时长（小时）	志愿服务类型	志愿者年级	志愿者专业
001	校园环保清洁	2024/1/5	25	80	环保	大一	环境科学
002	社区义务劳动	2024/1/15	30	100	社会服务	大二	生物科学
003	敬老院志愿服务	2024/1/25	18	60	关爱老人	大三	医学
004	支教活动	2024/2/10	22	88	教育支援	大一	教育学
005	图书馆志愿整理	2024/2/25	15	50	文化服务	大二	图书馆学
006	公园环境维护	2024/3/6	20	70	环保	大三	园林设计
007	孤儿院探访	2024/3/22	30	122	儿童关怀	大四	心理学
008	残障人士关怀	2024/4/1	28	95	社会福利	大一	社会学
009	校园安全宣传	2024/4/17	12	40	安全教育	大二	安全工程
010	线上辅导活动	2024/4/26	20	80	教育支援	大三	数学

图 3-4-14 “大学生志愿服务记录”表格内容

操作要求：

1. 基本数据透视图创建

创建一个数据透视图，以展示不同志愿服务类型的活动数量、参与人数及志愿服务总时长。

行标签：志愿服务类型

值字段：活动数量（计数）、参与人数（求和）、志愿服务时长（求和）

2. 时间维度分析

在上述数据透视图中，添加一个新的行标签“活动月份”（从活动日期中提取月份信息）。

分析每个月份的活动数量、参与人数以及志愿服务总时长。

找出活动数量最多的月份以及该月份的平均参与人数和平均志愿服务时长。

3. 志愿者特征分析

创建一个新的数据透视图，分析不同性别和年级的志愿者参与志愿服务的情况。

行标签：志愿者性别、志愿者年级

值字段：参与人数（求和）

分析哪些年级和性别的志愿者更积极参与志愿服务。

请根据以上表格内容和题目要求，完成数据透视图的创建和分析工作。

项目 4 企业推广方案演示文稿的制作与发布

项目概况

江江进入某企业实习，需要制作一份主题为企业推广方案的演示文稿，要求如下：

◆ 根据企业概况和企业产品特点，制作企业推广方案的演示文稿，涵盖创建幻灯片及幻灯片版式，插入与编辑文本框、图片、智能图形、表格等相关操作。

◆ 设计企业推广方案的演示文稿，包括演示文稿母版设计、主题确定、超链接设置，以及切换与动作效果运用，让演示文稿更具美感。

◆ 放映幻灯片来展示企业推广方案演示文稿的效果，同时配置演示文稿的打包和打印功能，以便于传输。

项目目标

◆ 掌握 WPS 演示文稿软件的基本操作，包括创建、编辑、保存、切换视图等操作。

◆ 掌握运用 WPS 演示文稿插入各类对象并合理配置其属性，在幻灯片中插入文本框、图片、形状、智能图形、表格等元素。

◆ 掌握使用幻灯片母版、主题及配色的方案等技巧美化幻灯片。

◆ 掌握设置幻灯片的超链接及项目编号的方法。

◆ 掌握切换幻灯片、设置动画效果的方法。

◆ 熟练操控幻灯片的展示效果。

素质目标

◆ 视觉设计与审美能力：通过学习运用图片、形状、智能图形、表格等元素，并结合幻灯片母版、主题及配色方案，员工能培养在视觉设计上的创新思维与审美能力，使演示文稿既专业又具吸引力。

◆ 项目管理与团队协作能力：在制作与发布过程中，员工能培养项目管理能力，包括时间管理、任务分配与进度监控，同时强化团队合作意识，确保项目顺利完成。

◆ 持续学习与创新能力：鼓励员工在项目实践中不断探索新工具、新技术，培养持续学习的习惯与创新能力，以适应快速变化的市场需求。

实施准备

本项目将依托 WPS 演示文稿软件予以实施完成。

WPS 演示文稿软件是一款功能全面、操作简便、效果卓越的演示工具,包括但不限于信息发布、学术交流、工作汇报、产品演示、知识共享和情况介绍等场合,对于提升信息传递的效能和效益具有显著成效。

WPS 演示文稿不仅具备丰富的设计元素和强大的编辑功能,同时支持多样化的输出格式和云存储分享功能,为用户提供了全面的演示解决方案。WPS 演示文稿软件展现了高度的兼容性,能顺畅地打开、设置、保存 Microsoft PowerPoint 格式的文件,方便用户在不同平台之间进行文件交换。此外,WPS 演示文稿还支持多人在线编辑和共享,便于团队协同作业,提高工作效率。无论是对个人用户还是企业团队,WPS 演示文稿软件都能助力用户高效地完成幻灯片的制作和演示。

项目任务分解

任务	工单	主要知识点
任务 4.1 制作企业推广方案演示文稿	工单 4.1.1 创建演示文稿	演示文稿基本操作、演示文稿窗口组成、创建幻灯片及版式设置
	工单 4.1.2 编辑演示文稿	文本框、图片、智能图形、表格的插入与编辑
任务 4.2 设计企业推广方案演示文稿	工单 4.2.1 制作演示文稿母版	编辑幻灯片母版、应用和设计主题、添加或删除占位符、关闭幻灯片母版视图
	工单 4.2.2 设置演示文稿主题	幻灯片主题的设置
	工单 4.2.3 设置演示文稿超链接	设置对象的链接方式
	工单 4.2.4 演示文稿动效设计	选择幻灯片切换效果、调整切换速度、应用切换效果 动画类型、动画设置、动画效果优化
任务 4.3 展示企业推广方案演示文稿效果	工单 4.3.1 放映演示文稿	演示文稿的放映设置
	工单 4.3.2 打包和打印演示文稿	演示文稿的打包和打印、输出样式

任务4.1　制作企业推广方案演示文稿

任务目标

- 创建演示文稿。
- 认识演示文稿的工作界面。
- 掌握演示文稿的基本操作。
- 插入文本、图片、智能图形、表格素材并配置属性。

任务要求

1. 内容要求

- 根据企业推广方案演示文稿的需求，合理创建演示文稿以及各张幻灯片的版式。
- 企业推广方案演示文稿包括企业概况、企业文化、企业技术与服务、企业产品等。

2. 格式要求

- 能够创建幻灯片及设置版式。
- 能够插入各类幻灯片元素，并合理配置其属性。
- 幻灯片外观保持美观整洁，文本信息对齐统一，字体、字号及颜色呈现协调一致的效果。

3. 功能性要求

- 创建幻灯片版式：标题幻灯片、图片与标题、仅标题。
- 每张幻灯片中插入文本、图片、智能图形、表格元素，进行属性配置，并设置元素的对齐方式。
- 插入文本框，并对其属性进行设置。
- 插入图片，并设置其大小属性及元素的对齐方式。
- 插入智能图形，并对其属性进行设置。
- 插入表格，并对其属性进行设置。
- 进行图文混排。

任务参考效果如图 4-1-1 所示。

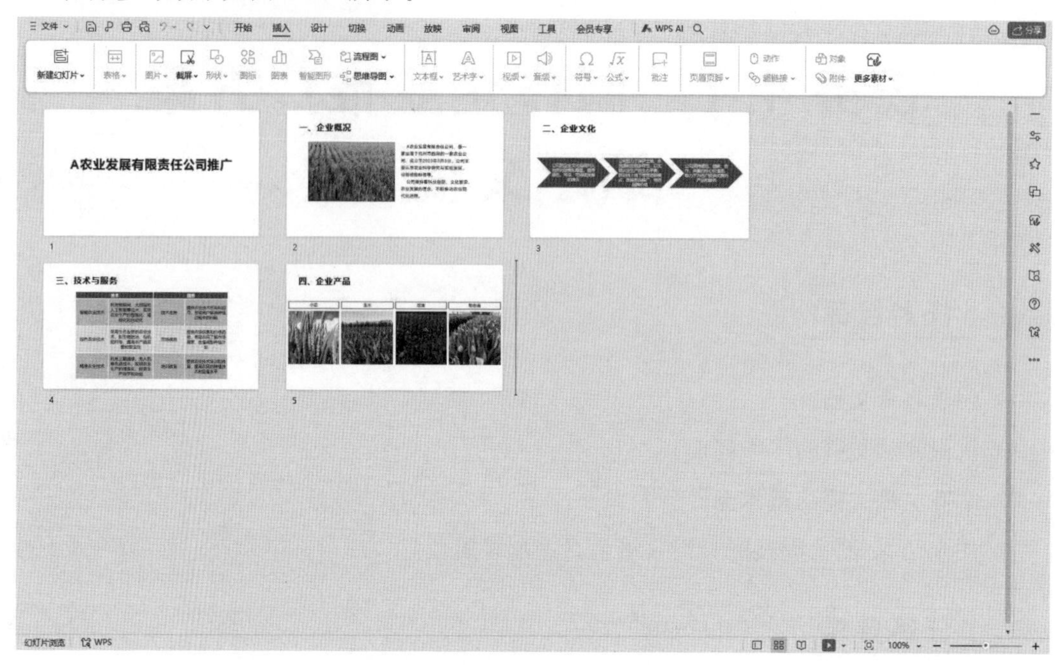

图 4-1-1 任务 4.1 参考效果

任务实施

工单 4.1.1 创建演示文稿

工单 4.1.1 内容见表 4-1-1。

表 4-1-1　　工单 4.1.1 内容

名称	创建演示文稿	实施日期	
实施人员名单		实施地点	
实施人员分工	组织：　记录：　宣讲：		

请在互联网上查询相关信息，回答下面的问题；结合本节课堂的内容，完成操作演练。

1. WPS 演示文稿有哪些功能？

☐ WPS 演示文稿提供了丰富的主题和模板，用户可以根据自己的需求选择合适的主题和模板，快速搭建起演示文稿的框架

☐ WPS 演示文稿支持多种幻灯片布局和样式，用户可以根据需要自由调整幻灯片的布局、字体、颜色等，以满足个性化的需求

☐ WPS 演示文稿提供了丰富的图形、图片、图表等素材，用户可以将其直接插入幻灯片，增强演示文稿的视觉效果

☐ 用户可以为文本、图片等元素添加动画效果，使演示更加生动有趣

☐ WPS 演示文稿提供了丰富的交互功能，如超链接、动作按钮等，使得观众能够与演示文稿进行互动，提高观众的参与度和兴趣

☐ WPS 演示文稿支持多种输出格式，如 PDF、图片等，方便在不同的设备上查看和分享

☐ 其他

2. WPS 演示文稿的使用场景有哪些？

☐ 教育教学方面：教师制作丰富多彩的课件，通过插入图片、图表、动画等多媒体元素，激发学生的学习兴趣；还支持实时协作和互动功能，方便教师与学生之间的交流和讨论

☐ 企业培训方面：企业制作专业的培训资料，向员工传达企业文化、产品知识、营销策略等重要信息；企业还可以方便地展示产品演示、案例分析等，提高员工的业务能力和综合素质

☐ 产品展示方面：企业制作精美的产品介绍，展示产品的特点、优势和使用场景，吸引客户的关注和提升客户的兴趣，还能通过多种输出格式，如 PDF、PPT 等，方便企业与客户进行分享和交流

☐ 会议演讲方面：演讲者可以制作条理清晰的演讲稿，通过图文并茂的方式展示自己的思路和观点，通过多种演示模式和特效，让演讲更加生动有趣，吸引听众的注意力

☐ 其他

3. 简要描述 WPS 演示文稿与 PowerPoint 演示文稿的联系与区别。

4. WPS 演示文稿的版式有哪些？

5. 操作演练：请按要求完成企业推广方案演示文稿的创建。

学习效果评价分数（0～100 分）			
自评分		组评分	

一、创建空白演示文稿

启动 WPS Office 软件，在首页左上角单击“新建”命令，系统将打开“新建”界面选项卡，如图 4-1-2 所示，选择“演示”选项，单击“空白演示文稿”按钮，即可创建名为“演示文稿 1”的演示文稿。演示文稿的初始界面如图 4-1-3 所示。

图 4-1-2 新建演示文稿

图 4-1-3 演示文稿初始界面

● 快速访问工具栏：位于菜单栏下方，提供了一些常用的操作按钮，如保存、输出 PDF、打印、打印预览、撤销、恢复等。

● 选项卡与功能区：位于界面的最上方，包含了文件、开始、插入、设计、切换、动画、放映、审阅、视图等常用的操作选项卡，单击不同的选项卡，功能区会显示不同的图标按钮或者下拉列表等，可对幻灯片进行不同的编辑操作。

● 大纲/幻灯片窗格：可通过“大纲窗格”或“幻灯片窗格”快速查看整个演示文稿中的任意一张幻灯片。

● 工作区：这是演示文稿的主要区域，用于编辑和浏览幻灯片，并查看每张幻灯片的效果。用户可以编辑每张幻灯片中的文本信息、设置文本外观，添加表格、图片、形状、智能图形、图表，插入音频、视频，创建超链接等。在此窗格中，幻灯片是以单幅的形式出现的。

● 备注窗格栏：每张幻灯片都有备注页，在工作区下方，用于保存幻灯片的备注信息，即备注性文字。备注文本在幻灯片播放时不会放映出来，但是可以打印出来，也可在后台显示以作为演说者的讲演稿。备注信息包括文字、图形、图片等。

● 状态栏：位于工作区的左下角，用于显示幻灯片的信息。

● 视图工具栏：位于工作区的右下角，分别为“普通视图”“幻灯片浏览”“阅读视图”“放映”等视图，用来切换幻灯片的显示方式。

二、演示文稿常规操作

1. 新建幻灯片

在第一页幻灯片下方新建 4 页幻灯片，版式分别为：第二页为“图片与标题”版式，第三页～第五页为“仅标题”版式。幻灯片版式是用于设定当前所选幻灯片中各元素布局的功能。

方法 1：在“大纲/幻灯片窗格”中单击选中要在其后新建幻灯片的对象，在“开始”选项卡中单击“新建幻灯片”下拉按钮，在下拉列表中选择新建幻灯片的版式。

方法 2：在“大纲/幻灯片窗格”中单击选中要在其后新建幻灯片的对象，单击对象右下方的“＋”号新建幻灯片；或者单击“大纲/幻灯片窗格”下方的“＋”号新建幻灯片。

幻灯片的版式设置，可以在新建幻灯片时进行幻灯片版式的选择，也可在创建好幻灯片后进行版式的修改：在“开始”选项卡中单击“版式”下拉按钮，在下拉列表中重新选择当前幻灯片的版式。

以方法 1 的创建操作为例，操作过程分别如图 4-1-4、图 4-1-5 所示。

2. 选择幻灯片

方法 1：选择单张幻灯片时，只需在“大纲/幻灯片窗格”中单击该幻灯片。

图 4-1-4　创建“图片与标题”版式

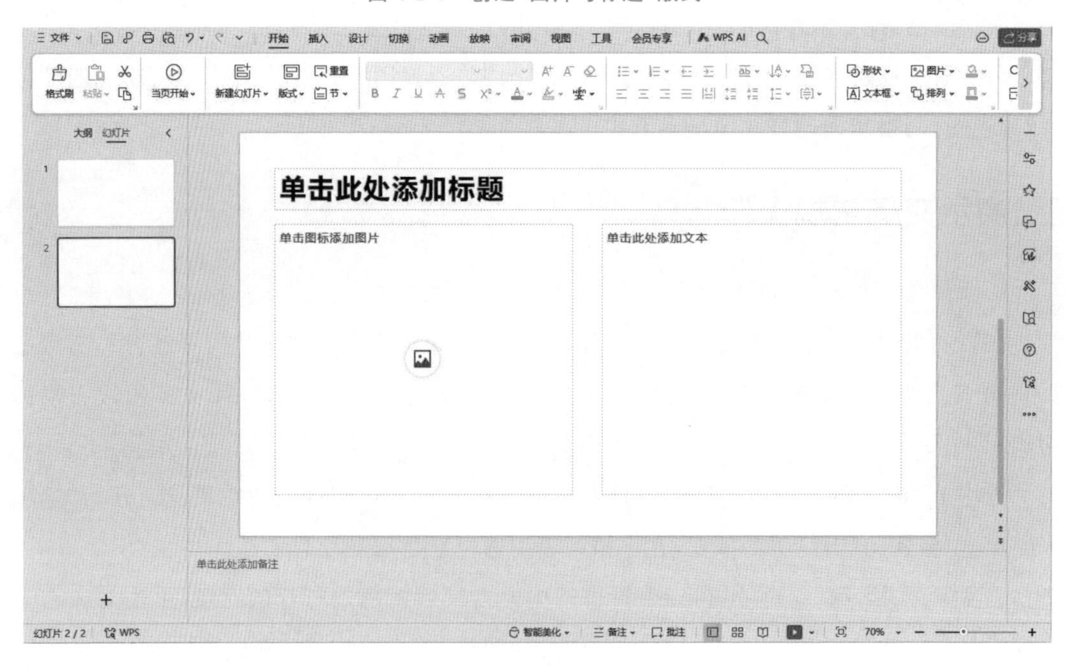

图 4-1-5　“图片与标题”版式

方法2:选择多张连续的幻灯片时,需要在“大纲/幻灯片窗格”中单击第一张要选择的幻灯片,按住Shift键,再单击最后一张要选的幻灯片。

方法3:选择多张不连续的幻灯片时,可按住Ctrl键,在“大纲/幻灯片窗格”中依次单击要选择的幻灯片。

3.复制幻灯片

方法1:选中要复制的单张或多张幻灯片,在“开始”选项卡中单击“复制”按钮,定位到要复制到的位置后,再单击“开始”选项卡“粘贴”按钮。

方法2:选中要复制的单张或多张幻灯片,单击鼠标右键,在弹出的快捷菜单中单击“复制”按钮,或者按“Ctrl+C”快捷键,定位到要复制到的位置后,再单击鼠标右键,在弹出的快捷菜单中单击“粘贴”按钮,或者按“Ctrl+V”快捷键。

方法3:选中要复制的单张或多张幻灯片,单击鼠标右键,在弹出的快捷菜单中选择“复制幻灯片”,此方法可自动粘贴幻灯片。

4.删除幻灯片

在“大纲/幻灯片窗格”中选中要删除的幻灯片,单击鼠标右键,在弹出的快捷菜单中选择“删除幻灯片”;或者按Delete键。删除幻灯片后,系统将自动调整幻灯片的编号。

5.移动幻灯片

方法1:在“大纲/幻灯片窗格”中单击选中要移动位置的幻灯片,单击鼠标左键将其拖到需要的位置。

方法2:在“大纲/幻灯片窗格”中选择要移动的幻灯片,在“开始”选项卡中单击“剪切”按钮,定位到要移动到的位置后,再单击“开始”选项卡中的“粘贴”按钮。

方法3:在“大纲/幻灯片窗格”中选择要移动的幻灯片,单击鼠标右键,在弹出的快捷菜单中单击“剪切”按钮,定位到要移动到的位置后,再单击鼠标右键,在弹出的快捷菜单中单击“粘贴”按钮即可。

方法4:通过剪切快捷键“Ctrl+X”、粘贴快捷键“Ctrl+V”进行操作。

6.隐藏或显示幻灯片

在“大纲/幻灯片窗格”中选中需要隐藏或显示的幻灯片,单击鼠标右键,在弹出的快捷菜单中选择“隐藏幻灯片”,即可隐藏或显示该幻灯片。隐藏幻灯片并不会删除该幻灯片或幻灯片上的信息,只是将其在幻灯片放映时隐藏起来。在隐藏或显示幻灯片之前,建议先保存演示文稿,以防意外情况导致内容丢失。

7.保存演示文稿

新建演示文稿后,务必确保选择了正确的保存位置和重命名文件,以免出现保存错误或数据丢失的情况。同时建议定期保存演示文稿,确保其完整性和安全性。

保存文稿可单击“文件”选项卡中的“保存”按钮；或者单击快速访问工具栏中的“保存”按钮；或者在演示文稿的标题栏上单击鼠标右键，在弹出的快捷菜单中选择“保存”；或者使用快捷键“Ctrl+S”进行保存。通过上述方法将演示文稿保存在指定路径中，并将其命名为“A农业发展有限责任公司推广演示文稿”，如图4-1-6所示。

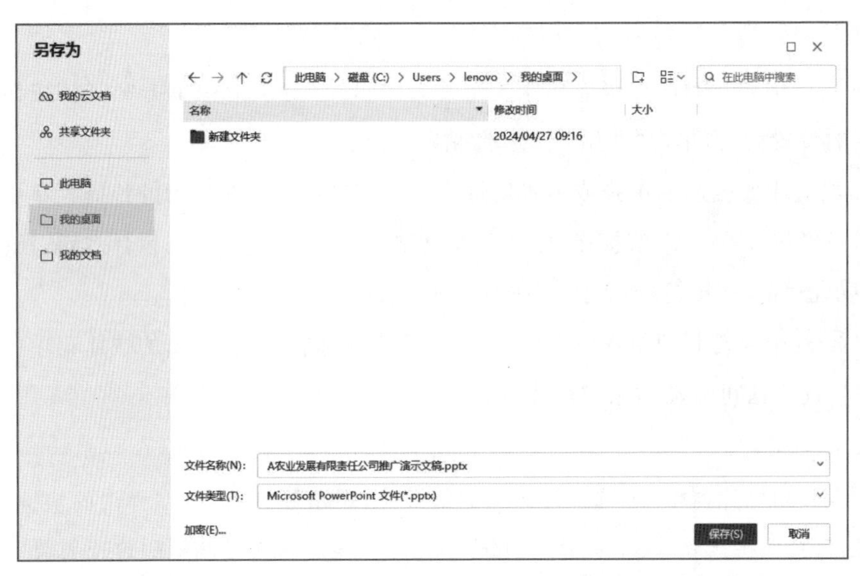

图4-1-6 保存演示文稿

8.关闭演示文稿

方法1：单击工作界面左上角的“文件”选项卡，在下拉菜单中选择“退出”选项，即可关闭文档。

方法2：通过单击标题栏右侧的“关闭”按钮进行关闭。

方法3：在演示文稿的标题栏上单击鼠标右键，在弹出的快捷菜单中选择“关闭”选项。

方法4：通过单击窗口右侧的“关闭”按钮进行关闭。

方法5：使用快捷键“Alt+F4”。

工单 4.1.2 编辑演示文稿

工单 4.1.2 内容见表 4-1-2。

表 4-1-2　　　　工单 4.1.2 内容

名称	编辑演示文稿	实施日期	
实施人员名单		实施地点	
实施人员分工	组织：　　记录：　　宣讲：		

请在互联网上查询相关信息，回答下面的问题；结合本节课堂的内容，完成操作演练。

1. WPS 演示文稿中占位符与文本框的区别与联系是什么？

□ 占位符是 WPS 演示文稿中预设的一种格式化的文本框，通常在幻灯片布局中预先设定好位置和大小，用户可以直接在其中输入文本或插入图片等内容

□ 占位符的样式和格式通常是统一的，以保持演示文稿的整体风格。占位符主要用于快速创建和编辑演示文稿，提高工作效率

□ 文本框是一种更为灵活的文本编辑工具。用户可以在幻灯片上的任意位置绘制文本框，并自由调整其大小和形状。文本框中的文本样式和格式也可以进行个性化的设置，以满足不同的设计需求

□ 文本框常用于在幻灯片中添加额外的文本信息，或者对占位符中的内容进行补充和扩展

□ 占位符是一种特殊的文本框，占位符和文本框都具有容纳文本和图片等内容的能力。用户可以通过选中占位符或文本框，然后应用相应的格式和样式，来实现它们之间的转换

□ 其他

2. WPS 演示文稿中设置文本字体、颜色、大小的方法有哪些？

3. WPS 演示文稿可以插入哪些对象？

4. WPS 演示文稿中图片的对齐方式有哪些？

5. 操作演练：请按要求完成企业推广方案演示文稿的编辑。

学习效果评价分数(0～100 分)			
自评分		组评分	

一、幻灯片文本的输入与编辑

幻灯片中的占位符，只在编辑状态下显示；占位符中提示输入内容的符号，在放映状态下是隐藏的。直接单击占位符，即可输入所需文本，输入文本后，对其进行格式设置的方法如下：

方法 1：使用功能区设置字符格式。选中要设置字符格式的占位符，然后单击“开始”选项卡或“文本工具”选项卡“字体”组的相应按钮，进行文本的字符格式设置即可。

方法 2：使用对话框设置字符格式。利用“字体”对话框不仅可以完成“字体”组中的所有字符设置功能，还可以分别设置中文和西文字符的格式。

在本任务中，文本的输入与编辑过程如下：

1. 在第一页幻灯片中的“空白演示”占位符中输入标题文本，字号为 54 磅，如图 4-1-7 所示。

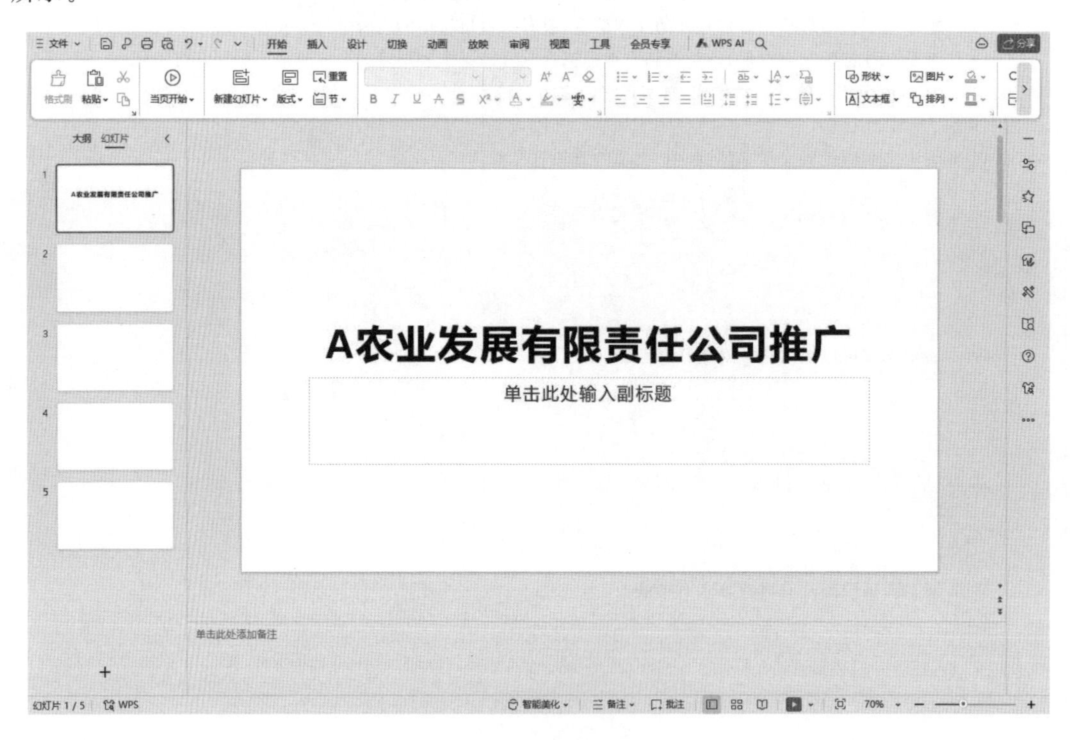

图 4-1-7 首页幻灯片标题

2. 在第二页图片与标题版式幻灯片中，在“单击此处添加标题”占位符中输入标题文本。在“单击此处添加文本”占位符中输入文本，字号为 18 磅，并对其进行段落设置，设置为左对齐，首行缩进 1.27 厘米，如图 4-1-8 所示。

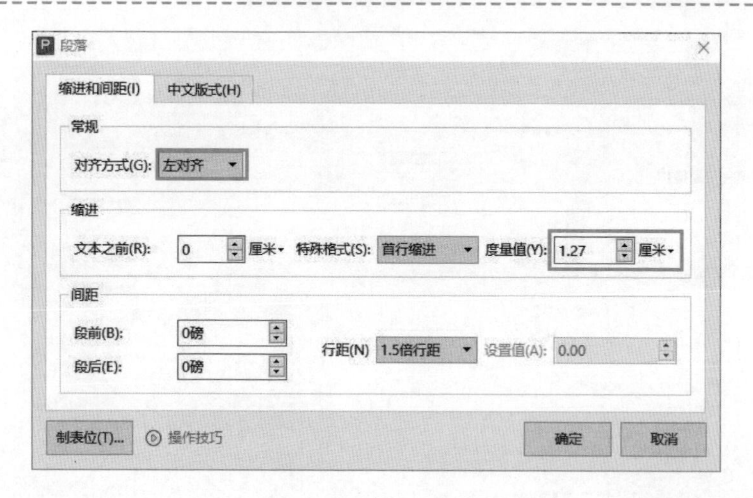

图 4-1-8 “段落”对话框

段落设置完成后该页幻灯片效果如图 4-1-9 所示。

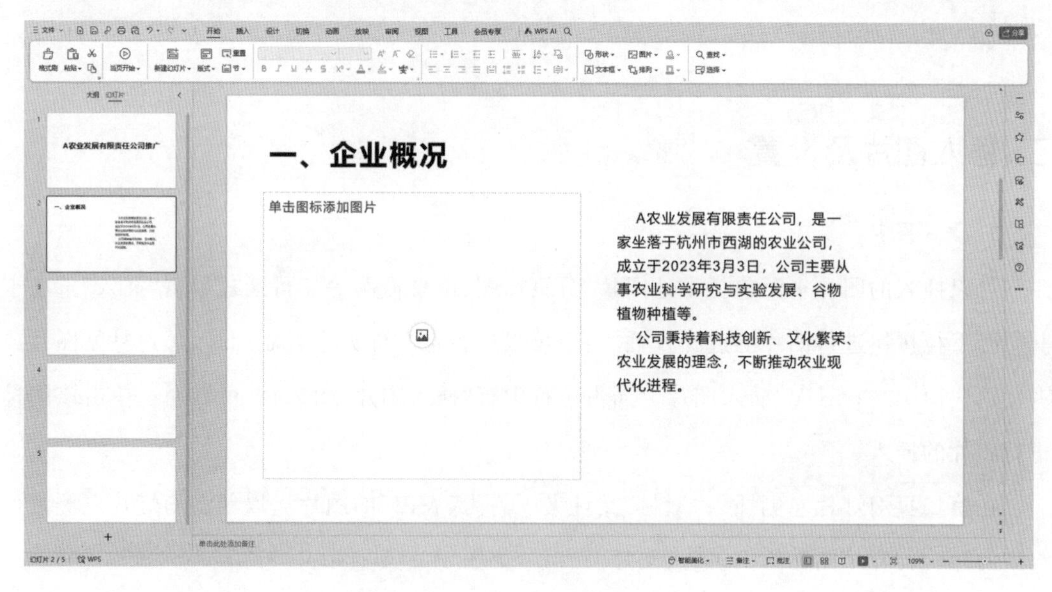

图 4-1-9 图片与标题版式文本内容

3. 在第三页、第四页、第五页幻灯片中的“单击此处添加标题”占位符中，分别输入文本标题，如图 4-1-10 所示。

另外，将鼠标指针移到占位符边框线上，待鼠标指针变成四向箭头形状时，按下鼠标左键并拖动，可移动占位符位置。鼠标单击占位符的边框线后，边框线由虚线变成实线，此时将鼠标指针移到边框线四周的控制点上，鼠标指针将变成双向箭头形状，按下鼠标左键并拖动，可更改占位符大小。

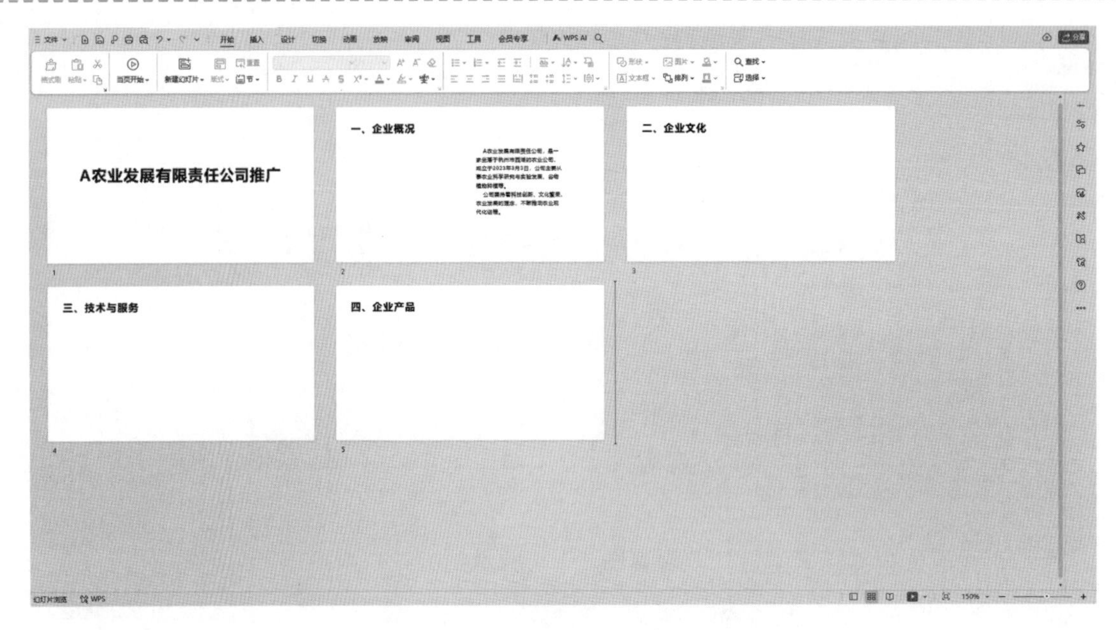

图 4-1-10 第三页、第四页、第五页标题

二、插入图片及设置

1. 插入图片

可以插入的图片来源包括本地图片、分页插图、屏幕截图等。可通过单击“插入”选项卡“图片”下拉按钮进行图片的选择及插入；也可以在指定文件夹中复制图片，通过粘贴图片或者使用快捷键“Ctrl＋V”插入图片。当占位符中有“插入图片”图标时，可以通过单击该图标进行图片的插入。

在第二页幻灯片左侧插入“素材”文件夹中名为“农田”的图片。以单击幻灯片左侧占位符中的“插入图片”图标为例，插入图片“农田”，如图 4-1-11 所示。

2. 编辑图片

选中插入的图片后，可通过“图片工具”选项卡中的功能按钮进行编辑操作，如设置图片的大小，选择、移动、缩放、裁剪、旋转、组合图片等操作。选中图片，设置图片高度为“9.00厘米”，如图 4-1-12 所示。

3. 调整图文排列顺序

将幻灯片中的图片与文本框占位符对齐，如图 4-1-13 所示。

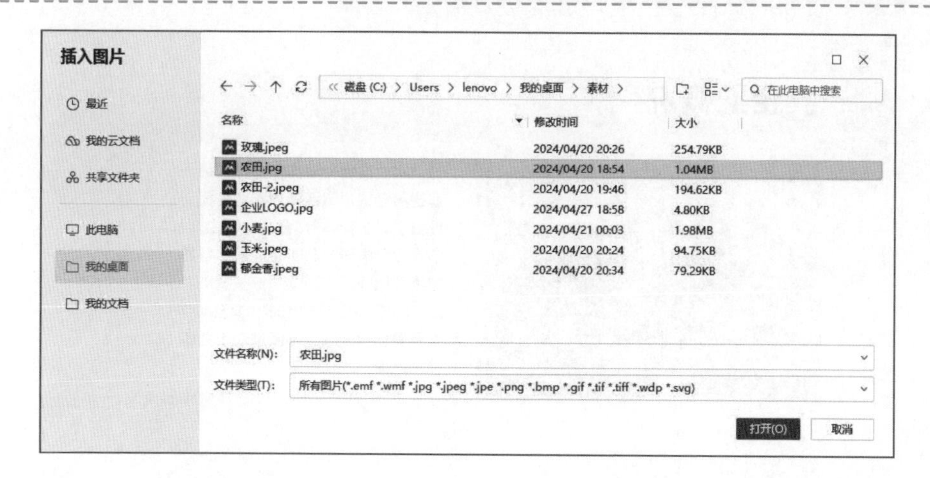

（a）

（b）

图 4-1-11　插入图片

图 4-1-12　设置图片高度

图 4-1-13 图片与文本对齐

三、插入智能图形及设置

1. 插入智能图形

选中要插入智能图形的第三页幻灯片，在“插入”选项卡中单击“智能图形”按钮，在弹出的“智能图形”对话框中，在“SmartArt”选项卡中选择要插入的图形类型和图形样式，单击即可插入，如图 4-1-14 所示。

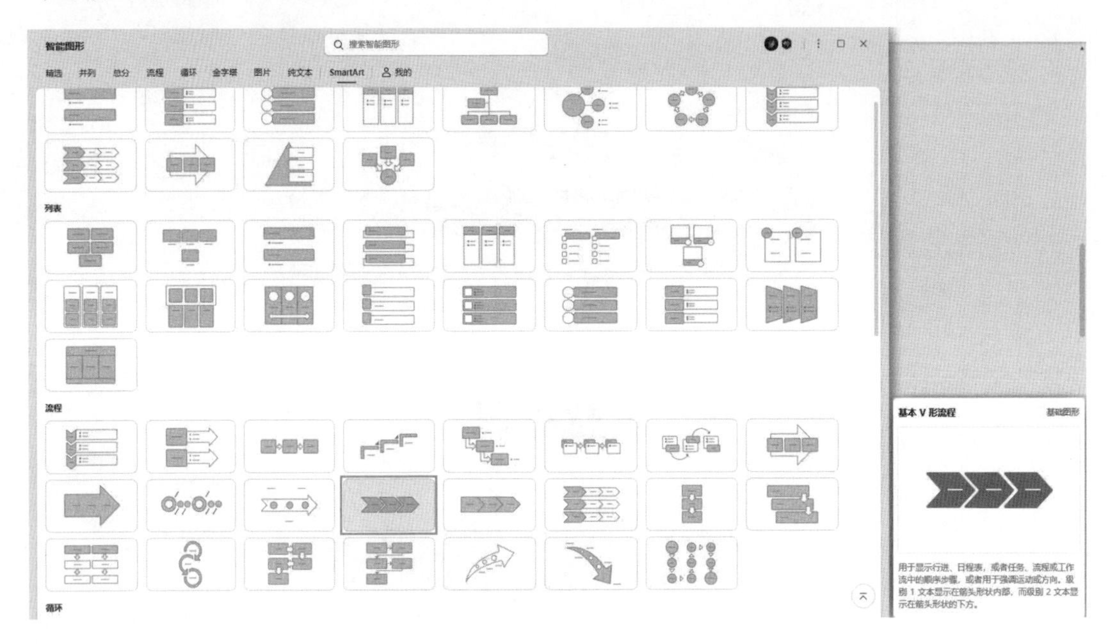

图 4-1-14 插入智能图形

2. 输入智能图形的文本内容

单击占位符([文本]处),直接输入文本,即可添加文字。在智能图形中添加文字后,可通过“开始”选项卡或“格式”选项卡“字体”组对文字进行格式设置,如图 4-1-15 所示。

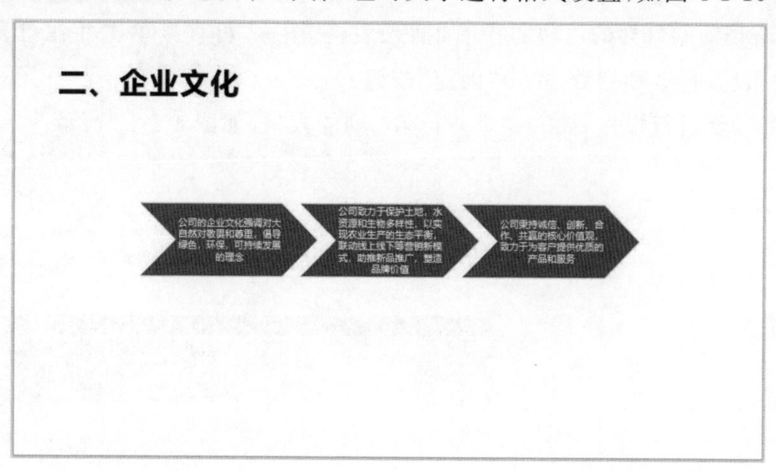

图 4-1-15 智能图形文本录入

3. 设计智能图形

选中要进行设计的智能图形,可通过“设计”选项卡中的“添加项目”组、“样式”组、“调整大小”组等进行操作。

调整智能图形的大小,并将其设置为“置于底层”,如图 4-1-16 所示。

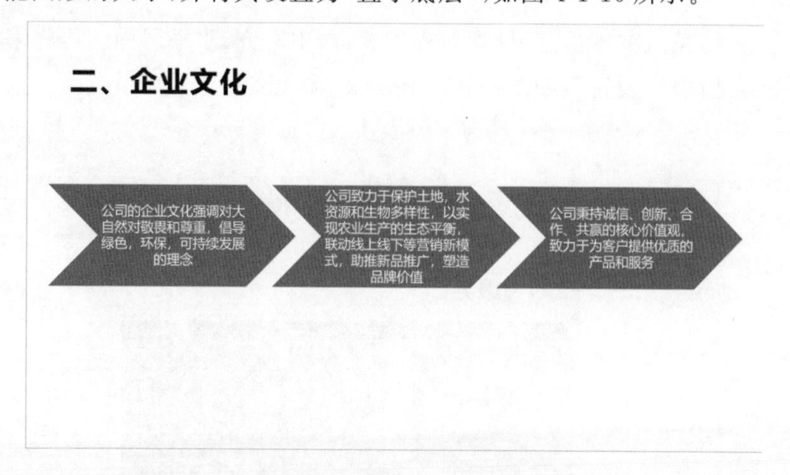

图 4-1-16 调整智能图形大小

四、插入表格及设置

1. 插入表格

方法 1:在“插入”选项卡中单击“表格”下拉按钮,在下拉列表中显示的小方格中移动鼠标,其中小方格代表创建的表格的行数、列数。当列表左上角显示所需的行数、列数后单击鼠标,即可在幻灯片中插入一个表格。

方法 2:选择要插入表格的幻灯片,在“插入”选项卡中单击“表格”下拉按钮,可以在下拉列表中选择“插入表格”选项,在弹出的“插入表格”对话框中设置行数和列数,单击“确定”按钮。

方法 3:若当前幻灯片的占位符中有“插入表格”图标,可直接单击并在打开的“插入表格”对话框中,设置行数和列数,单击“确定”按钮。

以方法 2 为例进行操作,插入一个 4 行×4 列的表格,如图 4-1-17 所示。

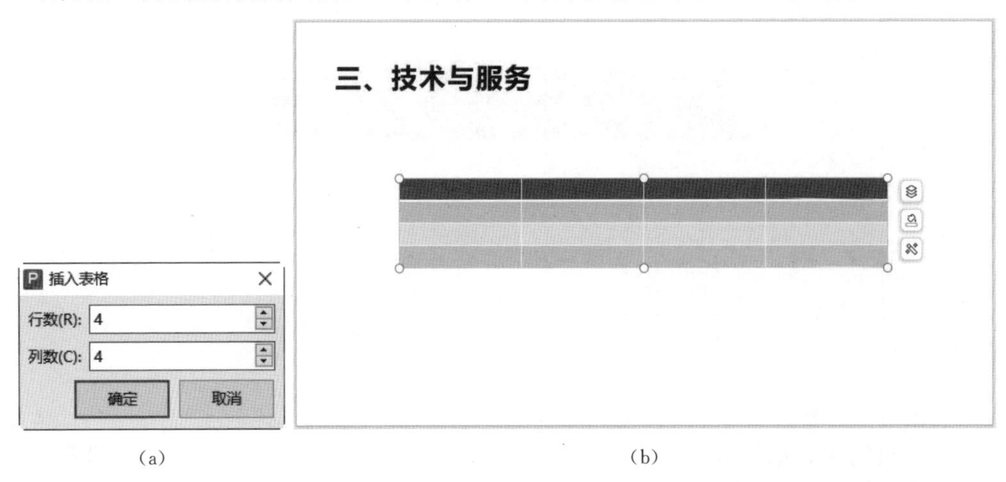

(a) (b)

图 4-1-17 插入表格

2. 输入表格文本

表格创建好后,输入文本信息,设置对齐方式:居中对齐、水平居中。再将表格拖动到幻灯片工作区的合适区域,设置后如图 4-1-18 所示。

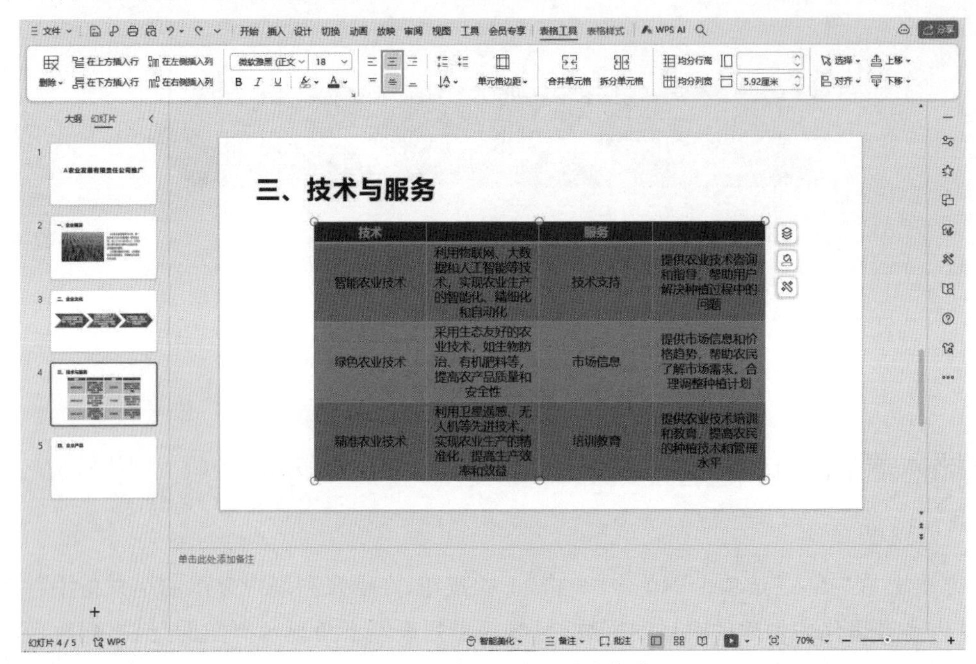

图 4-1-18 输入文本及对齐表格

3. 编辑表格

在“表格工具”选项卡中对表格进行适当的编辑操作，如合并单元格、拆分表格、在表格中插入行或列，以及调整表格的行高和列宽等。对第一行表格进行合并操作，如图 4-1-19 所示。

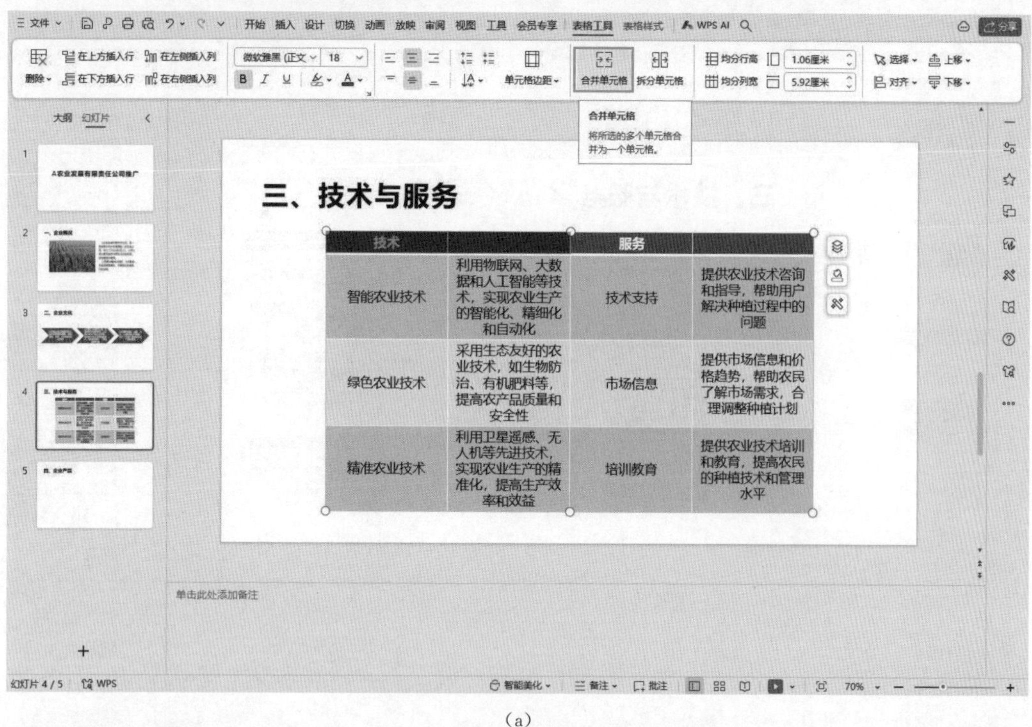

(a)

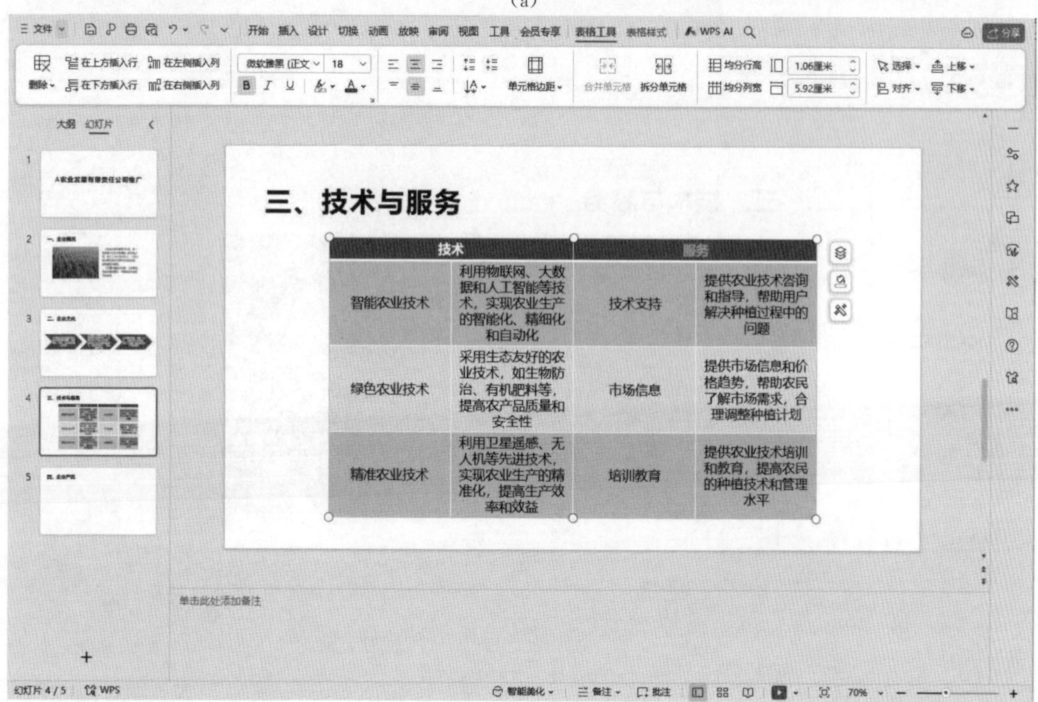

(b)

图 4-1-19 合并单元格

4. 美化表格

在“表格工具”选项卡中设置表格的大小。分别设置第一列、第三列列宽为 5 厘米，第二列、第四列列宽为 7 厘米，如图 4-1-20 所示。

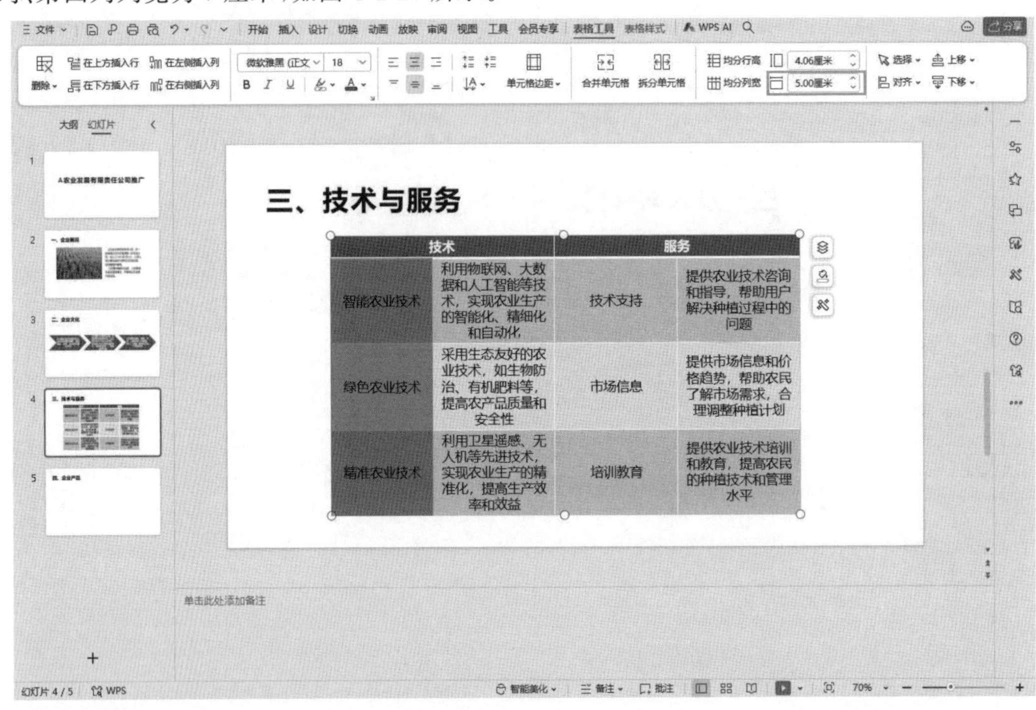

(a)

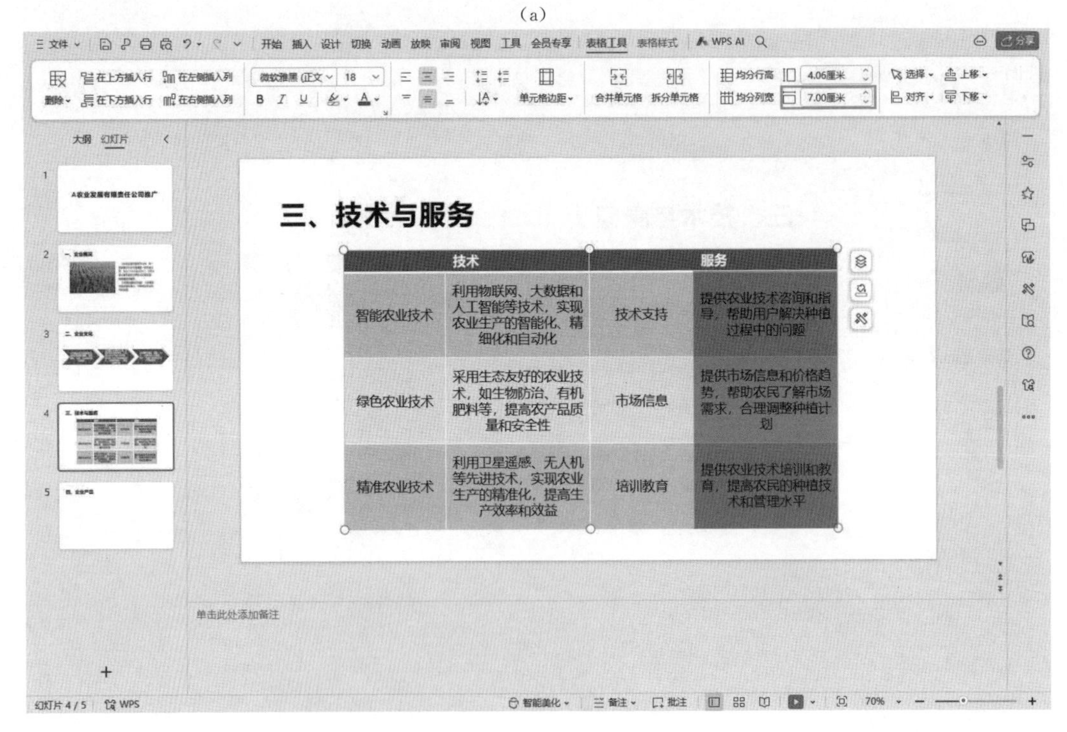

(b)

图 4-1-20 设置列宽

五、插入文本框及图文设置

1. 插入文本框

在第五页幻灯片上单击“开始”选项卡或者“插入”选项卡中的“文本框”按钮，鼠标指针会变成十字箭头形状，可以单击鼠标左键，或按鼠标左键不放并拖动，即可创建一个文本框。

在幻灯片中依次插入四个文本框，在文本框中输入文本，从左到右的顺序分别是“小麦”“玉米”“玫瑰”“郁金香”。分别如图 4-1-21、图 4-1-22 所示。

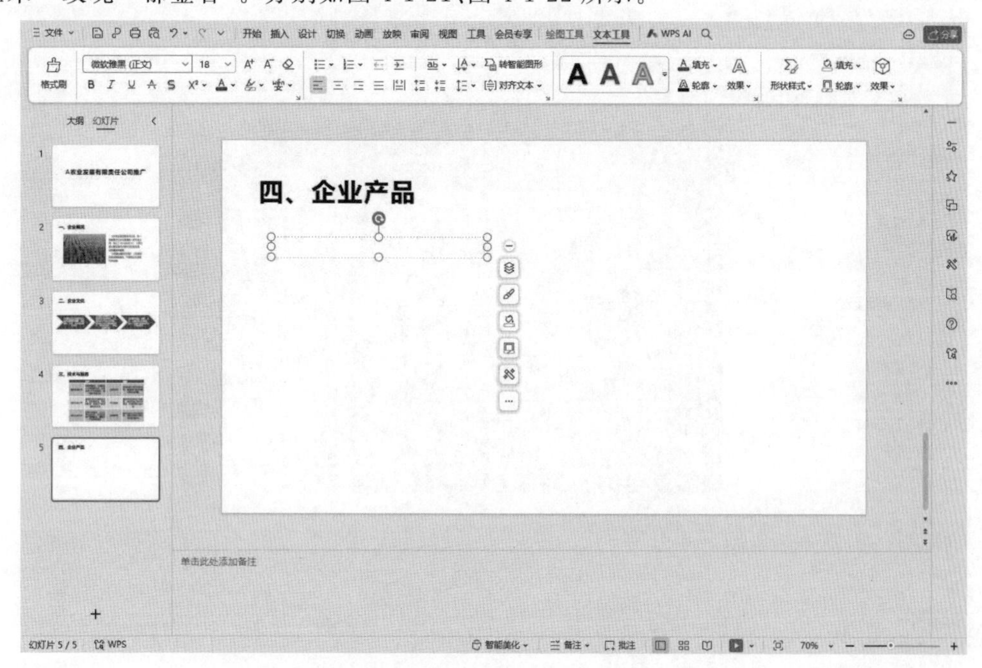

图 4-1-21　插入文本框

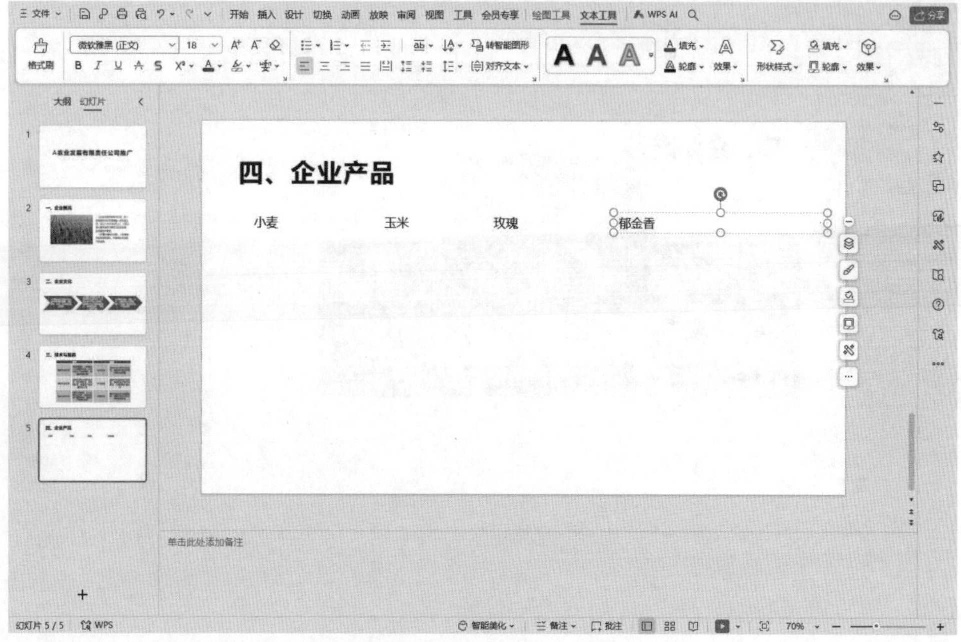

图 4-1-22　在文本框中输入文本

默认文本框包括横向文本框与纵向文本框。如果单击“横向文本框”按钮，则可绘制一个横向文本框，在其中输入的文本将横排放置；如果单击“纵向文本框”按钮，则可绘制一个纵向文本框，在其中输入的文本将竖排放置。

2. 图片的插入与设置

将“素材”文件夹中的图片“小麦”“玉米”“玫瑰”“郁金香”依次插入文本框内容下方的空白处，并对图片按比例 1∶1 进行裁剪，且高度、宽度均为 8 厘米。分别如图 4-1-23、图 4-1-24 所示。

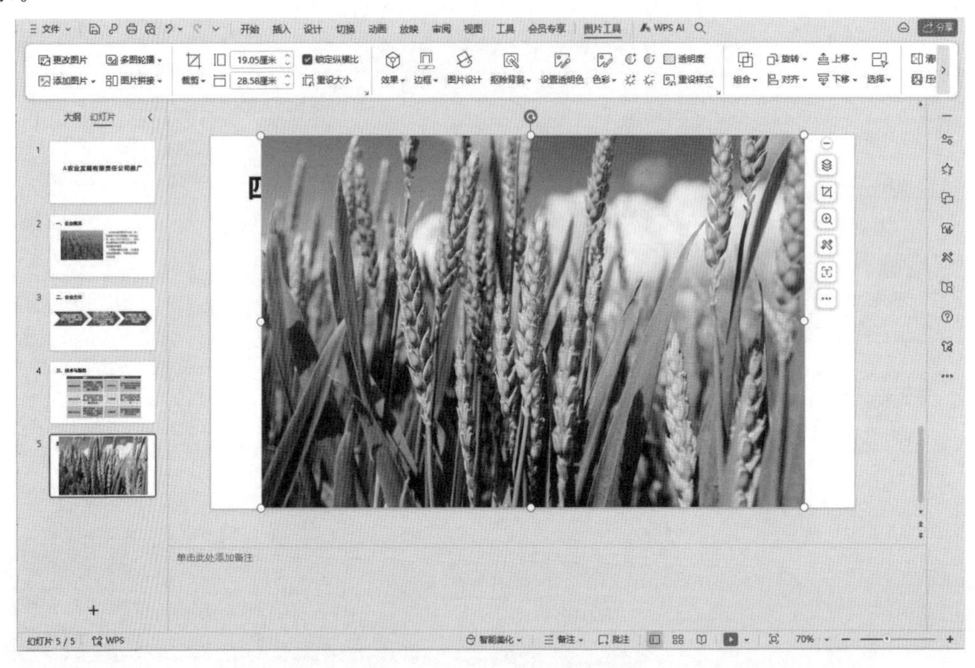

图 4-1-23 插入素材图片

图 4-1-24 图片裁剪及大小设置

3. 图文混排

在完成图片裁剪之后，对文本框与图片进行均匀间距的排列，使其整齐地置于幻灯片中，如图 4-1-25 所示。

图 4-1-25 图文混排

4. 文本框边框设置

文本框文本的设置方法与占位符文本相同。文本框默认是无边框颜色无填充色的，若要为文本框设置边框颜色或填充色，可单击文本框内的任一位置，或单击文本框的边框，此时在功能区中将显示“绘图工具”选项卡。若要快速进行样式的设置，可单击“预设样式”按钮进行设置；也可以分别在“填充”和“轮廓”下拉列表中设置文本框的边框与填充；还可通过单击形状样式“效果”按钮右下角的“设置形状格式”按钮，在弹出的“对象属性”窗格“形状选项”区域中，进行“填充”“线条”的设置；或者在选中文本框后单击鼠标右键，在弹出的快捷菜单中选择“设置对象格式”，在弹出的“对象属性”窗格“形状选项”区域中进行设置。

根据任务，需将文本框的宽度设置为 8 厘米，文本框边框颜色为绿色，线条宽度为 2.25 磅，如图 4-1-26 所示。

任务实训

职业道德是指从事一定职业的人在职业生活中应当遵循的具有职业特征的道德要求和行为准则，涵盖了从业人员与服务对象、职业与职工、职业与职业之间的关系。用 WPS 制作以“职业道德”为主题的“职业道德”，如图 4-1-27 所示。

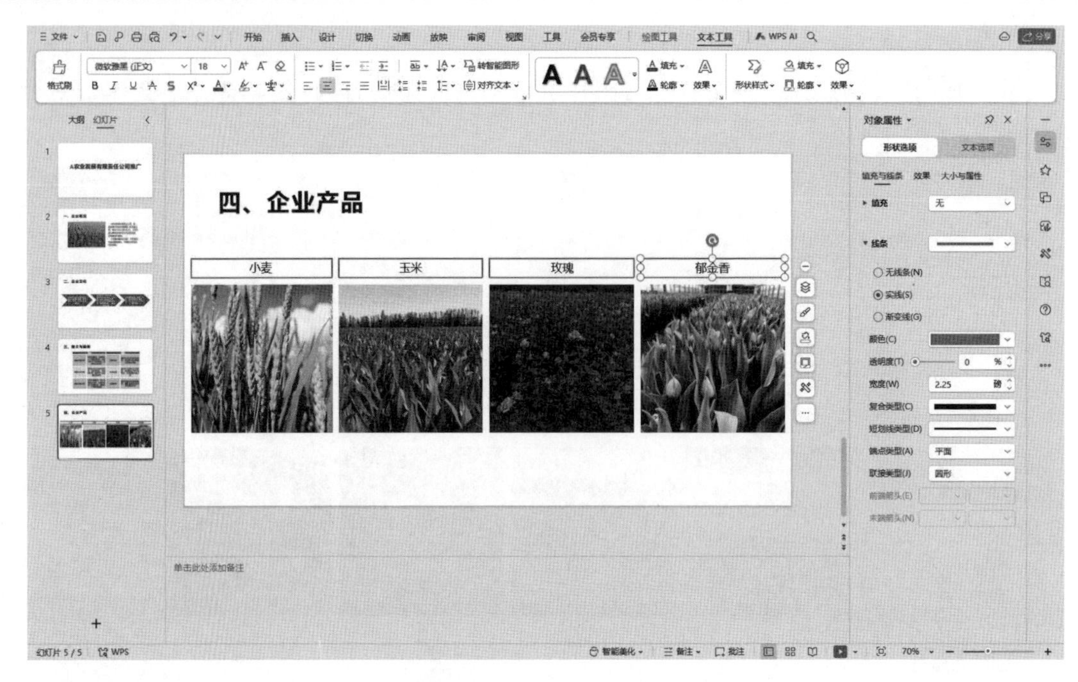

图 4-1-26 设置文本框属性

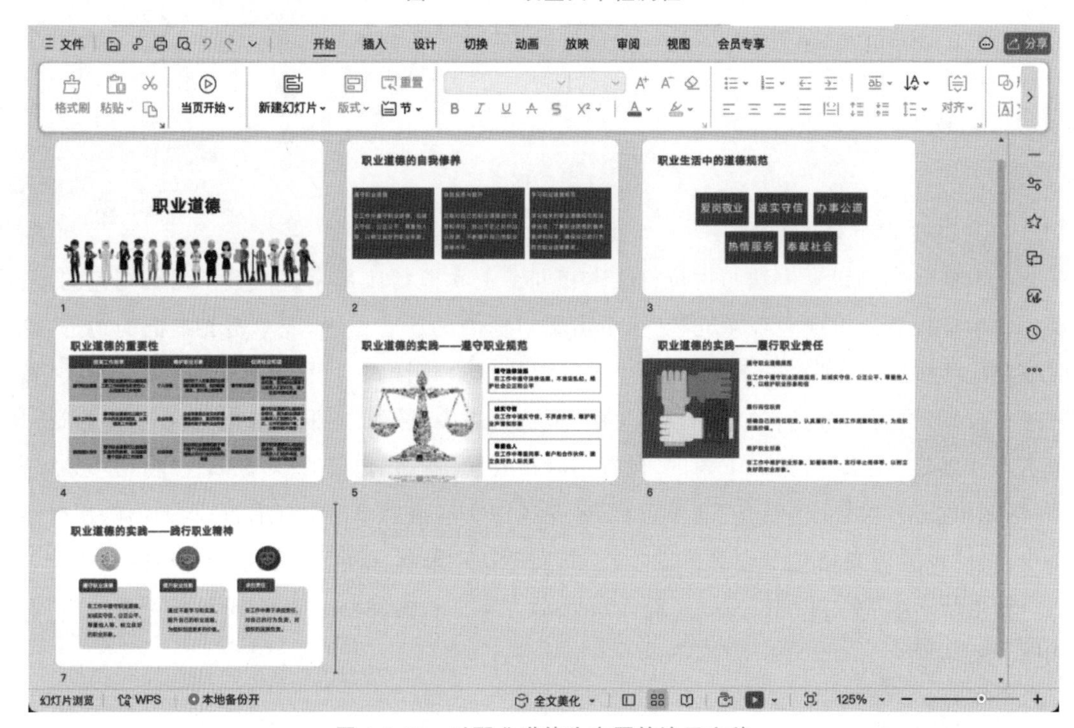

图 4-1-27 以职业道德为主题的演示文稿

操作要求：

1. 启动 WPS 并创建演示文稿

打开 WPS 软件，新建一个空白演示文稿，在演示文稿的首页添加标题，例如“职业道德”。

2. 制作演示文稿

在第一页幻灯片后新建多页幻灯片，版式均为“仅标题”，分别录入当前幻灯片的标题信息，使用相同的字体、大小和颜色。

添加对象元素与属性配置：

(1)在第一页幻灯片“职业道德”中，加入相应图片，并调整图片尺寸。

(2)在第二页幻灯片“职业道德的自我修养”中，添加文本框，并统一设定文本样式、对齐方式，以及文本框尺寸和样式。确保文本框在幻灯片中心对齐，从而使智能图形的整体风格保持统一和美观。

(3)在第三页幻灯片“职业生活中的道德规范”中，加入智能图形，并确保文本样式、智能图形的大小、样式及对齐方式等方面保持一致。

(4)在第四页幻灯片“职业道德的重要性”中，插入表格，并对表格的文本、对齐方式、尺寸及样式进行统一设置，以确保表格美观大方。

(5)在第五页幻灯片“职业道德的实践——遵守职业规范”、第六页幻灯片“职业道德的实践——履行职业责任”以及第七页幻灯片“职业道德的实践——践行职业精神”中，进行图文混排设置，对图片进行效果、大小设置，同时统一文本样式，使得图文整体风格和谐、美观，提升演示文稿的展示效果。

3. 保存演示文稿

将制作好的演示文稿保存至指定位置，确保文件的安全性和可访问性。

任务 4.2　设计企业推广方案演示文稿

任务目标

● 掌握幻灯片母版的应用与设计主题的配置技巧。

● 熟练运用超链接的设置方法。

● 具备配置幻灯片切换与动画效果的能力。

任务要求

1. 内容要求

● 对制作好的企业推广方案的演示文稿，进行母版的应用与设计主题的配置。

● 通过超链接功能，实现演示文稿的展示。

● 运用幻灯片切换与动画功能，呈现演示文稿的动态视觉效果。

2. 格式要求

● 幻灯片母版的应用与设计主题的配置应与文稿题目相符。

● 幻灯片中设置幻灯片切换方式一致，保持整体设计的美观与协调性。

● 幻灯片中动画设置应注重动画的节奏和顺序。

3. 功能性要求

● 幻灯片母版的应用与设计主题应紧密贴合文稿标题，选择“经典森绿”配色方案，并插入企业 LOGO。

● 使用超链接功能，在展示演示文稿时，通过单击跳转至指定页面。

● 确保幻灯片切换方式的一致性，统一设置为“抽出”效果，使文稿整体设计的美观和协调性。

● 第六页图片对象的幻灯片动画为“飞入”效果，注重动画的节奏与顺序，以实现功能性的需求。

任务参考效果如图 4-2-1 所示。

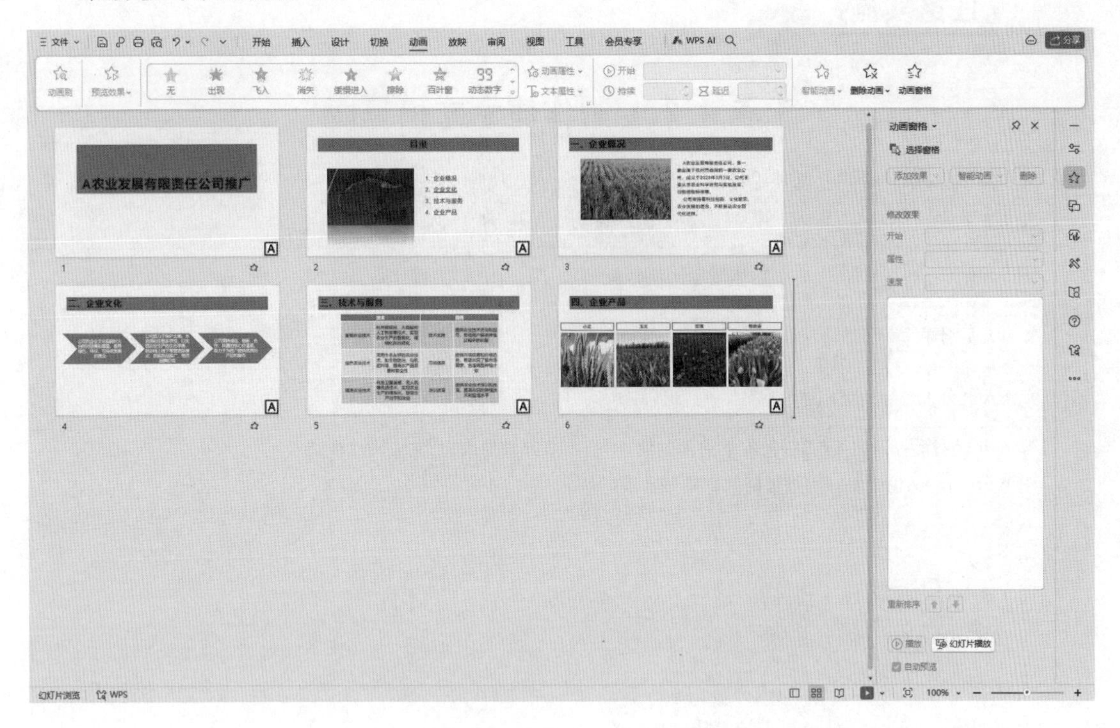

图 4-2-1　任务 4.2 参考效果

任务实施

工单 4.2.1 制作演示文稿母版

工单 4.2.1 内容见表 4-2-1。

表 4-2-1 工单 4.2.1 内容

名称	制作演示文稿母版	实施日期	
实施人员名单		实施地点	
实施人员分工	组织：　　　记录：　　　宣讲：		
请在互联网上查询相关信息，回答下面的问题；结合本节课堂的内容，完成操作演练。 1. WPS 演示文稿中幻灯片母版能实现哪些功能？ 2. WPS 演示文稿中“幻灯片母版”选项卡能进行哪些设置？ 3. 操作演练：请按要求制作企业推广方案演示文稿的母版。			
学习效果评价分数(0～100 分)			
自评分		组评分	

一、幻灯片母版简介

幻灯片母版作为一种设计模板，囊括了演示文稿的各项样式元素，如项目符号、字体类型与大小、占位符尺寸与位置、背景设计与填充、配色方案，以及幻灯片母版和可选的标题母版等。利用幻灯片母版，用户能更为便捷地实施全局性修改，例如替换字形、调整图形属性、插入图片等，并确保这些更改应用于演示文稿中的所有幻灯片。

在“视图”选项卡中，单击“幻灯片母版”按钮，将呈现“幻灯片母版”选项卡，通过该选项卡上的功能区按钮进行母版的设置。在左侧“幻灯片母版设计窗格”内，当选中已应用于演示文稿的样式时，会显示“该幻灯片版式由幻灯片几使用”。

二、设置幻灯片母版

1. 使用幻灯片母版添加标题填充

在“视图”选项卡中，单击“幻灯片母版”按钮，在“幻灯片母版设计窗格”中选择第一页幻灯片，在工作区单击“单击此处编辑母版标题样式”占位符任一位置，出现“绘图工具”选项卡，在其中进行填充设置，颜色选择“绿色”。选中以后，幻灯片母版的所有标题样式填充色均设置为绿色，如图 4-2-2 所示。

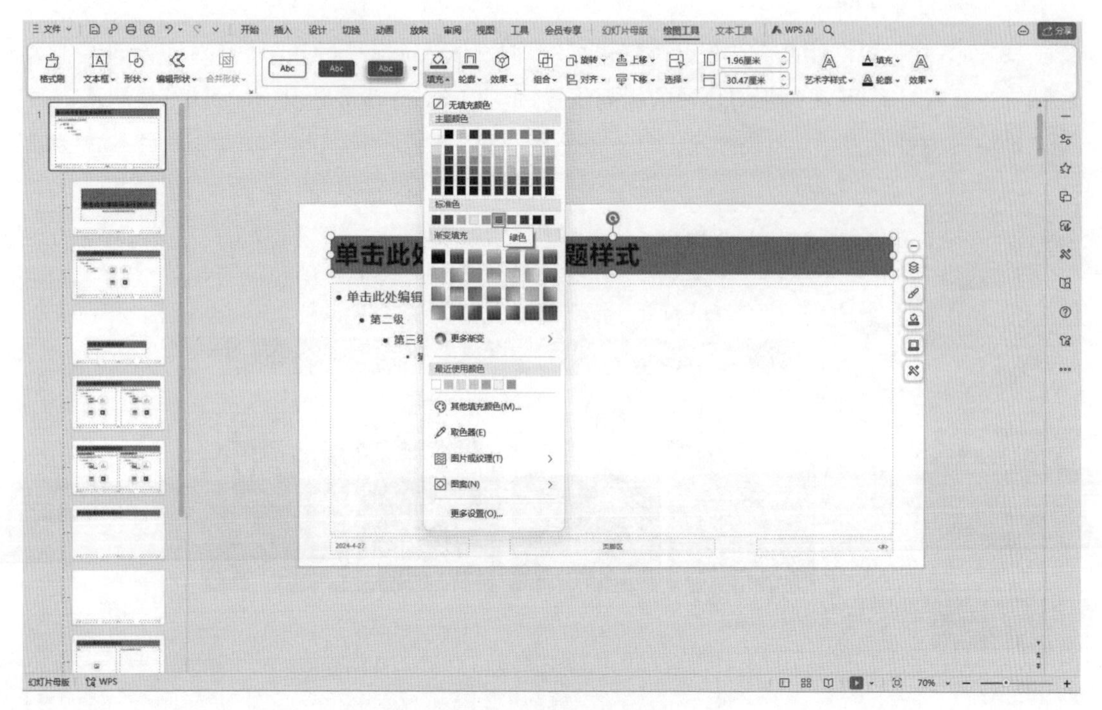

图 4-2-2 幻灯片母版标题填充

单击“幻灯片母版”选项卡中的“关闭”按钮返回到演示文稿工作区后，每一张幻灯片的标题占位符框的填充色均呈现出绿色，如图 4-2-3 所示。

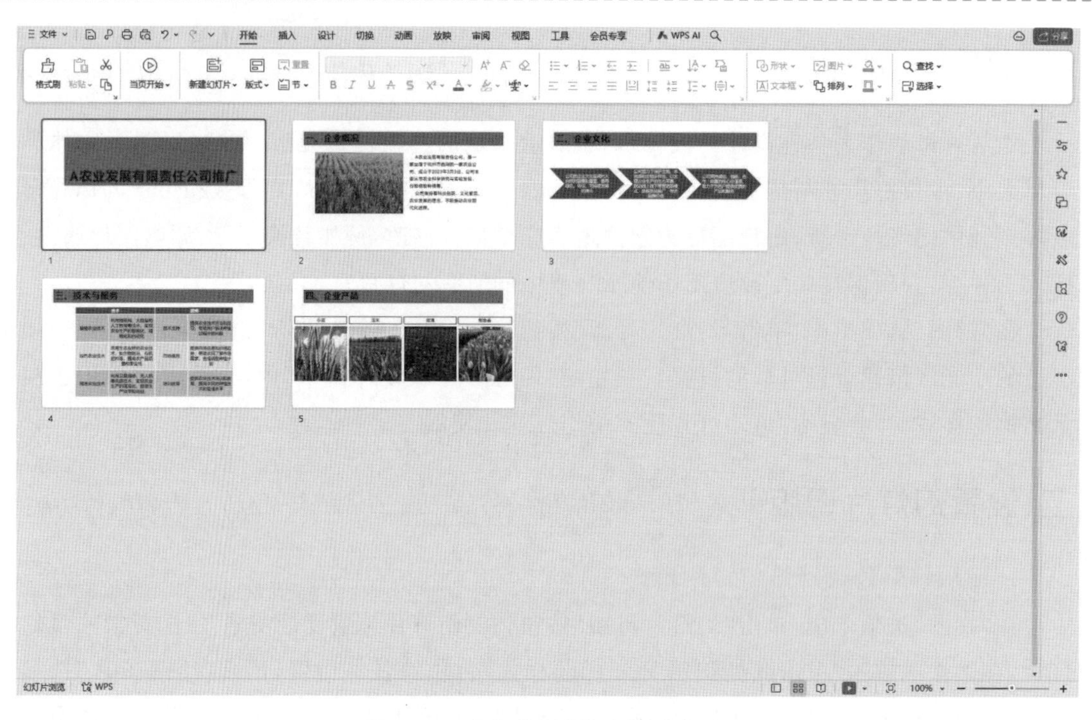

图 4-2-3　幻灯片母版标题填充效果

2. 嵌入企业 LOGO

在“幻灯片母版设计窗格”中，选择第一页幻灯片，嵌入企业 LOGO，将其对齐方式调整为底端对齐及右对齐后，在每张幻灯片的相同位置，企业 LOGO 都将呈现。如图 4-2-4 所示。

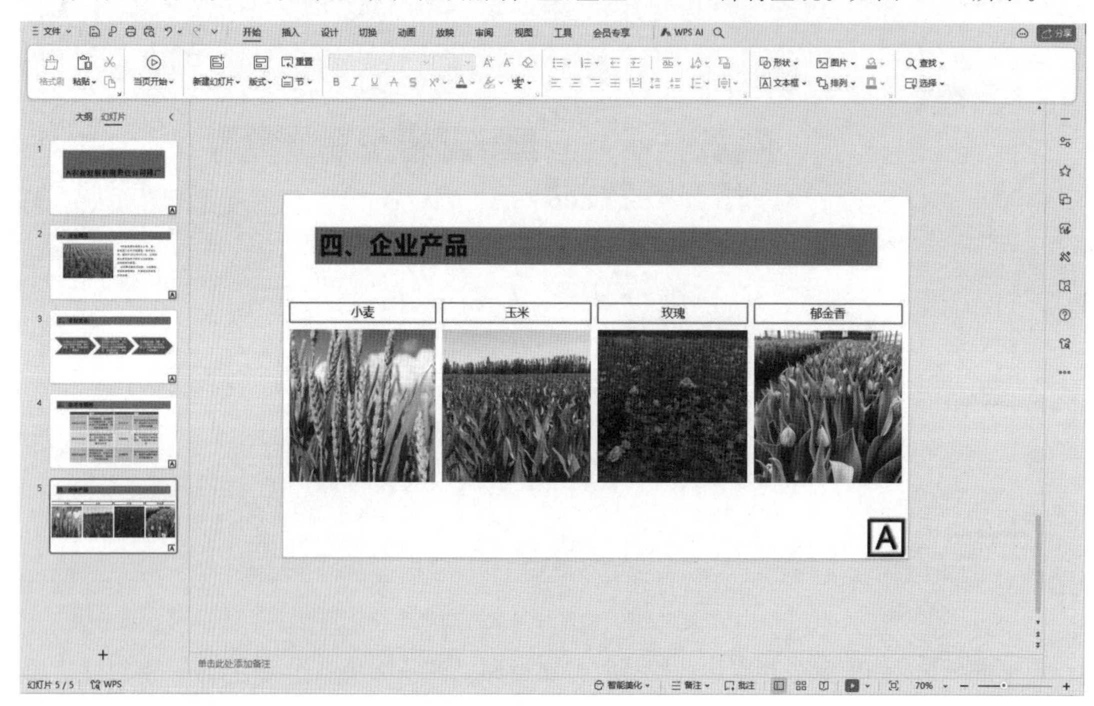

图 4-2-4　嵌入企业 LOGO

工单 4.2.2 设置演示文稿主题

工单 4.2.2 内容见表 4-2-2。

表 4-2-2　　工单 4.2.2 内容

<table>
<tr><td>名称</td><td colspan="2">设置演示文稿主题</td><td>实施日期</td><td></td></tr>
<tr><td>实施人员名单</td><td colspan="2"></td><td>实施地点</td><td></td></tr>
<tr><td>实施人员分工</td><td colspan="4">组织：　　　　记录：　　　　宣讲：</td></tr>
<tr><td colspan="5">请在互联网上查询相关信息，回答下面的问题；结合本节课堂的内容，完成操作演练。
1. WPS 演示文稿中的幻灯片主题与幻灯片母版的区别与联系是什么？
□ 幻灯片主题是指应用于幻灯片的一套设计风格，包括字体、颜色、布局等元素，用于统一演示文稿的整体视觉效果
□ 幻灯片母版是在演示文稿中预先设定的一种版式，包含了一系列通用组件，如标题栏、导航栏、内容区域等，方便用户快速创建和调整幻灯片结构
□ 幻灯片主题主要关注的是视觉效果的统一，侧重于色彩、字体等视觉元素的应用；而幻灯片母版关注的是版式布局，提供了预设的组件以方便用户搭建幻灯片框架
□ 用户可以在母版的基础上，通过应用主题来调整幻灯片的视觉效果，从而实现对演示文稿的整体风格控制
□ 部分母版本身就包含了主题元素，因此在使用过程中，用户无须额外应用主题，即可实现幻灯片视觉效果的统一
□ 其他
2. WPS 演示文稿的“设计”选项卡能进行哪些设置？

3. 操作演练：请按要求设置制作企业推广方案演示文稿的主题。</td></tr>
<tr><td colspan="5">学习效果评价分数（0～100 分）</td></tr>
<tr><td>自评分</td><td></td><td>组评分</td><td colspan="2"></td></tr>
</table>

一、幻灯片主题概述

幻灯片主题是含有字体颜色、字体类型、版式、效果等格式的集合。当演示文稿设定了特定主题之后，演示文稿中插入的图形、表格、图表、艺术字或文字、默认的幻灯片背景等均会自动与该主题匹配，使用该主题的格式，从而使演示文稿中的幻灯片具有一致的外观风格。

二、设置幻灯片主题

单击“设计”选项卡，在选项卡左下方呈现了主题的缩略图，可通过单击进行主题的更改。也可选择“设计”选项卡“更多设计”按钮，在弹出的“全文美化”对话框中进行幻灯片主题的设置。

为更进一步贴近文稿标题，本例选择“经典森绿”这一主题，如图 4-2-5 所示。

图 4-2-5　选择主题配色方案

在确定主题之后，演示文稿将呈现为“经典森绿”的视觉效果，如图 4-2-6 所示。

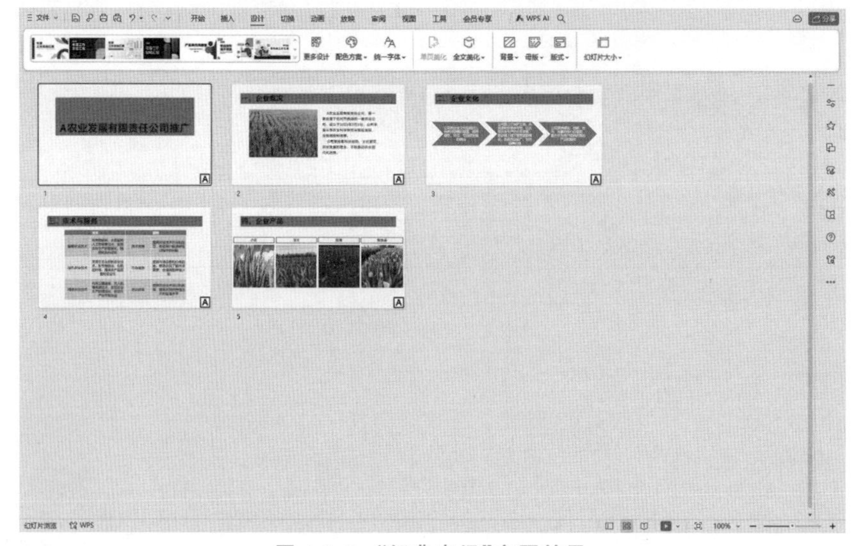

图 4-2-6　“经典森绿”主题效果

工单 4.2.3 设置演示文稿超链接

工单 4.2.3 内容见表 4-2-3。

表 4-2-3　　　　工单 4.2.3 内容

<table>
<tr><td>名称</td><td>设置演示文稿超链接</td><td>实施日期</td><td></td></tr>
<tr><td>实施人员名单</td><td></td><td>实施地点</td><td></td></tr>
<tr><td>实施人员分工</td><td colspan="3">组织：　　　　记录：　　　　宣讲：</td></tr>
<tr><td colspan="4">请在互联网上查询相关信息，回答下面的问题；结合本节课堂的内容，完成操作演练。
1. 演示文稿中超链接有哪些功能？

2. 如果要更改超链接颜色，应该怎么进行设置？

3. 操作演练：请按要求设置企业推广方案演示文稿的超链接。</td></tr>
<tr><td colspan="4">学习效果评价分数（0～100 分）</td></tr>
<tr><td>自评分</td><td></td><td>组评分</td><td></td></tr>
</table>

在 WPS 演示文稿中可以为幻灯片中的文本、图片、图形和图表等设置超链接，在放映演示文稿时，单击设置了超链接的对象，便可跳转到超链接指向的幻灯片、文件或网页等。

一、插入“图片与标题”版式

在第一页幻灯片后新建一张幻灯片，版式为“图片与标题”。在“单击此处添加标题”占位符中输入文字“目录”，并设置其对齐方式为：居中对齐、垂直居中。如图 4-2-7 所示。

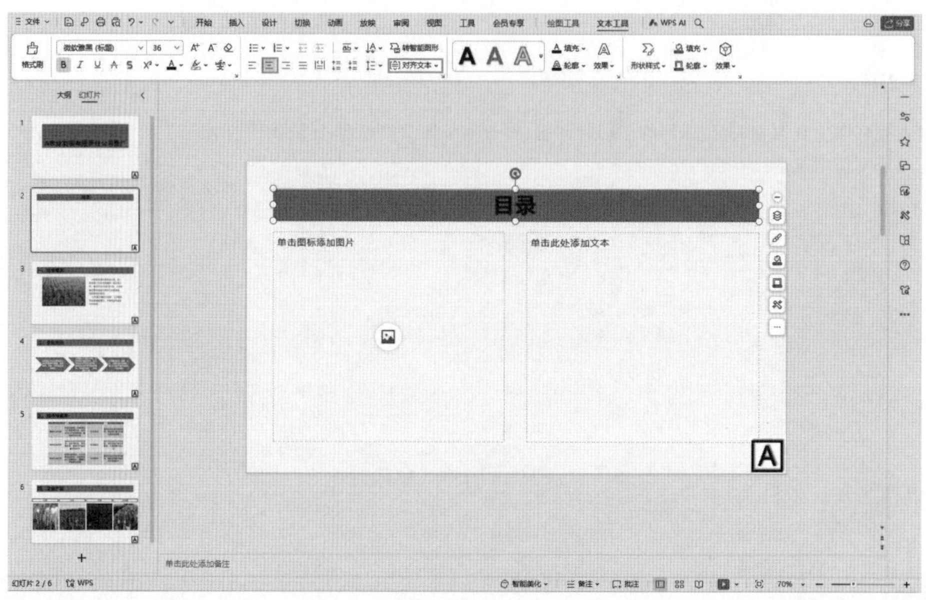

图 4-2-7 插入“图片与标题”版式

二、设置图片效果

在“目录”下方左侧插入“素材”文件夹中的图片“农业 2”，图片效果设置为“倒影”|“紧密倒影，接触”，如图 4-2-8 所示。

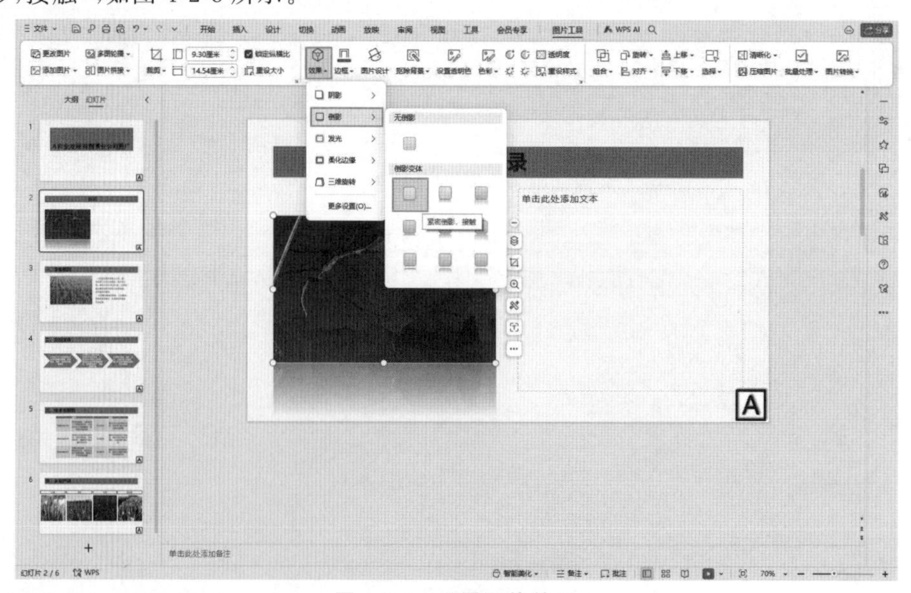

图 4-2-8 设置图片效果

三、添加项目编号

在“目录”下方右侧的文本占位符中，分别输入第三页至第六页幻灯片的标题，将其字号设置为 24 磅，并对其添加项目编号样式“1. 2. 3. ……”。如图 4-2-9 所示。

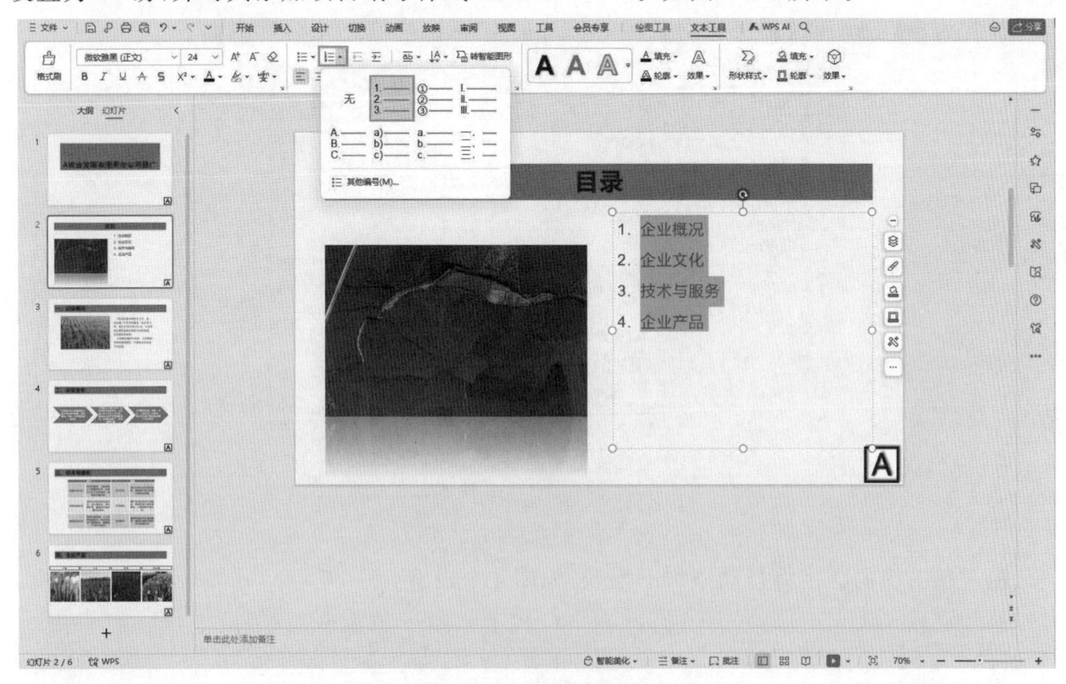

图 4-2-9　添加项目编号

适当调整占位符的大小，实现图片与文本的垂直居中对齐，如图 4-2-10 所示。

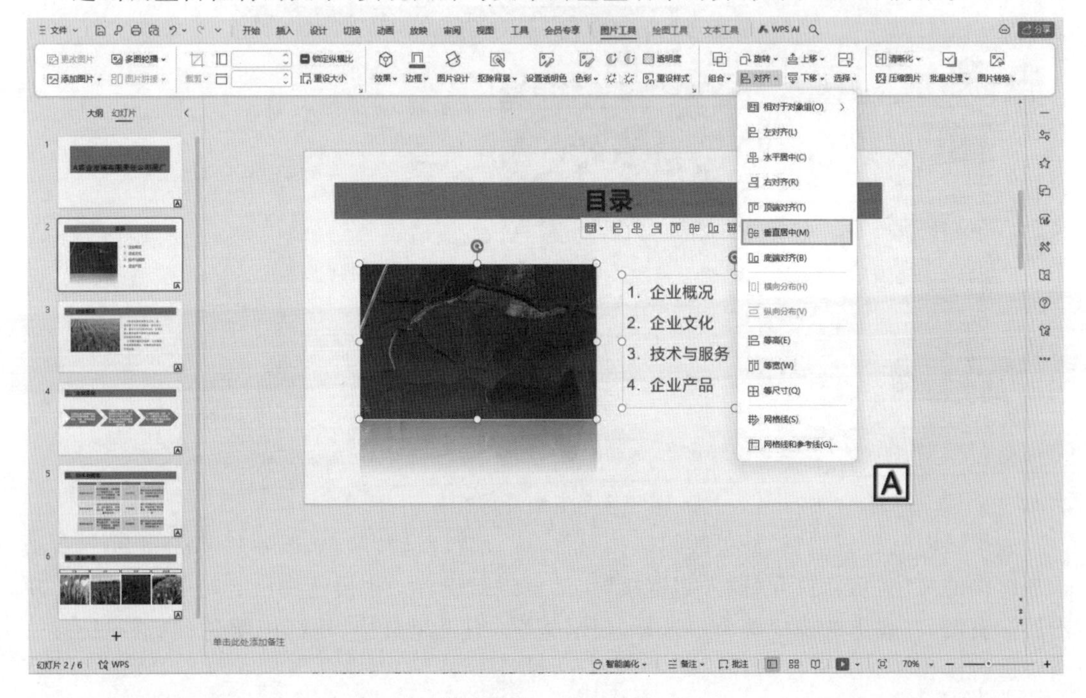

图 4-2-10　图文对齐

四、创建超链接

单击第二页幻灯片的目录，在“插入”选项卡中单击“超链接”按钮，弹出“插入超链接”对话框，选中“4. 二、企业文化”，进行超链接设置，如图 4-2-11 所示。单击“确定”按钮即可。

设置后，单击该超链接可自动跳转到“二、企业文化”所在的幻灯片页面。

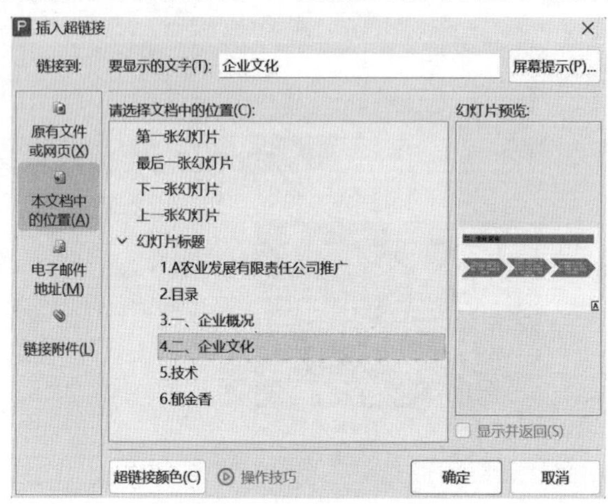

图 4-2-11 设置超链接

插入超链接的文字将自动添加下划线，如图 4-2-12 所示。

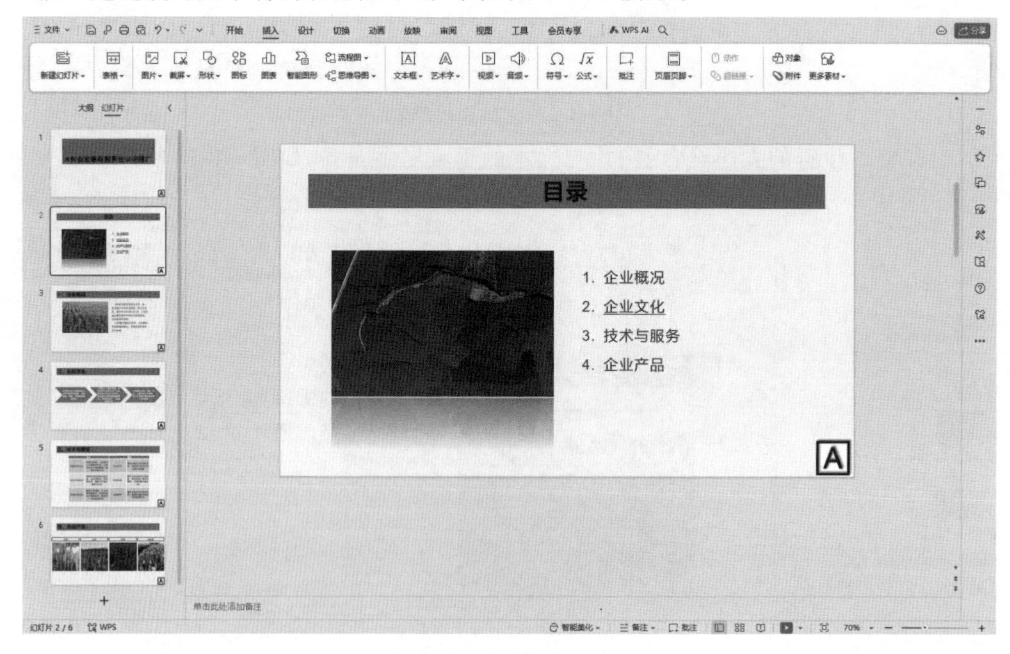

图 4-2-12 超链接效果

如果要对其进行编辑，如更改超链接目标，或设置超链接颜色、删除超链接等，可选择插入超链接的文字，重新打开“插入超链接”对话框进行设置。也可选中已有超链接的文字，单击鼠标右键，在弹出的快捷菜单中选择“超链接”的编辑超链接、超链接颜色、取消超链接命令来进行操作。

工单 4.2.4 演示文稿动效设计

工单 4.2.4 内容见表 4-2-4。

表 4-2-4 **工单 4.2.4 内容**

<table>
<tr><td>名称</td><td>演示文稿动效设计</td><td>实施日期</td><td></td></tr>
<tr><td>实施人员名单</td><td></td><td>实施地点</td><td></td></tr>
<tr><td>实施人员分工</td><td colspan="3">组织：　　　　记录：　　　　宣讲：</td></tr>
<tr><td colspan="4">请在互联网上查询相关信息，回答下面的问题；结合本节课堂的内容，完成操作演练。
1. WPS 演示文稿中常用的切换方式有哪些？

2. WPS 演示文稿的动画效果，有哪些常用的效果？

3. WPS 演示文稿的动画效果能否与幻灯片切换的方式一致？

4. 操作演练：请按要求实现企业推广方案演示文稿的切换与动画效果应用。</td></tr>
<tr><td colspan="4">学习效果评价分数(0～100 分)</td></tr>
<tr><td>自评分</td><td></td><td>组评分</td><td></td></tr>
</table>

一、设置幻灯片切换效果

在“大纲/幻灯片窗格”中按“Ctrl+A”快捷键选中所有幻灯片；或者先选中第一页幻灯片，按住 Shift 键后再选中最后一页幻灯片，也可全选所有幻灯片。

在“切换”选项卡中展开“效果”列表，单击“抽出”效果，如图 4-2-13 所示。

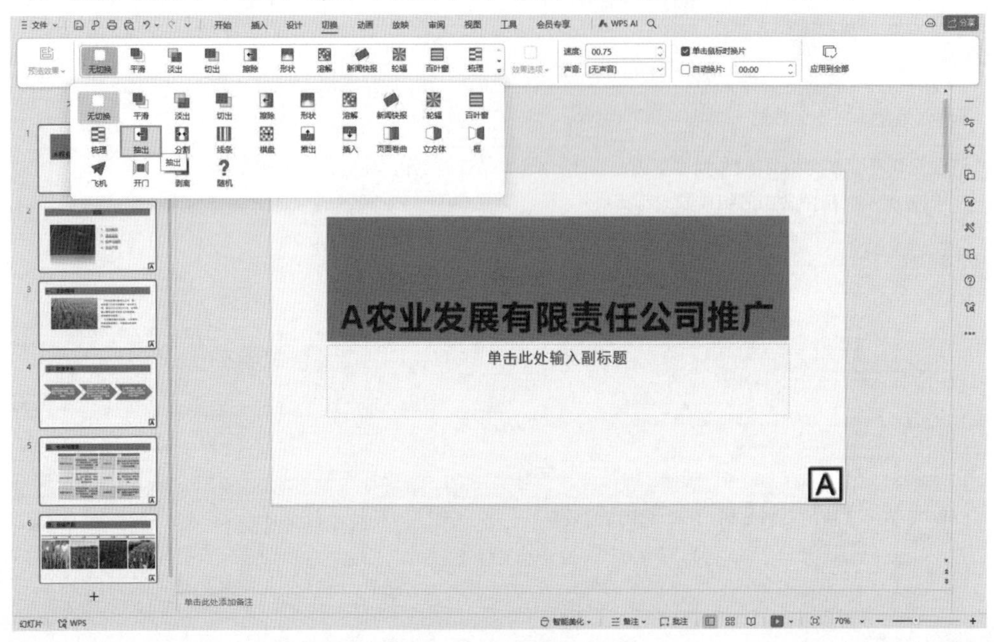

图 4-2-13 选择切换效果

完成设置后，所有幻灯片将呈现“抽出”效果，同时在“大纲/幻灯片窗格”中，每页幻灯片之前均会显示“播放动画”按钮，如图 4-2-14 所示。

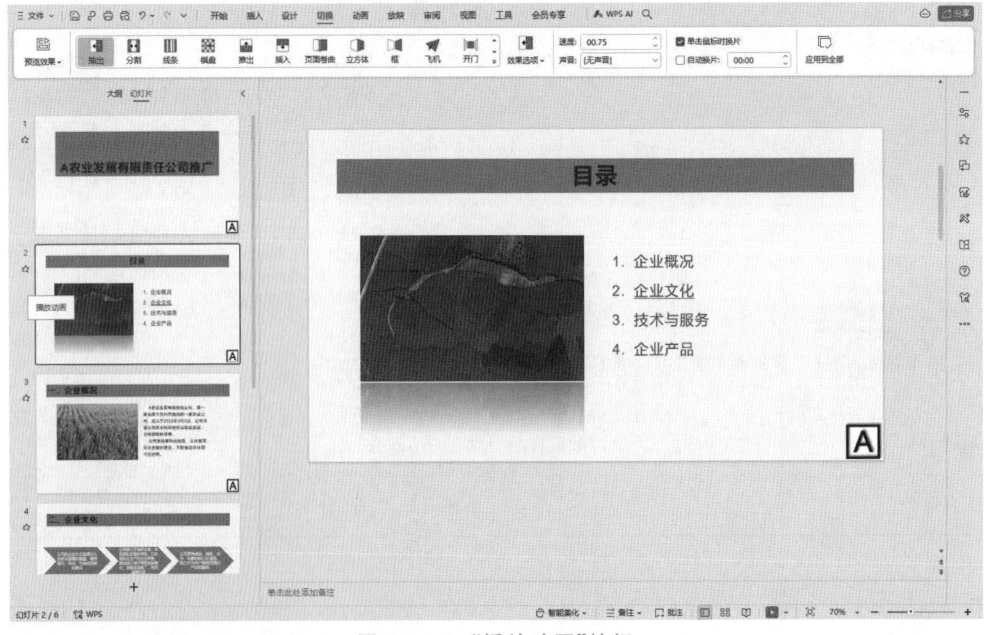

图 4-2-14 “播放动画”按钮

还可以对“抽出”效果设置切换的效果，以及切换速度设置，如图 4-2-15 所示。

图 4-2-15　切换效果、速度等设置

二、设置幻灯片动画效果

选中第六页幻灯片中的四张图片，在“动画”选项卡的“动画”列表中单击“飞入”动画效果，如图 4-2-16 所示。

图 4-2-16　动画设置

在“动画”选项卡中，单击“动画窗格”按钮，在打开的“动画窗格”中进行属性设置。将“开始”设定为“与上一动画同时”，“方向”设定为“自左下部”，速度则为“快速(1 秒)”，如图 4-2-17 所示。

设置完毕后，可以单击“动画窗格”中的“播放”按钮或“幻灯片播放”按钮，以及“动画”选项卡中的“预览效果”按钮，均可查看所选对象的动画效果。

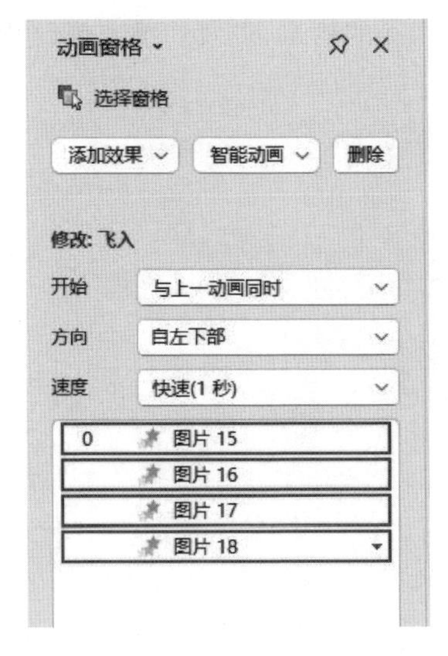

图 4-2-17　动画窗格设置

任务实训

文化自信是一个国家、一个民族发展中更基本、更深沉、更持久的力量。这种自信来自对自身文化传统的深刻认知，以及对自身文化价值的坚定信念。在当今世界，文化交融日益加深，各种思想相互激荡，保持文化自信显得尤为重要。用 WPS 设计题目为“坚定文化自信 激荡复兴力量”的演示文稿。

任务实训参考效果如图 4-2-18 所示。

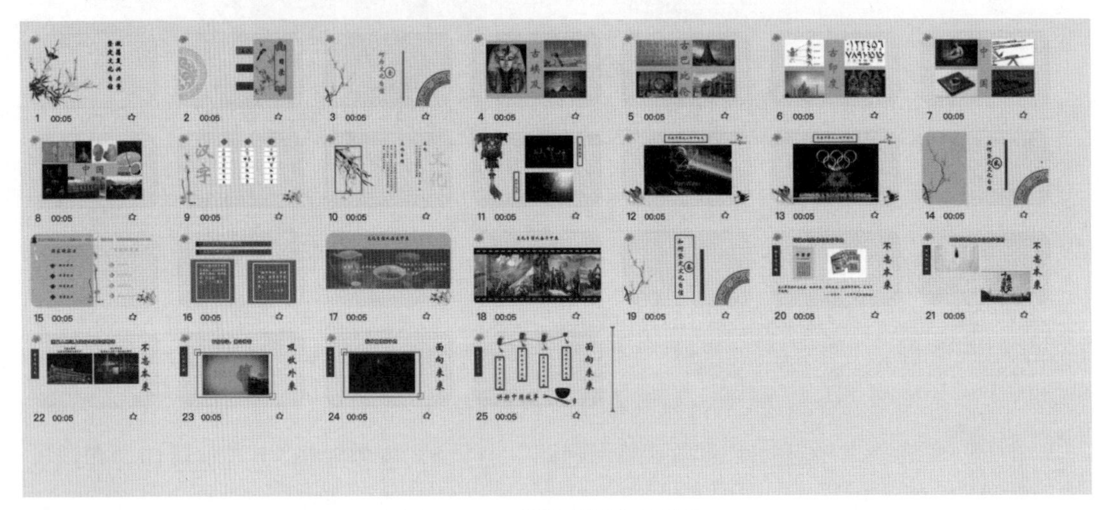

图 4-2-18　任务实训参考效果

操作要求：

1. 设计演示文稿母版

在“幻灯片母版”中，添加图片并对其进行特效设定，使得在每页幻灯片的相同位置均展示该图片。

2. 设计演示文稿设计主题

为实现幻灯片的美观性,可添加背景颜色至每页,并配合设定“配色方案”,以全面提升整体视觉效果。

3. 设计演示文稿超链接

在“目录”页,通过超链接的设计,实现单击时自动跳转至相应目标页面的功能。

4. 设计演示文稿切换与动画效果

为幻灯片元素配置切换与动画效果,从而赋予整个演示文稿更为生动的动态表现。

5. 保存演示文稿

保存经过设计后的演示文稿,并通过幻灯片播放功能,直观地展示幻灯片的呈现效果。

任务 4.3 展示企业推广方案演示文稿效果

任务目标

● 熟练运用演示文稿的放映设置。

● 精通演示文稿的打包与打印、输出样式的操作。

任务要求

1. 内容要求

● 展示企业推广方案演示文稿，熟练运用演示文稿的放映设置。

● 熟悉演示文稿打包、打印及输出样式的方法。

2. 格式要求

● 确保演示文稿在放映过程中保持整体设计的美观与协调性。

● 在进行演示文稿格式转换时，请确保选择恰当的格式类型，以便更为清晰地展示内容。

3. 功能性要求

● 确保在演示文稿放映过程中，内容能够清晰呈现，有效传达企业推广方案的相关信息及其价值。

● 使用“演讲者视图”模式，演讲者能实时掌握下一页幻灯片的主题。

● 掌握幻灯片打包技巧。

● 熟练掌握演示文稿的输出方式，如 PDF 和图片。

● 根据实际需求进行适当的打印设置，以确保文稿准确无误地呈现。

任务参考效果如图 4-3-1 所示。

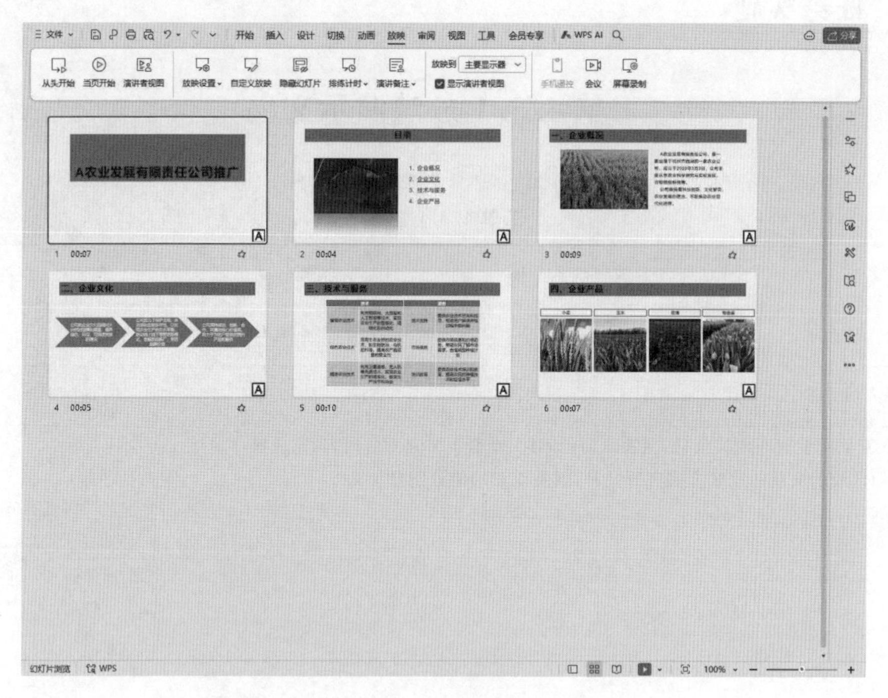

图 4-3-1　展示放映效果

任务实施

工单 4.3.1 放映演示文稿

工单 4.3.1 内容见表 4-3-1。

表 4-3-1 **工单 4.3.1 内容**

名称	放映演示文稿	实施日期	
实施人员名单		实施地点	
实施人员分工	组织：　记录：　宣讲：		
请在互联网上查询相关信息，回答下面的问题；结合本节课堂的内容，完成操作演练。 1. WPS 演示文稿的放映方式有哪几种，其特点和功能分别是什么？ 2. WPS 演示文稿“排练计时”的功能是什么？ □ “排练计时”功能旨在为实现演示文稿的精准控制和高效呈现提供便利 □ 用户可以预先设置演示文稿中各个幻灯片的展示时间，以确保在实际演示过程中，能够按照预定的节奏和顺序流畅地进行展示。此举有助于提升演示效果，使观众能够更好地理解和吸收演示内容 □ 排练计时过程中，用户还可以实时查看演示文稿的整体时间分布，以便针对性地调整展示策略，确保演示过程的连贯性和有效性 □ 其他 3. 操作演练：请按要求进行演示文稿放映效果的展示。			
学习效果评价分数（0～100 分）			
自评分		组评分	

在执行幻灯片播放时，可通过在“放映”选项卡中单击“从头开始”或“当页开始”按钮进行操作。同时，还可选择“演讲者视图”进行展示。如图 4-3-2 所示。

图 4-3-2 幻灯片放映设置

演讲者可以通过设置“排练计时”功能，实现文稿内容在传递过程中的自动播放。这一功能有助于确保演讲的流畅性和准确性。如图 4-3-3 所示。

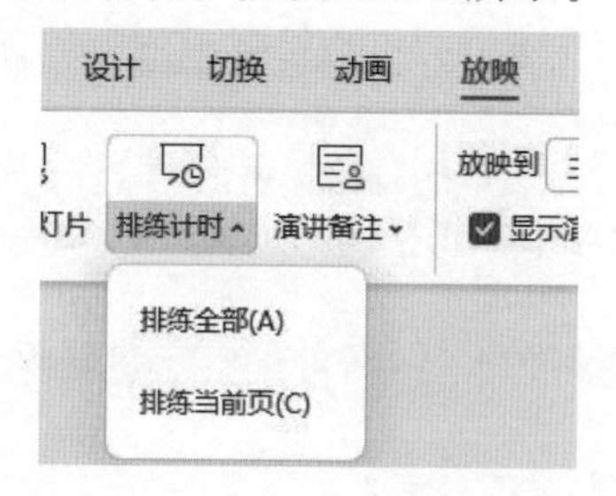

图 4-3-3 “排练计时”选项

排练计时效果如图 4-3-4 所示。

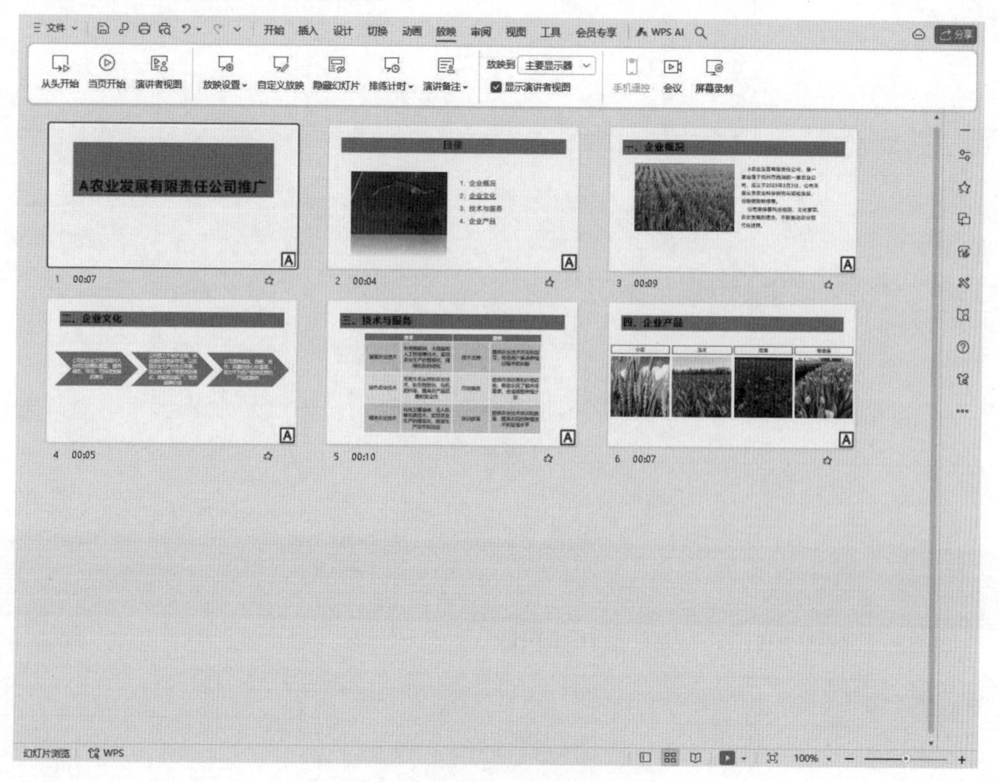

图 4-3-4 排练计时效果

工单 4.3.2 打包和打印演示文稿

工单 4.3.2 内容见表 4-3-2。

表 4-3-2 **工单 4.3.2 内容**

<table>
<tr><td>名称</td><td>打包和打印演示文稿</td><td>实施日期</td><td></td></tr>
<tr><td>实施人员名单</td><td></td><td>实施地点</td><td></td></tr>
<tr><td>实施人员分工</td><td colspan="3">组织：　　记录：　　宣讲：</td></tr>
<tr><td colspan="4">请在互联网上查询相关信息，回答下面的问题；结合本节课堂的内容，完成操作演练。
1. WPS 演示文稿打包的目的是什么？
□ 便于用户在各种环境下便捷地查看、使用和传播演示内容
□ 通过将演示文稿打包，用户可以将其转化为一种易于传输和存储的格式，同时确保在不同设备和操作系统上保持良好的兼容性
□ 打包后的演示文稿还能有效保护原始数据不被意外篡改或丢失，从而满足用户在商务交流、教育培训等场景下的需求
2. WPS 演示文稿的输出类型有哪些？
3. 如何将演示文稿设置为每页打印 4 张幻灯片？
4. 操作演练：请按要求进行演示文稿打包和打印的操作。</td></tr>
<tr><td colspan="4">学习效果评价分数（0～100 分）</td></tr>
<tr><td>自评分</td><td></td><td>组评分</td><td></td></tr>
</table>

一、演示文稿的打包

在职业生涯中，江江曾遭遇过这样的困境：更换计算机后，新的计算机没有安装 WPS 应用软件或缺少幻灯片中使用的字体；不得不重新在演示文稿中插入超链接；演示文稿版本的变化导致已有的字体动画等设置混乱。在积累了一定的工作经验后，江江掌握了演示文稿打包的技术，成功解决了上述问题。以本项目的演示文稿为例，进行打包设置。

单击“文件”选项卡，选择“文件打包”命令，有两个选项：“将演示文档打包成文件夹”和“将演示文档打包成压缩文件”，如图 4-3-5 所示。

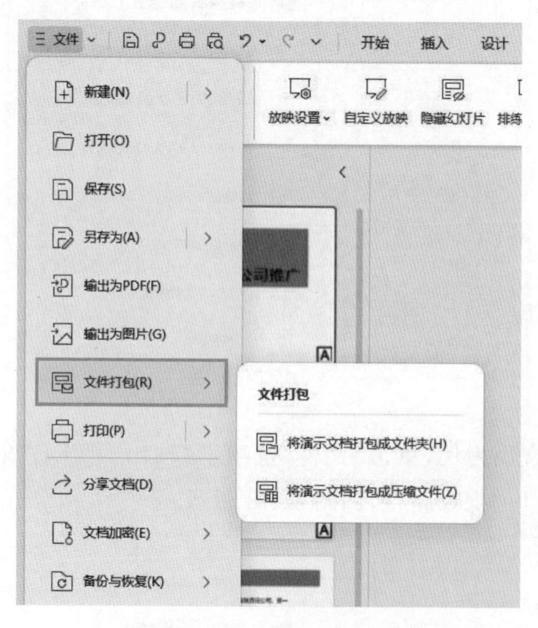

图 4-3-5 “文件打包”选项

在执行“将演示文档打包成文件夹”命令后，将弹出“演示文件打包”对话框。在此对话框中，用户可以指定存放演示文件的位置，还可以将其一并打包成一个压缩文件。如图 4-3-6 所示。

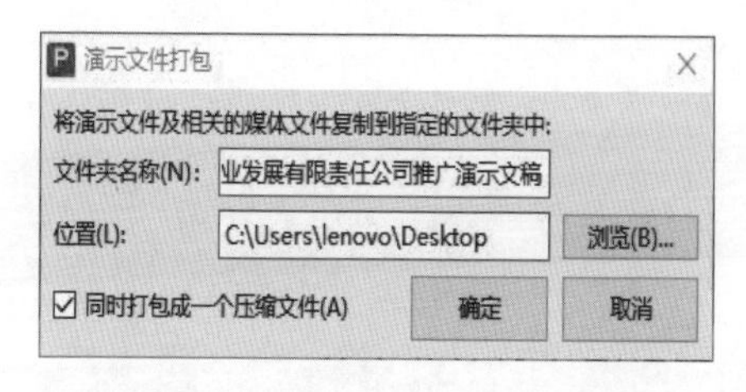

图 4-3-6 “演示文件打包”对话框

二、演示文稿的输出

在日常工作中，为了让演示文稿可以在不同的环境下正常放映，还可以将制作好的演示文稿输出为不同的格式，以便播放。输出类型如图 4-3-7 所示。

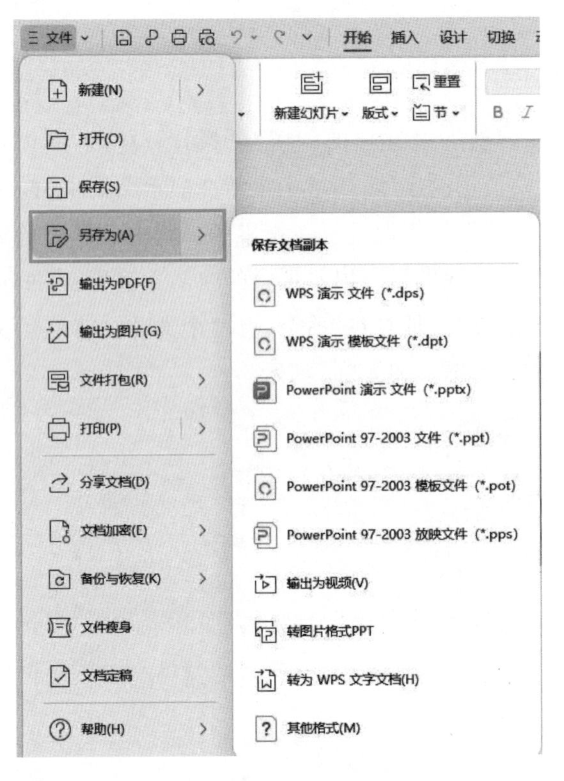

图 4-3-7 演示文稿的输出类型

以本项目的演示文稿为例，单击“文件”选项卡“输出为 PDF”命令，在弹出的“输出为 PDF”对话框中指定文件的保存路径，如图 4-3-8 所示。

图 4-3-8 “输出为 PDF”对话框

输出的 PDF 内容如图 4-3-9 所示。

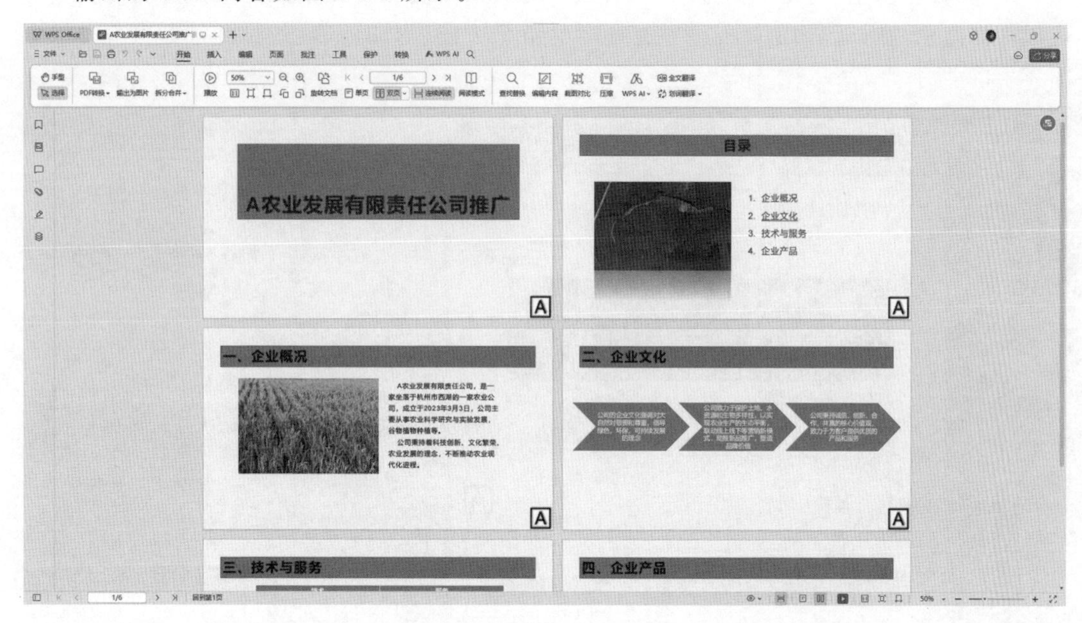

图 4-3-9 PDF 文件内容

三、打印演示文稿

在进行打印操作时，可单击“文件”选项卡，选择“打印”选项上的相应命令以完成相应任务，如图 4-3-10 所示。

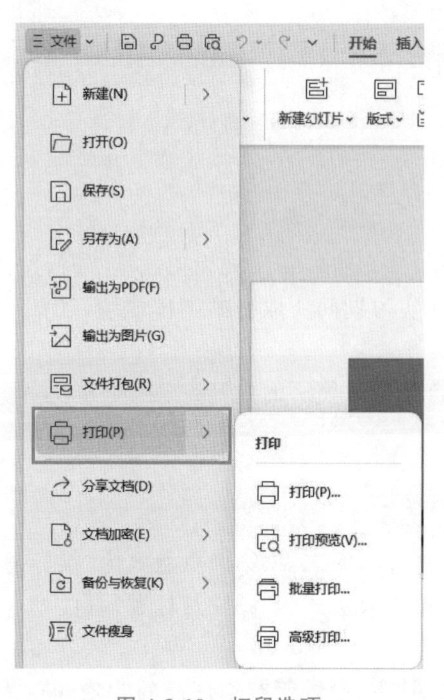

图 4-3-10 打印选项

通过“打印预览”功能预览打印效果,预览的效果与实际打印出来的效果非常相近。还可以根据需求,在打印预览界面调整打印时的纸张方向、打印内容、幻灯片加框等操作。如图 4-3-11 所示。

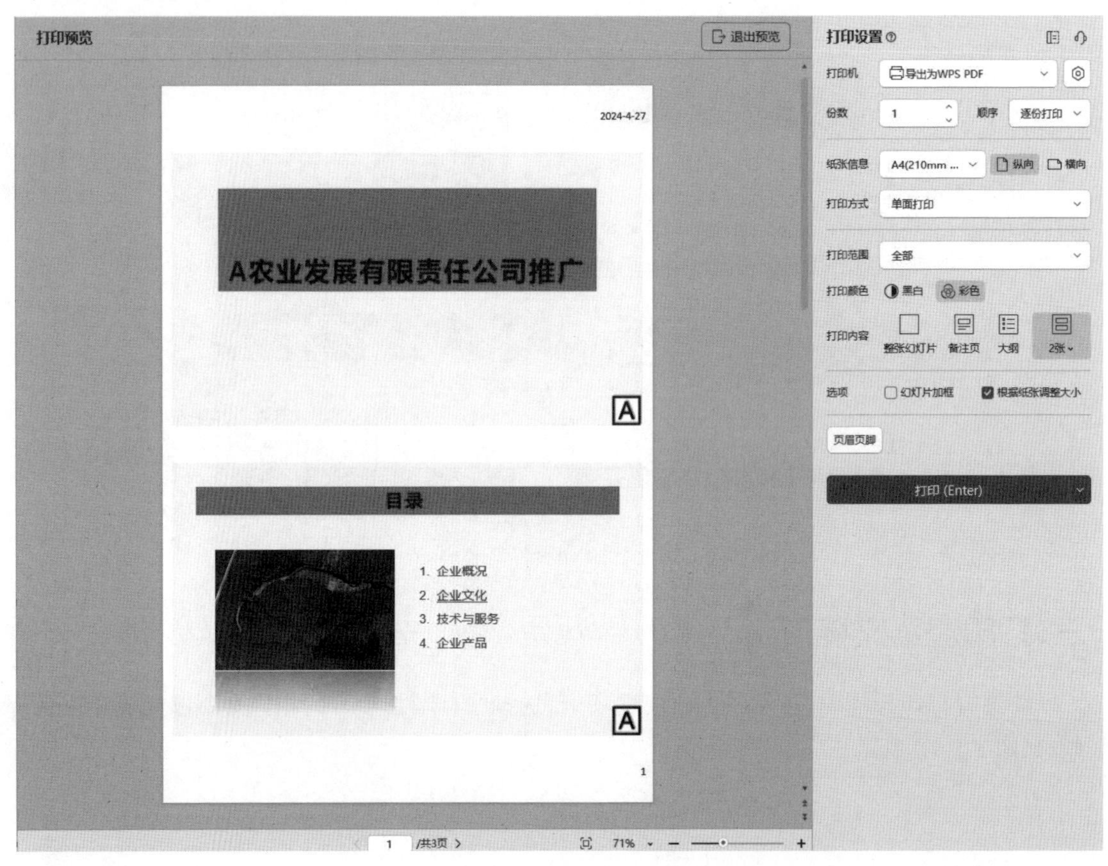

图 4-3-11 打印预览界面

任务实训

江江已在公司实习半年,并即将转正。转为正式员工时,按照公司流程需要进行述职答辩。为了更好地呈现自己在实习期间所取得的工作成绩,江江正计划制作一份演示文稿作为答辩材料。

主题样式及背景设置符合个人简历的内容;文字简明,搭配适当图片;对幻灯片进行切换和动画设置。

操作要求:

1. 建立六页幻灯片,并按要求设计好版式

第一页版式为“标题幻灯片”;第二页、第四页版式为“仅标题”;第三页版式为“空白”;第五页版式为“标题和内容”;第六页版式为“图片与标题”。

2. 设置幻灯片母版

在“幻灯片母版设计视图”下,设置所有幻灯片的背景颜色为“白色,背景 1,深色 5%”,在幻灯片母版中左上角插入圆形,白色无边框, 母版效果如图 4-3-12 所示。

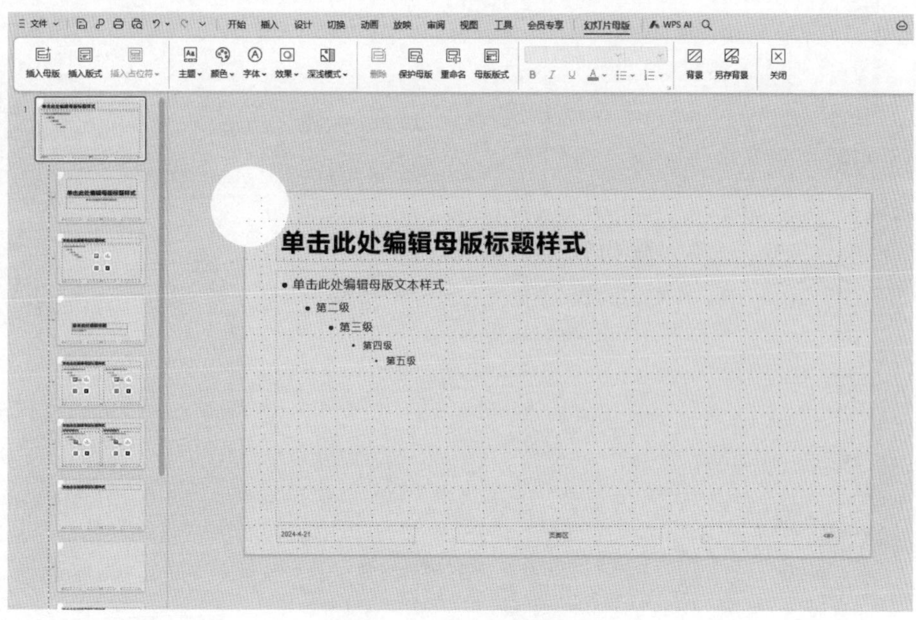

图 4-3-12 幻灯片母版效果

3. 幻灯片标题设置

(1)第一页幻灯片“标题”为:江江实习转正述职报告。

(2)第二页幻灯片需要呈现个人信息:“姓名、实习部门、实习岗位”,这些信息通过使用文本框呈现。效果如图 4-3-13 所示。

图 4-3-13 第二页幻灯片效果

(3)第三页幻灯片主题为“实习期间的工作成果与亮点”,用文本框的形式输入文本,字体为“微软雅黑”。效果如图 4-3-14 所示。

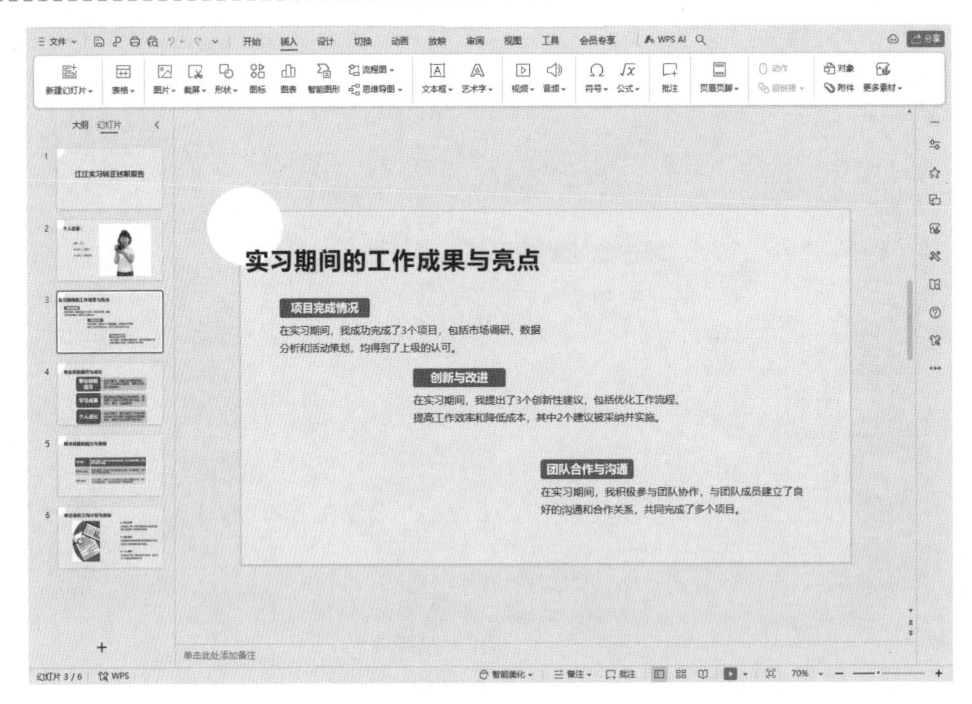

图 4-3-14　第三页幻灯片效果

(4)第四页幻灯片主题为“专业技能提升与成长”，插入智能图形“垂直块列表”。效果如图 4-3-15 所示。

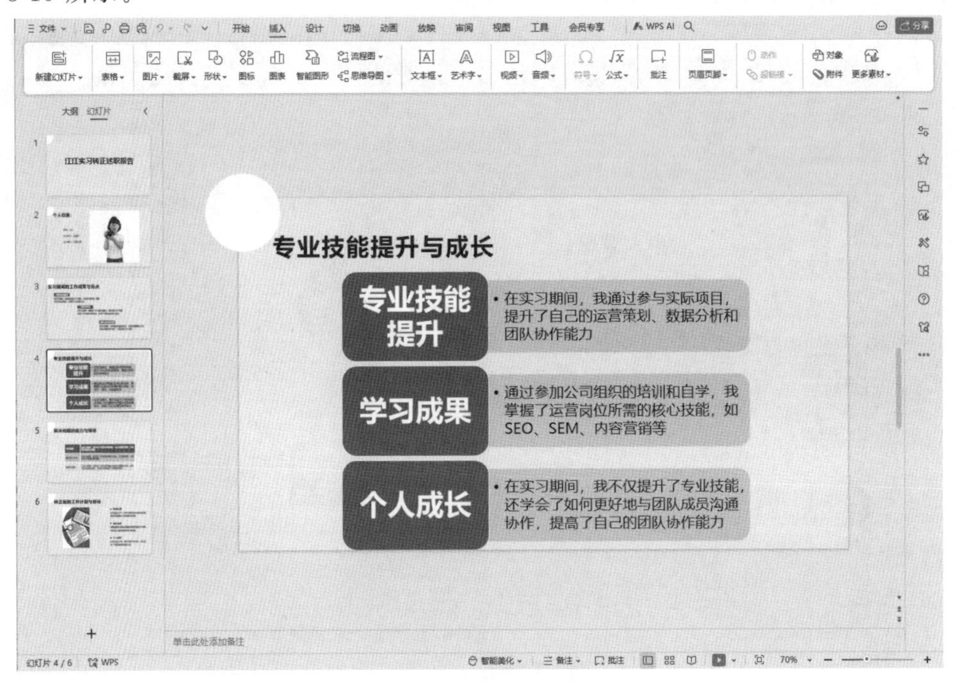

图 4-3-15　第四页幻灯片效果

(5)第五页幻灯片主题为“解决问题的能力与策略”，插入一个 3 行×2 列表格，字体为“微软雅黑”，字号为“18 磅”。设置表格的高度为 3 厘米，第一列宽度为 5 厘米，第二列宽度为 18 厘米，表格内文本对齐方式为左对齐、水平居中。表格的对齐方式为：横向分布、垂直居中。效果如图 4-3-16 所示。

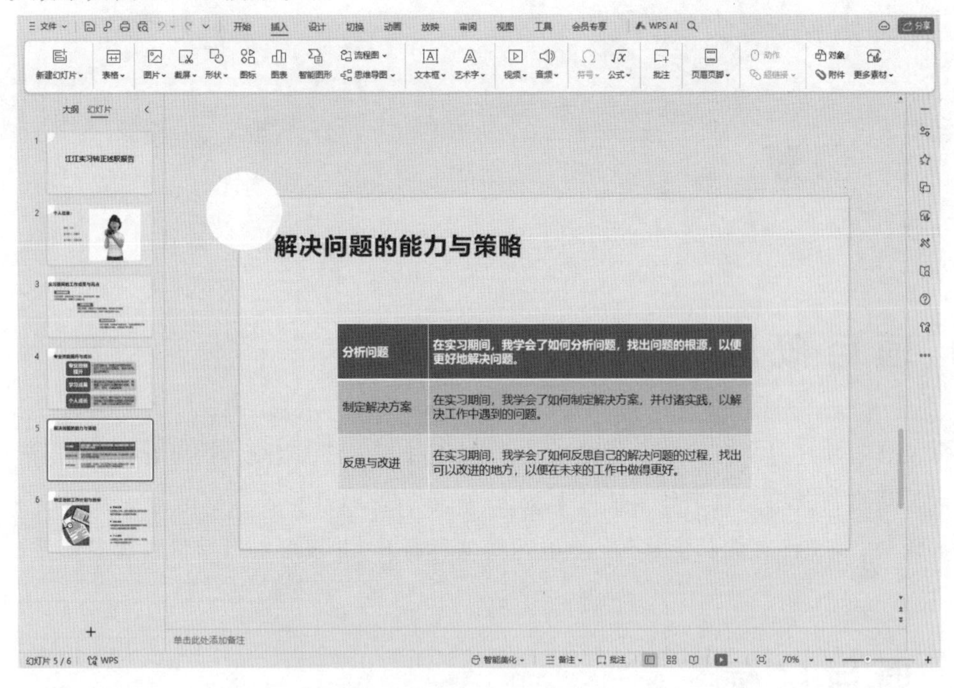

图 4-3-16　第五页幻灯片效果

(6)第六页幻灯片主题为“转正后的工作计划与目标”,左侧插入图片,右侧文本使用“项目符号”。效果如图 4-3-17 所示。

图 4-3-17　第六页幻灯片效果

4. 设置页面切换效果

对所有幻灯片进行统一的页面切换设置(自行选择效果)。

项目 5 新一代信息技术应用

项目概况

本项目旨在通过实际体验和学习活动，帮助员工深入了解物联网、大数据、云计算、人工智能和区块链等新一代信息技术的基本概念、应用场景和潜在价值。通过一系列设计好的任务和活动，员工将有机会接触到这些技术的实际操作，并理解它们如何在现实世界中发挥作用。

项目目标

◆ 增强认知：对新一代信息技术有一个全面和深入的认识。

◆ 培养兴趣：通过互动和实践活动，激发对新技术的兴趣和好奇心。

◆ 发展技能：通过实际操作和案例分析，培养分析问题和解决问题的基本技能。

◆ 理解应用：理解这些技术在不同行业中的应用，并探索其对社会的潜在影响。

◆ 准备未来：为未来可能涉足的技术领域或职业生涯打下坚实的基础。

素质目标

◆ 技术洞察力：能够洞察新一代信息技术的发展趋势及其在现实世界中的重要性。

◆ 跨领域应用理解：理解不同技术如何在多元领域中交叉应用，解决实际问题。

◆ 实践操作技能：通过亲身体验，掌握信息技术的操作流程和实践技巧。

◆ 技术融合创新：培养将不同技术融合创新的能力，以探索新的解决方案。

◆ 批判性思维：发展批判性思维，评估技术应用的潜在影响和伦理问题。

实施准备

◆ 理论学习：通过课堂讲解、在线课程和阅读材料，员工将学习到每种技术的基础知识和关键概念。

◆ 互动讨论:组织小组讨论和研讨会,鼓励员工分享观点、提出问题并相互学习。
◆ 技术演示:邀请行业专家进行技术演示,展示这些技术的实际应用案例。
◆ 实践操作:在实验室或通过模拟软件,让员工亲自操作和体验相关技术的基本使用。
◆ 案例研究:分析真实世界中的技术应用案例,理解技术如何解决具体问题。

项目任务分解

任务	工单	主要知识点
任务 探索新一代信息技术	工单 5.1.1 智联世界:物联网的奥秘	(1)物联网的概念与特点 (2)物联网的体系架构 (3)物联网的应用
	工单 5.1.2 数据海洋:大数据的探索之旅	(1)大数据的概念与特点 (2)大数据的处理流程 (3)大数据的应用 (4)大数据的安全与隐私挑战
	工单 5.1.3 云端漫步:云计算的自由之旅	(1)云计算的概念与特点 (2)云计算的分类 (3)云计算的应用
	工单 5.1.4 智能新纪元:AI的未来之路	(1)人工智能的概念与特点 (2)人工智能的核心技术 (3)人工智能的应用
	工单 5.1.5 信任之链:区块链的安全网络	(1)区块链的概念与特点 (2)区块链的分类 (3)区块链的应用

任务　探索新一代信息技术

任务目标

- 深入理解关键技术：掌握物联网、大数据、云计算、人工智能和区块链等新一代信息应用技术的基本概念、原理和工作机制。
- 分析技术融合趋势：探讨这些技术之间的相互关系和融合趋势，以及它们如何共同推动数字化转型和智能化升级。
- 识别应用场景：识别和分析这些技术在不同行业中的应用场景，理解它们如何帮助解决实际问题和提升业务效率。
- 评估技术影响：评估这些技术对经济、社会和文化等方面的潜在影响，包括它们带来的机遇和挑战。
- 培养创新思维：通过学习这些技术，培养创新思维和问题解决能力，为未来的技术发展和应用提供新的思路。

任务要求

- 系统学习：通过阅读教材、参加在线课程、观看教学视频等方式，系统学习每项技术的核心知识点。
- 实践操作：通过实验室练习、模拟项目或参与实际案例研究，加深对技术应用的理解和掌握。
- 案例分析：选择具体的行业案例，分析技术如何被应用于实际问题解决中，总结成功经验和可能的改进方向。
- 团队合作：与同学组成团队，共同讨论和研究技术的应用，通过集思广益提高分析和解决问题的能力。
- 撰写报告：撰写详细的学习报告，总结技术特点、应用案例和个人见解，为进一步的研究和实践打下坚实的基础。
- 持续关注：关注相关领域的最新发展和趋势，通过阅读专业文章、参加行业会议等方式，保持知识的更新和前瞻性。

任务实施

工单 5.1.1 智联世界:物联网的奥秘

工单 5.1.1 内容见表 5-1-1。

表 5-1-1 工单 5.1.1 内容

<table>
<tr><td>名称</td><td>智联世界:物联网的奥秘</td><td>实施日期</td><td></td></tr>
<tr><td>实施人员名单</td><td></td><td>实施地点</td><td></td></tr>
<tr><td>实施人员分工</td><td colspan="3">组织:　　　　　　　记录:　　　　　　　宣讲:</td></tr>
<tr><td colspan="4">请在互联网上查询相关信息,回答下面的问题;结合本节课堂的内容,完成操作演练。
1.物联网是指什么?
□ 一种大规模的全球互联网服务
□ 让物品具备感知和连接能力,实现智能互联的网络
□ 人们通过互联网购物的方式
□ 一个虚拟的网络世界
2.以下哪个不是物联网的特点?
□ 物联网设备配备有各种传感器,能够感知环境变化,如温度、湿度、光照、运动等,实现对物理世界的状态监测
□ 每个物联网设备都具有唯一的网络地址,可以通过互联网进行寻址,确保数据能够被准确发送到目的地
□ 物联网设备能够通过无线或有线网络与其他设备或服务器进行数据交换,实现信息的传递和共享
□ 物联网系统提供了集中管理和控制的能力,可以通过云平台或专门的软件对大量设备进行远程监控和管理
□ 物联网技术可以实现对连接设备的智能控制,根据收集到的数据自动执行任务或响应特定事件
3.物联网的体系架构包含哪三层?
□ 感知层
□ 网络层
□ 应用层
□ 计算层
4.以下哪个不是物联网的核心应用?
□ 智慧城市
□ 智能农业
□ 虚拟现实技术
□ 工业互联网
5.操作演练:收集和列举一些常见的物联网设备,如智能家居设备、可穿戴设备、工业传感器等。根据设备的用途和功能将这些设备进行分类,并简要描述每种设备的作用和使用场景。</td></tr>
<tr><td colspan="4">学习效果评价分数(0～100 分)</td></tr>
<tr><td>自评分</td><td></td><td>组评分</td><td></td></tr>
</table>

一、物联网的概念与特点

物联网(IoT)是一个由互联网、传统电信网、传感器网络等多种网络组成的网络概念，它允许物体与物体、物体与人、人与人之间进行信息交换和通信。如图 5-1-1 所示，物联网的核心在于“物物相连”，即通过嵌入式系统将现实世界中的物品连接到网络上，实现智能化识别、定位、跟踪、监控和管理。

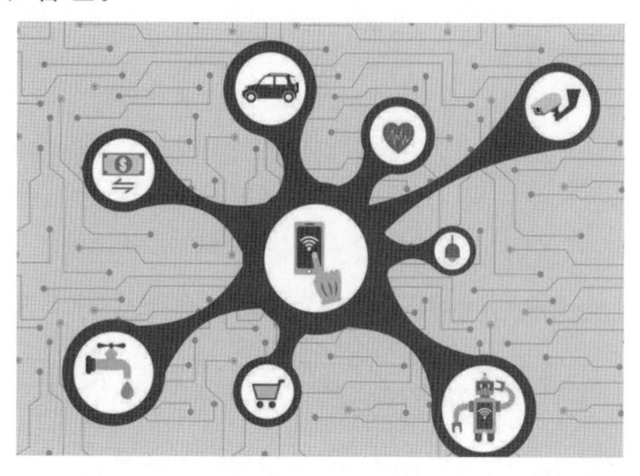

图 5-1-1 物联网

如图 5-1-2 所示，物联网的特点包括可感知、可寻址可通信、可管理和控制等。

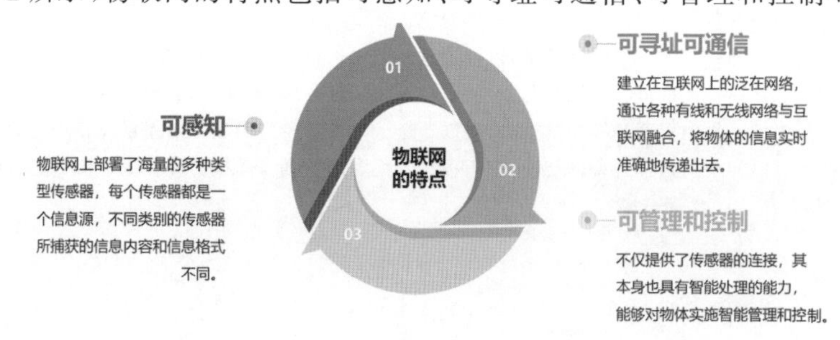

图 5-1-2 物联网的特点

可感知：物联网设备装备了多样的传感器，这些传感器能够实时监测和感知环境中的各种参数变化，如温度、湿度、光照强度以及物体的运动等，为智能决策提供数据支持。

可寻址可通信：每个物联网设备都拥有一个独一无二的网络地址，确保它们能够在互联网上被准确寻址。这使得设备之间可以通过无线或有线网络进行有效的数据交换和通信，实现信息的即时传递和共享。

可管理和控制：物联网系统具备集中化的管理和控制功能，利用云平台或专用软件，用户可以远程监控和操控大量设备。此外，基于收集的数据，物联网技术还能够实现自动化的任务执行和对特定事件的智能响应。

二、物联网的工作原理

如图 5-1-3 所示，物联网是一个三层的层次化网络，分别对应着感知层、网络层和应用层。而物联网设备的工作原理通常涉及几个关键步骤：首先是感知，通过传感器收集数据；

其次是通信，通过无线或有线网络将数据传输到处理中心；再其次是处理，利用云计算和大数据技术对收集到的信息进行分析和决策；最后是智能执行，根据处理结果自动控制设备执行相应操作。

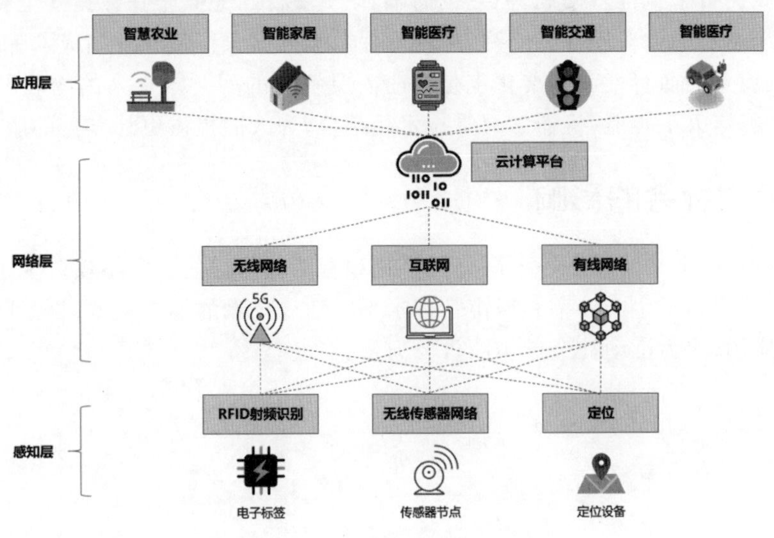

图 5-1-3 物联网的体系架构

三、物联网的应用场景

物联网是将物体的信息连接进网络的技术，如图 5-1-4 所示，其在智能农业、智慧家居、健康医疗、智慧城市建设、能源管理等领域都有广泛的应用。例如，通过物联网技术，家居设备，如灯光、空调、安防系统等可以相互连接，实现远程控制和自动化管理；在农业领域，物联网可用于农业监控，如土壤湿度监测、作物生长状况分析等；在健康医疗领域，物联网设备用于远程医疗监控，如监测患者的生命体征、远程诊断等。

图 5-1-4 物联网的应用场景

四、物联网的挑战和未来

尽管物联网带来了许多便利，但它也面临着一些挑战，尤其是在数据安全和隐私保护方面。随着越来越多的设备连接到网络，如何确保数据的安全传输和存储成了一个重要问题。此外，物联网设备的兼容性和标准化也是当前需要解决的问题。未来的物联网将更加智能和自动化，它将与人工智能、机器学习等技术相结合，为人们提供更加丰富的服务和体验。

五、物联网对社会的影响

物联网正在推动社会进入一个高度数字化和智能化的时代。它不仅改变了人们的生活方式，还极大地提高了生产效率和城市管理水平。随着技术的不断进步，物联网有望在更多的领域得到应用，成为推动社会进步的重要力量。

工单 5.1.2 数据海洋:大数据的探索之旅

工单 5.1.2 内容见表 5-1-2。

表 5-1-2　　工单 5.1.2 内容

<table>
<tr><td>名称</td><td>数据海洋:大数据的探索之旅</td><td>实施日期</td><td></td></tr>
<tr><td>实施人员名单</td><td></td><td>实施地点</td><td></td></tr>
<tr><td>实施人员分工</td><td colspan="3">组织:　　　　　记录:　　　　　宣讲:</td></tr>
<tr><td colspan="4">请在互联网上查询相关信息,回答下面的问题;结合本节课堂的内容,完成操作演练。
1. 大数据是指什么?
□ 一种超大容量的硬盘存储设备
□ 数据量超过 1 TB 的数据
□ 处理和分析大规模数据集的技术和方法
□ 一种新型的数据库管理系统
2. 以下哪个不是大数据的特点?
□ 数据量庞大
□ 数据速度快
□ 数据质量高
□ 数据多样化
3. 以下哪个不是大数据的处理阶段?
□ 数据采集
□ 数据存储
□ 数据压缩
□ 数据分析
4. 大数据的应用场景包括以下哪些?
□ 金融风控
□ 电子商务
□ 医疗保健
□ 社交媒体分析
□ 生物医学研究
□ 传统电子邮件
5. 操作演练:在大数据时代,企业和商家通过收集和分析消费者数据来制定营销策略。然而,这种做法有时会导致不公平的商业行为,如“大数据杀熟”、误导性广告等。你的任务是识别这些消费陷阱,并分析它们如何影响消费者的决策。</td></tr>
<tr><td colspan="4">学习效果评价分数(0～100 分)</td></tr>
<tr><td>自评分</td><td></td><td>组评分</td><td></td></tr>
</table>

一、大数据的概念与特点

数据(Big Data)是指那些规模庞大、类型复杂、更新速度快、多样性高且包含巨大价值的真实数据集合,它们超出了传统数据处理软件的处理能力。这些数据集不仅需要高效的收集和存储技术,还需要先进的管理、分析方法来挖掘和提取其中的有价值信息。如图 5-1-5 所示,大数据以其海量(Volume)、种类多(Variety)、价值(Value)、真实性(Veracity)和高速(Velocity)五大特征著称。

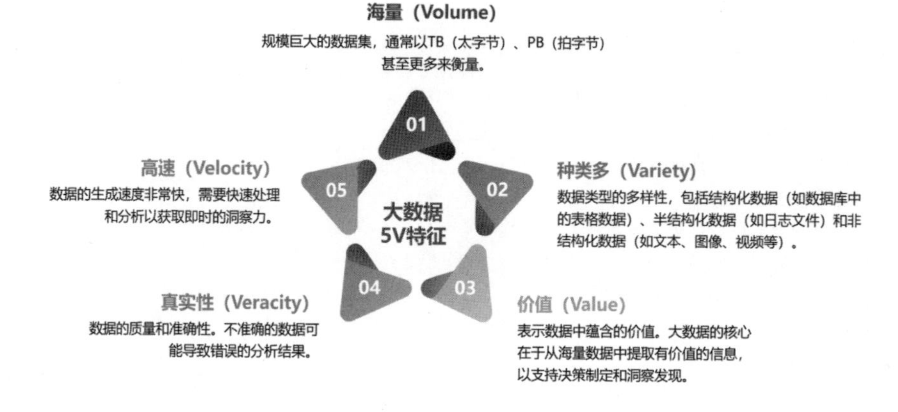

图 5-1-5 大数据的特点

二、大数据的工作原理

大数据的工作原理是一个涉及数据生命周期管理的全过程,如图 5-1-6 所示,大数据的处理流程通常涵盖了从数据收集、数据存储、数据清洗与预处理、数据分析与处理,到数据存储与管理、数据可视化以及数据分析与决策的全过程。它结合了最新的技术进展,以应对海量数据的挑战,并从中提取有价值的商业洞察。

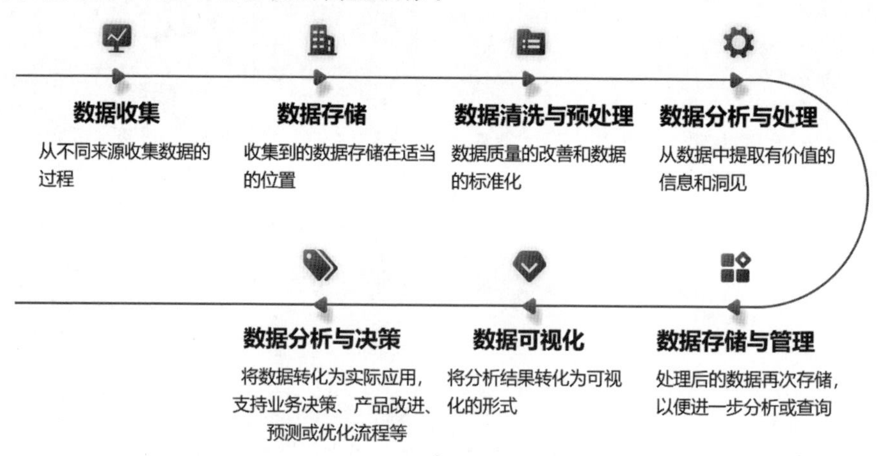

图 5-1-6 大数据的处理流程

三、大数据的应用场景

大数据的应用正在深刻地改变着我们的世界，尤其在医疗、交通、教育和电商等关键领域，大数据的影响力日益凸显，如图 5-1-7 所示。

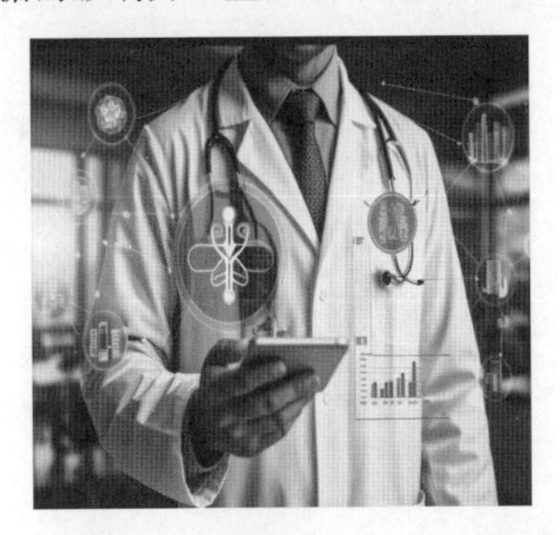

(a)医疗领域

(b)交通领域

(c)教育领域

(d)电商领域

图 5-1-7　大数据的应用场景

1. 医疗大数据的应用

医疗大数据是指在医疗健康领域中，通过各种渠道和方式收集、生成的大规模、多样化、快速增长的数据集合。这些数据涵盖了从个人健康体征、体检结果、病例记录、处方信息、用药情况到公共卫生监测、疾病流行趋势等多个方面的信息。这些数据的实时分析和处理对于提高医疗服务效率、促进个性化治疗和疾病预防具有重要意义。医疗大数据的应用场景如图 5-1-8 所示。

2. 交通大数据的应用

交通大数据是指在交通运输系统中产生的大量、多样、动态的数据集合，包括车辆位置、速度、行驶路线、交通流量、事故信息等。这些数据通过各种传感器、监控摄像头、移动应用等技术手段收集而来，具有实时性、多样性、体量巨大和价值性等特点。交通大数据的应用场景如图 5-1-9 所示。

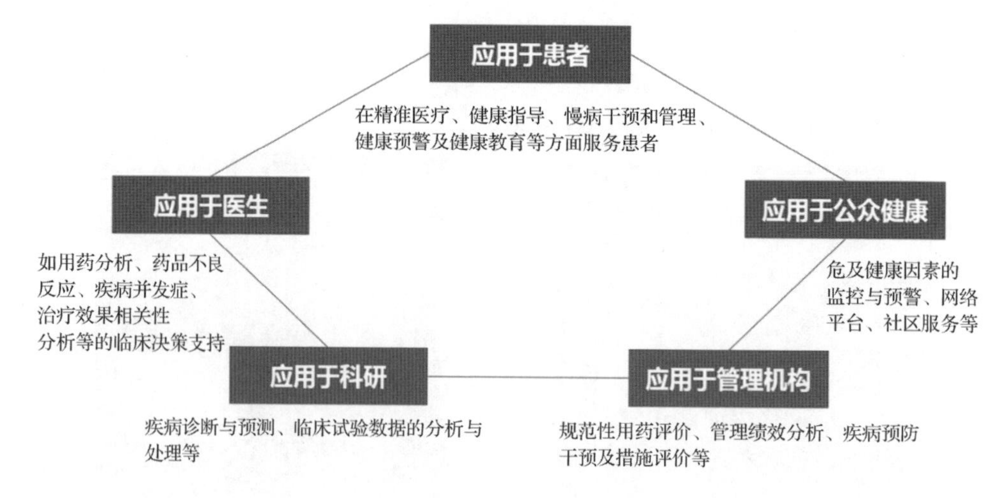

图 5-1-8 医疗大数据的应用

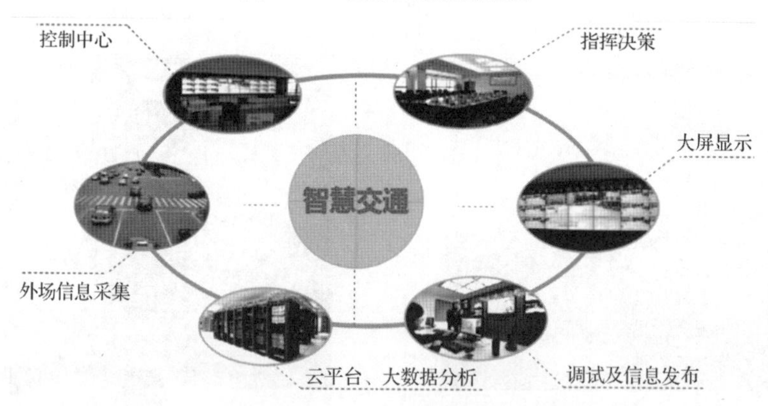

图 5-1-9 交通大数据的应用

3. 教育大数据的应用

教育大数据是指在教育过程中产生的大量数据,这些数据来源于学生的学习行为、成绩记录、教学活动、教育资源使用情况等。它包括学生的在线学习行为数据、教师的教学策略和反馈、课程内容和结构以及教育管理系统中的各类信息。教育大数据的应用场景如图 5-1-10 所示。

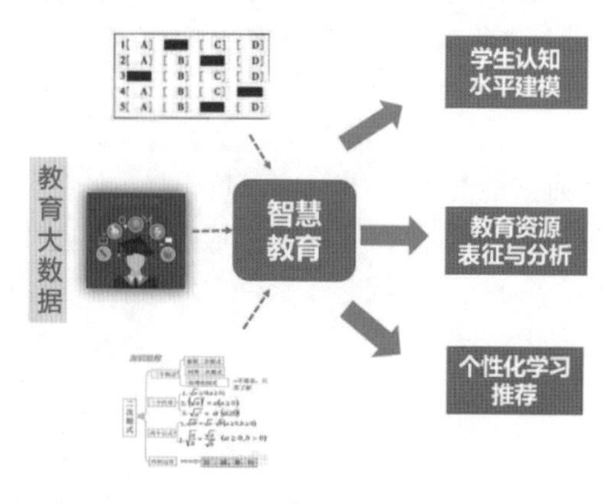

图 5-1-10 教育大数据的应用

教育大数据的应用有助于提升教育质量，实现教育资源的高效利用，并促进教育公平。通过深入分析和应用教育数据，可以更好地满足学生的个性化学习需求，提高教育系统的透明度和问责性。

4. 电商大数据的应用

电商大数据是指在电子商务活动中产生的大量、多样、快速变化的数据集合，这些数据涵盖了消费者行为、交易记录、产品信息、市场趋势、用户反馈等多个方面。电商大数据的特点通常包括数据量大、多样性、实时性和价值密度低。随着移动互联网、物联网、云计算等新兴信息技术的发展，电商大数据已成为电子商务发展的重要驱动力和战略资源。电商大数据的应用场景如图 5-1-11 所示。

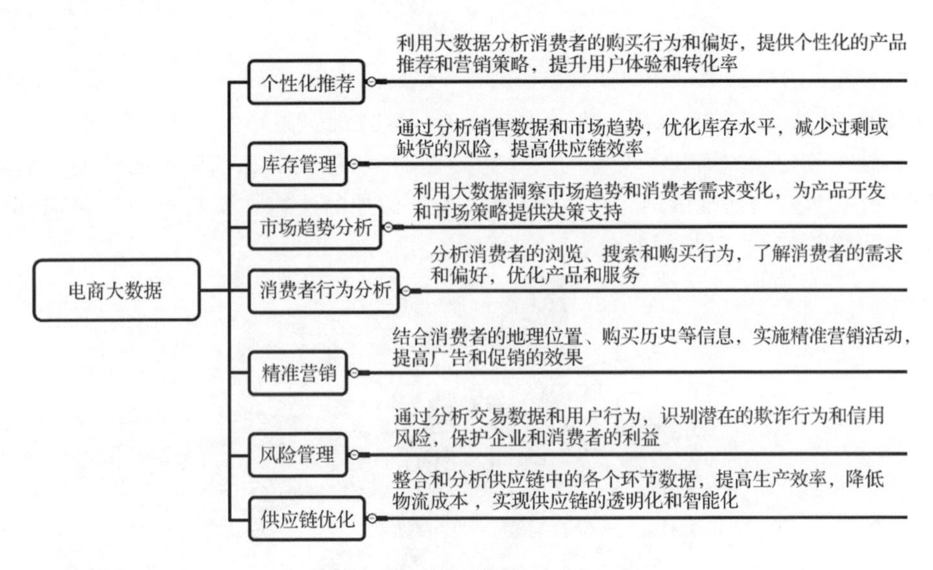

图 5-1-11 电商大数据的应用

四、大数据安全与隐私挑战

在这个以数据为核心的时代，数据不仅是推动社会发展和经济增长的宝贵资源，也带来了前所未有的安全和隐私挑战。

1. 数据泄露风险

随着数据量的激增，数据泄露事件频发，对个人隐私构成了严重威胁。数据泄露可能导致个人隐私被公开，甚至引发经济损失和信誉损害。黑客攻击、内部人员滥用权限、系统漏洞等都可能成为数据泄露的途径。

2. 数据滥用问题

大数据的商业化应用可能导致个人信息被滥用。例如，用户数据可能在未经同意的情况下被用于广告推广、信用评估等，甚至可能被用于不正当的用途，如诈骗和身份盗窃。

大数据"杀熟"反映了数据滥用的问题，因为它涉及在未经用户充分知情同意的情况下，使用用户的个人数据进行不公平的定价策略。这种做法可能会损害消费者的利益，尤其是那些对价格不敏感或不注意比较价格的忠实用户。如图 5-1-12 所示。

图 5-1-12 大数据杀熟

3. 隐私保护法规滞后

现有的法律法规往往难以跟上大数据技术的快速发展。隐私保护法规的滞后性导致在数据收集、处理和使用方面缺乏明确的法律指导和约束，加大了隐私保护的难度。随着《个人信息保护法》等专门法规的出台和实施，个人信息保护的法律框架将更加完善，有助于解决隐私保护法规滞后的问题。如图 5-1-13 所示。

图 5-1-13 依法保护公民信息

工单 5.1.3 云端漫步:云计算的自由之旅

工单 5.1.3 内容见表 5-1-3。

表 5-1-3 工单 5.1.3 内容

<table>
<tr><td>名称</td><td>云端漫步:云计算的自由之旅</td><td>实施日期</td><td></td></tr>
<tr><td>实施人员名单</td><td></td><td>实施地点</td><td></td></tr>
<tr><td>实施人员分工</td><td colspan="3">组织:　　　　　记录:　　　　　宣讲:</td></tr>
<tr><td colspan="4">请在互联网上查询相关信息,回答下面的问题;结合本节课堂的内容,完成操作演练。
1. 云计算是指什么?
☐ 一种计算机网络
☐ 在云端进行数据存储和计算的模式
☐ 一种新型计算机硬件
☐ 一种虚拟现实技术
2. 云计算的特点有哪些?
☐ 弹性扩展
☐ 按需自助服务
☐ 超大规模
☐ 高可靠性
☐ 网络安全
☐ 数据本地存储
3. 云计算的服务模式有哪些?
☐ IaaS
☐ PaaS
☐ SaaS
☐ 其他
4. 以下哪个不是云计算的部署模式?
☐ 公有云
☐ 私有云
☐ 社交云
☐ 混合云
5. 云计算的优势包括以下哪些?
☐ 灵活性和可扩展性
☐ 高昂的初期投资
☐ 依赖固定地点访问数据
☐ 数据存储在本地硬件上
6. 操作演练:调查并列举出至少两个实际的云服务提供商,并区分它们提供的服务属于哪一种服务模型。例如,它们可以查找 Amazon Web Services(AWS)提供的服务,并识别哪些是基础设施即服务(IaaS),哪些是平台即服务(PaaS)或软件即服务(SaaS)。</td></tr>
<tr><td colspan="4">学习效果评价分数(0～100 分)</td></tr>
<tr><td>自评分</td><td></td><td>组评分</td><td></td></tr>
</table>

一、云计算的概念与特点

云计算是一种基于互联网的计算方式，它允许用户通过网络访问和使用存储在远程服务器上的共享资源、软件和信息。这种服务模式的核心在于将计算能力作为一种可伸缩的服务来提供，而不是作为一个产品来购买和安装。如图 5-1-14 所示，云计算的特点包括超大规模、网络安全、按需服务、高可靠性、弹性扩展等五大特点。

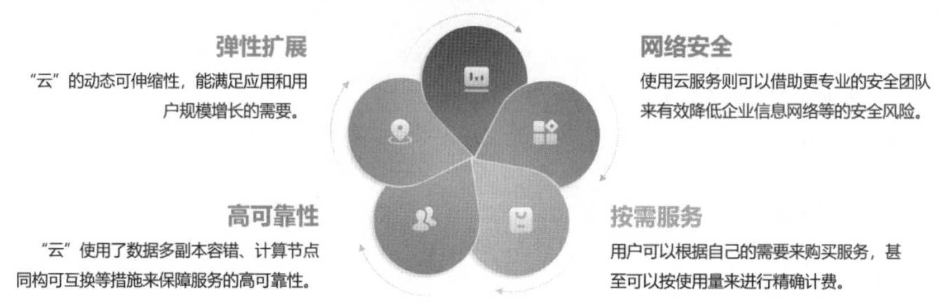

图 5-1-14　云计算的特点

二、云计算的工作原理

云计算是指通过互联网(通常称为“云”)提供计算资源和服务。云计算的工作原理是通过互联网提供可扩展、灵活的计算资源和服务，使用户能够专注于其核心业务而非基础设施的维护和管理。

如图 5-1-15 所示，云计算的服务模型主要分为三类，即基础设施即服务(IaaS)：提供虚拟化的计算资源，如服务器和存储空间。平台即服务(PaaS)：提供应用程序开发和部署的平台，包括数据库和开发工具。软件即服务(SaaS)：通过互联网提供应用程序，用户无须安装即可使用。

图 5-1-15　云计算的服务模式

此外，如图 5-1-16 所示，根据部署类型，云计算也可以分为以下三种形式。公有云：服务由第三方提供，多个客户共享同一云资源。私有云：专为单一组织建立，可以部署在机构内部或由第三方托管。混合云：结合了公有云和私有云的特点，允许数据和应用程序在两者间移动。

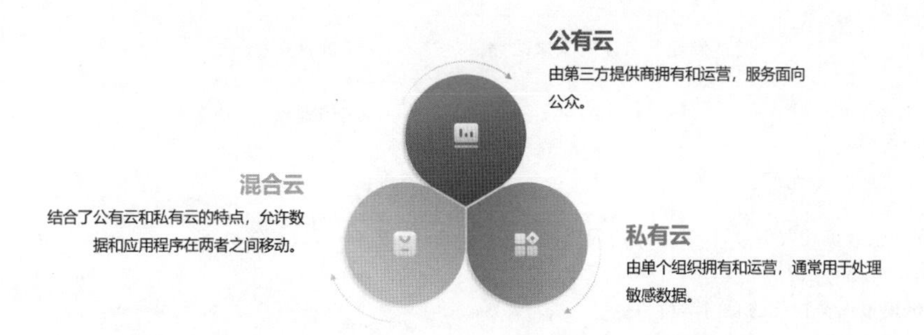

图 5-1-16　云计算的部署模型

三、云计算的应用场景

云计算的应用场景非常广泛，如图 5-1-17 所示，云计算在智慧城市、金融、交通、医疗、教育、电子政务等多个领域都有应用。例如，教育机构可以使用云计算提供在线学习平台、研究数据存储和高性能计算资源。金融机构使用云计算进行风险管理、交易处理和金融分析，提高服务效率和安全性。云计算用于医疗保健数据的存储、分析和共享，支持远程医疗服务和健康管理应用。

图 5-1-17　云计算的应用场景

工单 5.1.4 智能新纪元:AI 的未来之路

工单 5.1.4 内容见表 5-1-4。

表 5-1-4 **工单 5.1.4 内容**

<table>
<tr><td>名称</td><td>智能新纪元:AI 的未来之路</td><td>实施日期</td><td></td></tr>
<tr><td>实施人员名单</td><td></td><td>实施地点</td><td></td></tr>
<tr><td>实施人员分工</td><td colspan="3">组织:　　　　记录:　　　　宣讲:</td></tr>
<tr><td colspan="4">请在互联网上查询相关信息,回答下面的问题;结合本节课堂的内容,完成操作演练。
1.人工智能是指什么?
□ 计算机模拟人类智能的一门学科
□ 让机器具备自我学习和推理能力的系统
□ 人类智慧的简单复制
□ 一种虚拟现实技术
2.以下哪个不是人工智能的特点?
□ 学习能力
□ 情感表达
□ 推理能力
□ 自主决策
3.以下哪项技术不是人工智能的关键技术?
□ 机器学习
□ 深度学习
□ 区块链技术
□ 自然语言处理
4.以下哪个不是人工智能的应用领域?
□ 无人驾驶
□ 金融风控
□ 医疗诊断
□ 虚拟现实技术
5.操作演练:分组扮演人工智能助手和用户,进行角色扮演游戏。在游戏过程中,一名学生模拟提出问题或请求帮助,另一名学生作为 AI 助手提供回答或解决方案。体验人工智能助手如何理解和响应用户需求。</td></tr>
<tr><td colspan="4">学习效果评价分数(0～100 分)</td></tr>
<tr><td>自评分</td><td></td><td>组评分</td><td></td></tr>
</table>

一、人工智能的概念

人工智能(Artificial Intelligence,AI)是研究、开发用于模拟、延伸和扩展人的智能的理论、方法、技术及应用系统的一门新的技术学科。人工智能是计算机科学的一个分支,旨在理解和复制人类智能的本质,并生产出能够像人类一样思考和学习的智能机器。简单来讲,就是使用“机器”来完成理解语言、识别物体与声音、学习和解决问题等工作,如图 5-1-18 所示。

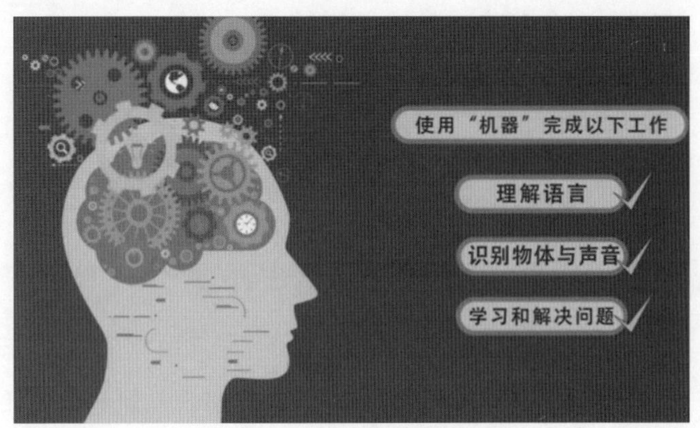

图 5-1-18 人工智能

二、人工智能的工作原理

人工智能是一个涉及多个步骤的复杂过程,需要数据科学、机器学习、软件工程等多个领域的知识和技能。随着技术的发展,AI 的应用范围也在不断扩大,从简单的自动化任务到复杂的决策支持系统,AI 正在变得越来越智能和强大。如图 5-1-19 所示,人工智能的形成过程包括数据收集、数据预处理、特征选择、模型选择与训练、模型评估与优化、模型部署、监控和维护等模块。

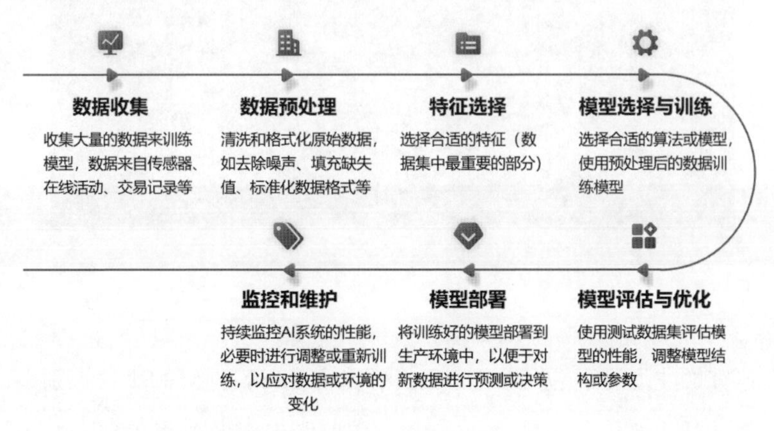

图 5-1-19 人工智能的处理流程

三、人工智能的应用场景

人工智能(AI)的应用场景遍布各个行业,不断推动着技术创新和业务转型。如图 5-1-20 所示,人工智能的应用场景有计算机视觉、语音处理、自然语言处理、机器人、专家系统、生物特征识别等。以下重点讲解计算机视觉、语音处理、自然语言处理的应用。

图 5-1-20 人工智能应用场景

1. 计算机视觉

计算机视觉是 AI 应用技术中最成熟的技术。计算机视觉研究的主题主要包括图像分类、目标检测、图像分割、目标跟踪、文字识别和人脸识别等。计算机视觉有望进入自主理解、分析决策的高级阶段,真正赋予机器"看"的能力,在无人车、智能家居等场景发挥更大的价值。计算机视觉应用如图 5-1-21 所示。

图 5-1-21 计算机视觉应用

2. 语音处理

语音处理研究的主题主要包括语音识别、语音合成、语音唤醒、声纹识别、音频事件检测等。其中最成熟的技术是语音识别,在安静室内、近场识别的前提下能达到 96%的识别准确度。应用较为广泛的是语音导航,如图 5-1-22 所示。

图 5-1-22 语音导航

3. 自然语言处理

自然语言处理研究的主题主要包括机器翻译（图 5-1-23）、文本挖掘和情感分析等。自然语言处理的技术难度高，技术成熟度较低。因为语义的复杂度高，仅靠目前基于大数据、并行计算的深度学习很难达到人类的理解层次。

图 5-1-23 机器翻译

工单 5.1.5 信任之链:区块链的安全网络

工单 5.1.5 内容见表 5-1-5。

表 5-1-5 工单 5.1.5 内容

名称	信任之链:区块链的安全网络	实施日期	
实施人员名单		实施地点	
实施人员分工	组织:　　　　记录:　　　　宣讲:		

请在互联网上查询相关信息,回答下面的问题;结合本节课堂的内容,完成操作演练。

1.区块链是什么?

□ 区块链是一种集中式数据库,所有数据都存储在一个中心服务器上

□ 区块链是一种分布式账本技术,通过网络中的多个节点共同验证和存储交易记录

□ 区块链是一种加密货币,如虚拟货币,用于在线交易和资产转移

□ 区块链是一种软件框架,用于开发和部署复杂的企业应用程序

2.区块链的主要特点有哪些?

□ 去中心化

□ 不可篡改性

□ 透明性

□ 共识机制

□ 智能合约

□ 安全性

3.区块链的分类有哪些?

□ 公有链

□ 私有链

□ 联盟链

□ 其他

4.区块链的应用场景有哪些?

□ 区块链在支付结算、证券交易、保险、征信管理等方面有显著优势,能够降低交易成本、减少跨组织交易风险,提高金融服务的效率和安全性

□ 通过区块链技术,可以建立一个透明、可追溯的供应链体系,解决供应链中的信息孤岛问题,提高供应链协同效率

□ 区块链的公开透明特性使得它在公益慈善领域有很好的应用前景,可以确保捐款的去向可追溯,增强公众信任

□ 在公共卫生领域,区块链技术有助于疫情信息的共享和传递,提升联防联控效率

□ 区块链技术在政府数据共享、电子证照、精准扶贫等方面有广泛应用,有助于提升政府服务的透明度和效率

5.操作演练:分组讨论区块链技术在不同领域的应用,如供应链管理、医疗记录、知识产权保护等,需要列出区块链解决的问题和带来的改进。

学习效果评价分数(0~100 分)			
自评分		组评分	

一、区块链的概念与特点

区块链是一种分布式数据库技术，其核心特点是去中心化、不可篡改和透明性。它由一系列按照时间顺序连接的数据块组成，每个数据块包含一定数量的交易记录，并通过密码学方法与前一个块链接起来，形成一个不断增长的链条。如图5-1-24所示，区块链的特点包括去中心化、独立性、透明性、可追溯、不可篡改、匿名性等。

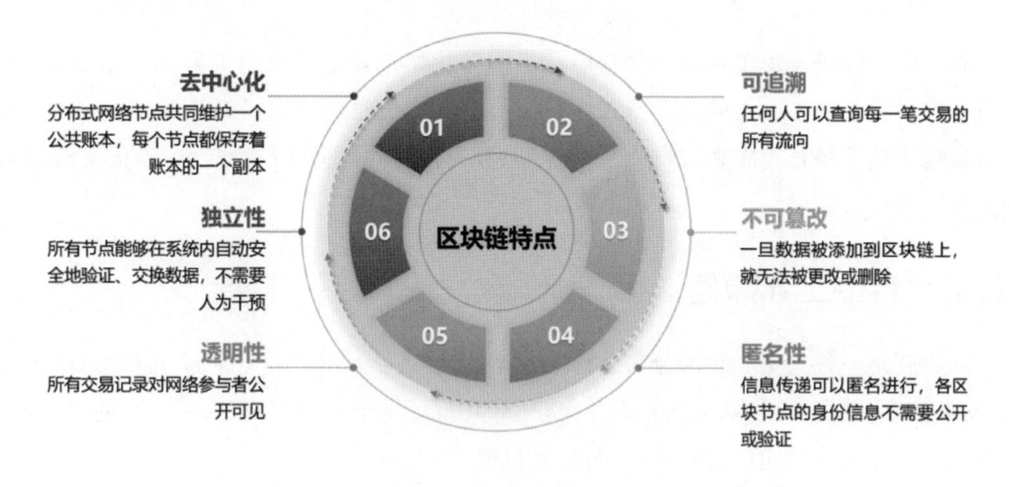

图5-1-24　区块链的特点

二、区块链的分类

根据区块链开放程度的不同，区块链可以分为公有链、联盟链和私有链，如图5-1-25所示。

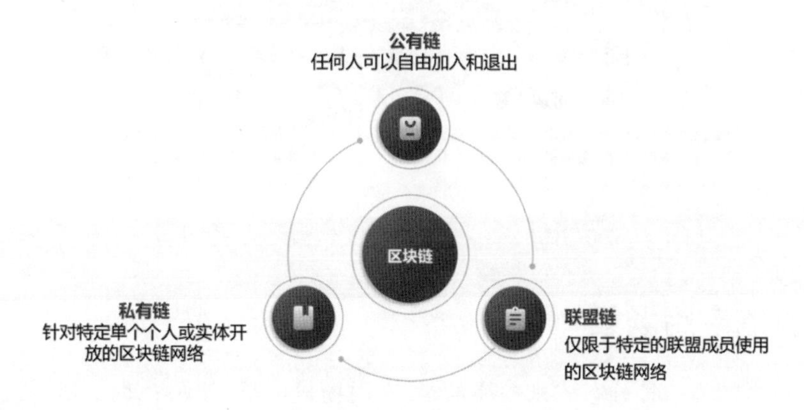

图5-1-25　区块链的分类

1. 公有链

公有链是开放给任何人参与的区块链网络。它是真正的去中心化平台，任何人都可以参与和验证交易，并共同维护整个区块链的安全性和一致性。公有链适用于需要在不可信的环境中建立信任和实现去中心化的应用场景，如比特币网络和以太坊平台。

2. 联盟链

联盟链是仅限于特定的联盟成员使用的区块链网络。联盟链上的读写权限和记账规则由联盟成员自行约定和控制。联盟链适用于机构之间的合作，如跨境支付、供应链管理等应用场景。在联盟链中，参与者之间有一定的信任关系，联盟成员共同管理网络的安全和操作。

3. 私有链

私有链是针对特定个人或单个实体开放的区块链网络。私有链通常被用于组织内部，只有授权的参与者才能访问和参与其中的交易。私有链适用于企业或组织内部数据管理、业务流程优化等场景。在私有链中，参与者通常有较高的信任和控制权，可以更灵活地调整网络参数和权限设置。

三、区块链的工作原理

区块链是一种去中心化的分布式账本技术，如图 5-1-26 所示，它通过交易发起、交易打包、交易验证、区块生成、网络同步等 5 个步骤，实现了一个分布式的、去中心化的账本，确保交易的数据安全和透明度，同时防止数据被篡改。

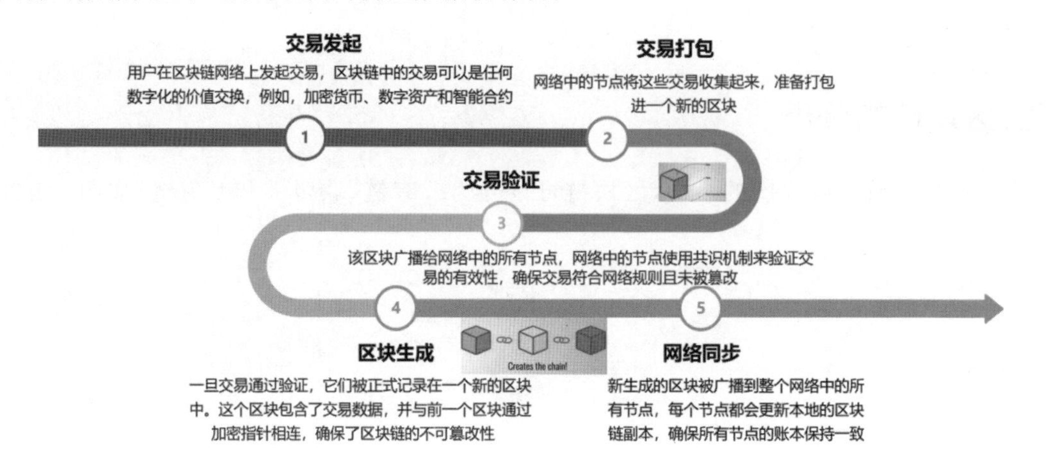

图 5-1-26　区块链的工作原理

四、区块链的应用场景

区块链技术作为一种分布式账本技术，其应用场景广泛，如图 5-1-27 所示，涵盖了金融服务、医疗健康、IP 版权、教育、慈善公益等多个领域。例如，区块链技术在金融领域可以实现金融资产的快速交易和结算，降低交易成本，提高交易透明度和安全性。区块链可以提高供应链的透明度，实现产品从生产到消费的全过程追踪，帮助企业优化库存管理，减少假冒伪劣产品，提升供应链效率。在医疗领域，区块链可以用于患者数据的安全存储和共享，保护患者隐私,同时促进医疗数据的合理利用。在知识产权领域,区块链可被用于确权、授权和维权管理,保护创作者的权益,防止版权受到侵犯。

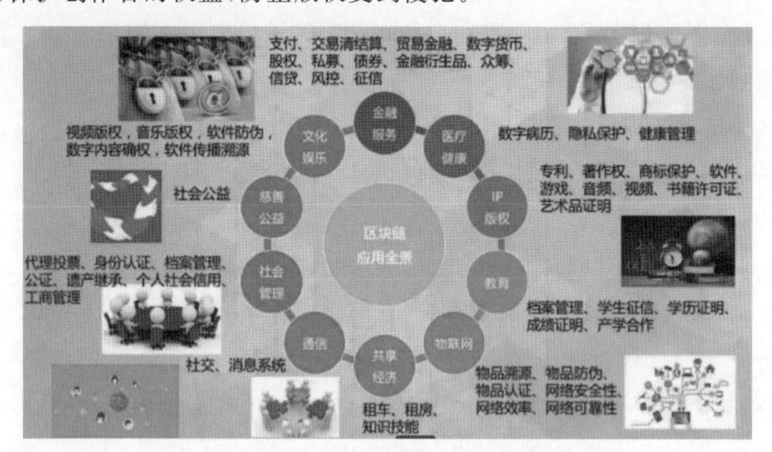

图 5-1-27 区块链的应用场景

任务实训

新一代信息技术基础认知

随着信息技术的快速发展,物联网(IoT)、云计算、大数据、人工智能(AI)和区块链等技术逐渐成为现代社会的基础设施。本实训任务旨在帮助参与者建立对这些技术的基本认知,并理解它们在现代社会中的应用场景。

任务目标:

- 了解物联网(IoT)的基本概念和应用场景。
- 掌握云计算的核心功能和服务模型。
- 理解大数据的特征、处理流程和分析方法。
- 探索人工智能(AI)的基本原理和常见应用。
- 认识区块链技术的特点和潜在用途。

任务内容:

1. 物联网(IoT)基础

- 阅读关于 IoT 的定义、组成和工作方式的材料。
- 观看 IoT 设备(如智能手表、智能家居)的演示视频。

2. 云计算服务模型

- 学习 IaaS、PaaS、SaaS 三种服务模型的特点。
- 了解公有云、私有云和混合云的区别。

3. 大数据技术认知

- 理解大数据的“5V”特征(Volume, Velocity, Variety, Veracity, Value)。
- 探索大数据分析在商业智能和预测建模中的应用。

4.人工智能(AI)入门

- 了解机器学习、深度学习和自然语言处理等 AI 技术。
- 分析 AI 在图像识别、语音助手和自动驾驶等领域的应用案例。

5.区块链技术探索

- 学习区块链的基本结构和工作原理。
- 探讨区块链在数字货币、供应链管理和智能合约等领域的潜在影响。

实施步骤:

- 材料收集:搜集相关的技术介绍、案例分析和视频教程。
- 知识学习:通过阅读材料和观看视频,学习各项技术的基础概念。
- 小组讨论:与同伴一起讨论所学技术的特点和应用场景。
- 案例分析:选择一个具体的技术应用案例,分析其工作原理和优势。
- 知识分享:向其他小组成员展示你的学习成果和案例分析。
- 反馈与总结:收集反馈意见,总结学习经验,撰写简短的学习报告。

任务成果:

- 对物联网、云计算、大数据、AI 和区块链技术的基本理解。
- 能够识别这些技术在现实世界中的应用实例。
- 一份记录个人学习过程和成果的学习报告。

任务要求:

- 以个人或小组形式参与。
- 鼓励主动学习和积极交流。
- 注重理论与实践的结合,培养跨学科思维。

参考文献

[1] 程远东,王坤.信息技术基础(Windows 10+WPS Office)(微课版)[M].2版.北京:人民邮电出版社,2023.

[2] 宫蕾,姚东永,郭静.信息技术应用(WPS版)[M].西安:西安电子科技大学出版社,2022.

[3] 孙英姝.信息技术应用项目教程[M].北京:中国铁道出版社,2022.

[4] 冯寿鹏.实用办公软件(WPS Office)[M].西安:西安电子科技大学出版社,2021.

[5] 黄春风,赵盼盼.WPS Office办公软件应用标准教程[M].北京:清华大学出版社,2021.